废水治理技术与案例分析

程洁红　袁海平　程庆霖
等 编著

Wastewater Treatment Technologies and Case Studies

化学工业出版社
·北京·

内容简介

掌握先进的废水处理技术是有效应对当前及未来废水处理挑战的关键。本书系统介绍了工业废水和城市污水的处理技术，涵盖废水处理原理、典型工艺流程、主要设备选型，以及设计原则、方法与计算等内容。全书共14章，分为四个部分。第一部分为总论篇，介绍污水概况及各类排放标准；第二部分为城市污水与污泥处理技术及应用篇，重点介绍城镇污水处理厂常用的物理处理技术、生物处理技术，并涵盖污泥处理与处置；第三部分为工业废水处理技术与应用篇，深入解析其基本原理及典型案例；第四部分为典型工程案例及运营管理篇，包括城镇污水处理厂的实际应用、典型工业废水处理案例，以及城镇污水处理厂处理设施的日常运行管理经验等。

全书注重知识体系的系统性，同时引入了废水处理领域的多项新技术、新设备和新方法。本书可供从事废水处理的管理与技术人员参考，也可作为大专院校环境工程、给水排水、污水处理等相关专业的教材。

图书在版编目（CIP）数据

废水治理技术与案例分析 / 程洁红等编著. -- 北京：化学工业出版社，2025. 11. -- ISBN 978-7-122-48915-9

Ⅰ. X703

中国国家版本馆 CIP 数据核字第 2025N8P949 号

责任编辑：朱　彤　　文字编辑：丁海蓉
责任校对：王鹏飞　　装帧设计：刘丽华

出版发行：化学工业出版社
（北京市东城区青年湖南街13号　邮政编码100011）
印　　装：北京天宇星印刷厂
787mm×1092mm　1/16　印张15　字数366千字
2026年1月北京第1版第1次印刷

购书咨询：010-64518888　　售后服务：010-64518899
网　　址：http://www.cip.com.cn
凡购买本书，如有缺损质量问题，本社销售中心负责调换。

定　　价：128.00元　

前言

经济的快速发展往往会对环境造成巨大压力。在我国提出“双碳”宏观目标的背景下，环境污染治理是实现“双碳”目标的关键路径，有助于推动经济可持续发展与生态文明建设的和谐共进。

水污染对环境的危害尤为严重，是当前环境污染治理的重点。随着国家产业结构调整和新兴产业发展，工业废水中难降解有机物、重金属及新污染物种类增多，处理难度加大，亟须掌握先进废水处理技术，以应对当前及未来的挑战。

本书所说“污水”，是指含有污染物的水，为各类废水的统称，涵盖城市污水、工业废水等。城市污水通常指城市生活污水、受污染的初期雨水以及部分经预处理并接入市政管网的工业废水。工业废水是工业企业生产过程中产生的废水，其成分复杂，部分种类因含有难降解或有毒污染物，处理难度较大。本书系统介绍了城市污水和工业废水的处理技术，涵盖废水处理原理、典型工艺流程、主要设备，以及设计原则、方法与计算等方面的内容。全书共 14 章，内容分为四个部分：第一部分为总论篇，介绍污水概况及各类排放标准；第二部分为城市污水与污泥处理技术及应用篇，重点介绍城镇污水处理厂常用的物理处理技术、生物处理技术，以及污泥处理与处置技术；第三部分为工业废水处理技术与应用篇，系统介绍其基本原理与关键技术；第四部分为典型工程案例及运营管理篇，包括城镇污水处理厂和典型工业废水处理工程的案例分析，以及污水处理设施的运行管理经验等。本书在注重知识体系系统化的同时，全面介绍了废水处理领域的新技术、新设备与新方法，旨在帮助读者深入理解并掌握现代废水处理技术。

本书由程洁红、袁海平（上海交通大学）、程庆霖等编著。在编写过程中，得到了国家级一流本科专业建设点项目（环境工程专业）、科技部“高端外国专家引进计划”项目，以及“十四五”高校国际化人才培养品牌专业建设第二批项目和江苏高校品牌专业建设工程三期项目等资助。参与本书撰写工作的还有：王子［国家环保设备质量检验检测中心（江苏）］、柏超（常州市武进生态环境局）、刘军（常州科德水处理成套设备有限公司）、朱铖（深圳环境水务集团常州市深水江边污水处理有限公司）、程士、孔峰。此外，耿子韬、唐悦、叶人恺、汤皓婷、陈云燕、王子燕、沈宇辰等参与了资料收集、整理、校对工作。全书由程洁红、程庆霖统稿，程洁红定稿。本书编写过程中 Zhu Jun 教授（美国阿肯色大学）给予了审核和指导，在此表示衷心感谢。

限于作者的知识水平和时间，书中疏漏之处在所难免，敬请广大读者批评、指正。

编著者

2025 年 2 月

目录

第一篇　总论篇

第二篇　城市污水与污泥处理技术及应用篇

第 6 章　脱氮除磷处理技术　// 89

第 7 章　城市污泥及污泥的处理与处置　// 105

第一篇

总论篇

第 1 章

绪论

1.1 污水概述

人类活动将大量受污染的水排入水体，导致水体污染。这类受污染的水统称为污水，主要分为生活污水、工业废水和初期雨水等。各类污水的特征如下。

（1）生活污水

生活污水是指人类日常生活过程中产生的废水，主要包括厨房排水、厕所排水、洗浴废水和洗衣废水等。综合生活污水则由居民生活污水和公共建筑排水等组成。

（2）工业废水

工业废水是指在工业企业生产活动中产生并受到不同程度污染的水，通常分为生产污水和生产废水两类。生产污水是指在生产过程中直接接触原料、半成品或成品，因而被化学污染物或生物污染物污染的水，可能伴随热污染（如水温超过 60℃）。生产污水必须经过处理后方可排放。生产废水是指未直接参与生产工艺过程，仅因换热等导致温度升高或受到轻微污染的水。此类废水常在循环系统中长期运行，因水分蒸发故盐分浓缩，并可能滋生细菌和微生物，因此也需要进行水质处理。

（3）初期雨水

初期雨水是指降雨初期在地表形成的径流。影响初期雨水污染程度的主要因素包括大气质量、气候条件以及地面和建筑物表面的污染状况等。雨水在下落过程中会携带大气中的污染物，落地后流经地表时进一步冲刷并携带污染物；若流经被污染的工业企业地面，更易造成严重污染。因此，这部分初期雨水应予以收集并进行处理。

目前，我国部分城镇住宅阳台的洗衣废水常被直接排入雨水管道，导致雨水管网中水体的化学需氧量（COD）、总磷（TP）和氨氮（NH_3-N 或 NH_4^+-N）等污染物浓度升高，造成雨水系统污染。为此，相关规定已明确禁止将洗涤废水排入雨水管道。

污水经处理后的去向主要包括：一是排放至自然水体，作为其水量补充；二是回收利用，实现资源化。

过去，将污水排入水体是其常见的最终处置方式。水体具有一定的稀释和自净能力，可在一定程度上进一步降解污染物。然而，若过度排放未经处理或处理不达标的污水，将超出水体的环境承载能力，导致水质恶化，成为环境污染的重要来源。

相比之下，污水回收利用是指污水经适当处理后回用于工业、农业、城市杂用或生态补水等用途。鉴于我国水资源严重短缺，若不大力推进污水回用，将制约国民经济发展和人民生活水平的提升。此外，即使是处理达标的城镇污水，其直接排放仍会增加受纳水体的污染物负荷。因此，推动污水处理后的回收利用，是实现水资源循环利用、减轻水环境污染、缓解城镇缺水问题的重要途径，也是未来发展的重点方向之一。

1.2 水污染及其危害

1.2.1 我国水污染现状

我国正面临水资源短缺、水环境污染、水生态损害以及极端气候引发的水灾害等多重挑战，这些问题相互交织，加剧了水系统的复杂性与治理难度。根据《2021 中国生态环境状况公报》，全国地表水水质总体持续改善。在监测的 3632 个水质断面中，Ⅰ～Ⅲ类水质断面占比为 84.8%，较 2020 年上升 1.5 个百分点；劣Ⅴ类断面占比为 1.2%（表 1-1），污染程度显著降低。主要污染指标为化学需氧量、总磷和高锰酸盐指数（COD_{Mn}）。长江流域、西北诸河、西南诸河、浙闽诸河和珠江流域水质为优，黄河流域、辽河流域和淮河流域水质良好，海河流域和松花江流域为轻度污染，湖泊、水库富营养化问题依旧突出。

表 1-1 2021 年全国流域总体水质状况

水质分类	Ⅰ类	Ⅱ类	Ⅲ类	Ⅳ类	Ⅴ类	劣Ⅴ类
占比/%	6.9	49.1	28.8	11.8	2.2	1.2

1.2.2 水体污染及其危害

水体污染是指排入水体的污染物数量超过其环境容量（即自净能力），导致水的物理、化学及生物特性发生改变，进而破坏水体原有的生态系统与生态平衡。

水体污染按污染源类型可分为点源污染和面源污染（又称非点源污染）。点源污染主要来源于未经妥善处理的城市污水集中排放。面源污染则来自农田施用的化肥、农药以及城市地表积存的污染物，这些物质随降雨径流进入水体。此外，大气中扩散的有毒有害物质也可通过干沉降或湿沉降过程进入水体，也是面源污染的重要组成部分。

（1）物理性污染及危害

水体的物理污染主要指由水温异常、色度升高、浊度增加（由悬浮物引起）、泡沫及漂浮物等引起的污染。这类污染通常可通过人的视觉、嗅觉或触觉等感官直接感知，造成感官不适。

① 水温　高温污水（如水温超过 60℃）排入水体后，会导致水温升高，破坏水体的生态平衡，影响水生动植物的正常繁殖与生长。这种现象称为水体的热污染。由于水体的饱和

溶解氧浓度与水温呈负相关，水温升高会降低饱和溶解氧含量，减缓复氧过程；同时，水生生物的耗氧速度加快，进一步加剧缺氧风险。此外，高温还会加速水体中的化学反应，改变水的电导率和离子浓度，增强其腐蚀性，并促进有机物分解，加重水体异味。

② 色度 某些工业废水（如印染、造纸、农药、焦化及有机化工废水等）排入水体后，会导致水体色度升高，引起感官不适。此外，色度较高的水体透光率降低，影响水生植物和藻类的光合作用，抑制其生长与繁殖，进而削弱水体的自净能力。

③ 固体物质污染 固体物质包括悬浮固体和溶解固体。悬浮固体会增加水体浊度，降低透光率，影响水生植物的光合作用；同时，可附着或堵塞鱼类鳃部，妨碍呼吸，严重时导致窒息死亡；沉积于水底则造成底泥淤积，其中有机质在厌氧条件下分解，可能引发腐化，进一步恶化水质。当溶解固体含量过高时，会显著增加水体含盐量。若将此类水用于农田灌溉，尤其当钠离子含量较高时，易引起土壤结构破坏和板结。此外，工业锅炉用水对含盐量有严格限制，以防结垢和腐蚀。

（2）无机物污染及危害

① 酸、碱及无机盐污染 工业废水排放的酸、碱，以及受污染空气中的 SO_2、NO_x 所产生的酸雨，都会使水体受到酸、碱污染。酸、碱进入水体后，会相互中和产生无机盐类；酸与水体中的矿物质（如石灰石、白云石、硅石）以及游离 CO_2 反应，进一步产生无机盐类。故水体的酸、碱污染往往伴随无机盐污染，使水体硬度增加。

② 氮、磷污染 氮、磷属于植物营养物质，其转化过程如下。

a. 含氮化合物的转化。含氮化合物在水体中的转化可分为氨化过程和硝化过程两个阶段。氨化过程是含氮有机物（如蛋白质、尿素等）转化为无机氨氮；硝化过程是氨氮转化为亚硝酸盐与硝酸盐。两个阶段转化反应都在微生物作用下完成。

亚硝酸盐会与仲胺 R_2NH 作用，形成具有致癌性的亚硝胺 $R_2N\text{-}NO$。其中，R 代表烃基。亚硝胺是“三致”物质，即致突变、致癌、致畸形，可引发心血管方面疾病，对婴儿的影响尤为明显。

b. 含磷化合物的转化。水体中的磷可分为有机磷与无机磷两大类。有机磷（如葡萄糖-6-磷酸、磷肌酸），大多呈胶体和颗粒状。无机磷则包括正磷酸盐（PO_4^{3-}）、偏磷酸盐（PO_3^-）、磷酸氢盐（HPO_4^{2-}）、磷酸二氢盐（$H_2PO_4^-$），以及焦磷酸盐（$P_2O_7^{4-}$）、三磷酸盐（$P_3O_{10}^{5-}$）等。溶解性无机磷是水体中生物可利用磷的主要形态。

水体中的溶解性无机磷易与 Ca^{2+}、Fe^{3+}、Al^{3+} 等离子反应，形成难溶性磷酸盐沉淀，沉积于水底成为底泥；在水流扰动、厌氧条件或化学环境变化下，这些沉积物中的磷可发生再释放，重新进入上覆水体，成为内源污染的重要来源。

c. 氮、磷污染与水体的富营养化。生活污水和多种工业废水含有大量氮、磷营养物质，如粪便污水、洗涤废水以及化肥和农药生产废水，是导致水体富营养化的重要外源性污染来源。当水体中氮、磷浓度升高时，会促进藻类（尤其是蓝藻）过度增殖。此类现象若发生在海域，称为“赤潮”；若发生在湖泊、水库或江河等淡水水体，则称为“水华”。密集的藻类覆盖水面，显著抑制水体与大气之间的氧气交换；同时，藻类死亡后的分解过程大量消耗溶解氧，导致水体缺氧。部分藻类可堵塞鱼类鳃部，引发窒息死亡。死亡藻体沉降至水底，进一步消耗底层溶解氧，恶化水质，破坏水生态系统平衡。

在部分湖泊富营养化评价体系中，当水体总磷和总氮（TN）浓度分别超过 0.05mg/L

和 1.0mg/L 时，常被视为富营养化的参考指标。

③ 硫酸盐与硫化物污染　水体中的硫酸盐通常以 SO_4^{2-} 浓度表示。在缺氧条件下，SO_4^{2-} 可在硫酸盐还原菌（SRB）的作用下被还原为硫化氢（H_2S）或硫离子（S^{2-}）。当水体 pH 值较低时，硫化物主要以 H_2S 形式存在；当 pH 值低于 5 时，H_2S 约占总硫化物的 98%。随着 pH 值升高，H_2S 解离为 HS^- 和 S^{2-}，在碱性条件下主要以 HS^- 和 S^{2-} 形式存在。当 H_2S 浓度达到 0.5mg/L 时，即可产生明显异臭。此外，H_2S 可与水体中的金属离子反应生成黑色沉淀，导致水体发黑。

④ 重金属污染　重金属污染会对水体生态系统及人类健康构成严重威胁。水体受重金属污染后，产生的毒性有如下特点。

a. 重金属只能迁移或转化成其他形态，不能被微生物降解。有些重金属如汞，在微生物作用下，反而转化成毒性更大的有机化合物。

b. 重金属具有累积性。当水生生物从水体中摄取重金属后，会在体内累积，并通过食物链进入人体，甚至通过遗传或母乳传给婴儿，累积到一定浓度时毒性显现。此外，重金属进入人体后，能与体内的蛋白质及酶等发生化学反应，导致其失去活性，并可能在体内某些器官中积累，造成慢性中毒。

我国《污水综合排放标准》（GB 8978—1996）、《地表水环境质量标准》（GB 3838—2002）、《农田灌溉水质标准》（GB 5084—2021）和《渔业水质标准》（GB 11607—1989）等标准，都对重金属离子的浓度进行了严格限制，以便控制水污染，保护水资源。其中，重金属汞、镉、铅、铬、砷的危害最大，并称为“五毒”重金属。

（3）有机物污染及危害

有机污染物主要包括天然有机物、人工合成有机化合物，以及这些物质的降解产物和生物代谢中间体。几种主要有机物的污染如下。

① 油类污染　油类污染物主要包括石油类和动植物油脂。工业含油废水中的油类多为石油及其衍生物，而含动植物油的废水主要来源于生活污水和食品加工业。

油类进入水体后，易在水面形成油膜，阻碍氧气溶解，导致水体溶解氧浓度下降，影响水生生物的生存与繁殖，并削弱水体的自净能力。油脂还可能附着或堵塞鱼类鳃部，导致窒息。当水体中石油烃浓度达到 0.01～0.1mg/L 时，可能对水生生物产生毒性效应，尤其对幼鱼和鱼卵危害较大。此外，石油类物质可在水生生物体内富集，使鱼虾产生异味，降低其食用价值。

《地表水环境质量标准》（GB 3838—2002）中Ⅰ～Ⅲ类标准限值中规定：石油类≤0.05mg/L；Ⅳ类标准限值中规定石油类≤0.5mg/L；Ⅴ类标准限值中规定石油类≤1.0mg/L。

② 酚污染　炼油、石油化工、焦化、合成树脂、合成纤维等行业排放的工业废水中普遍含有酚。酚类化合物是芳香烃的衍生物。根据羟基的数目，可分为单元酚、二元酚与多元酚；根据能否随水蒸气一起挥发，可分为挥发酚与不挥发酚。挥发酚主要包括苯酚、甲酚、二甲酚以及邻苯二酚、间苯二酚等二元酚，属于可生物降解有机物，但对微生物具有毒害或抑制作用。不挥发酚则多指高分子量或极性较强的酚类，如某些取代多环酚，属于难生物降解有机物，对微生物同样具有较强的毒性。

酚污染中，挥发酚是常见的监测指标。酚类化合物是一类有毒污染物，对水生生物（鱼类、贝类及海带等）具有较强毒性。酚的毒性可抑制水中微生物（如细菌、藻类等）的生长，严重时可导致其生长停滞。当水体中挥发酚浓度达到5.0～10.0mg/L时，可能引起鱼类急性中毒，导致大量死亡。

《地表水环境质量标准》（GB 3838—2002）规定，Ⅰ～Ⅲ类水体中挥发酚浓度限值为≤0.005mg/L；Ⅳ类水体为≤0.01mg/L，Ⅴ类水体为≤0.1mg/L。

③ 表面活性剂污染 洗涤剂可根据其主要表面活性剂的生物降解性分为难生物降解型和易生物降解型两类。前者以支链烷基苯磺酸盐（ABS）为代表，难以被微生物降解，易在水体中积累；后者以直链烷基苯磺酸盐（LAS）为代表，可被微生物较快降解，对环境影响较小，目前已逐步替代ABS类洗涤剂。生活污水及表面活性剂生产废水中含有大量表面活性剂。这些表面活性剂主要来源于洗涤过程。值得注意的是，传统洗涤剂中常添加含磷助剂（如三聚磷酸钠），而磷是导致水体富营养化的主要元素之一。

根据《地表水环境质量标准》（GB 3838—2002），阴离子表面活性剂（以LAS计）在Ⅰ～Ⅲ类水体中的浓度限值为0.2mg/L，在Ⅳ类和Ⅴ类水体中为0.3mg/L。

④ 合成高分子有机化工类污染 合成高分子有机化工类污染涉及多种人工合成的有机化合物，种类繁多，成分复杂。苯环上的氢被硝基、氨基等基团取代后生成的化合物，如硝基苯、苯胺等，仍属于芳香族化合物。此外，多氯联苯（PCB）、多环芳烃（PAHs）、萘胺、二噁英等也属于典型难降解有机污染物，主要来源于染料工业废水（如偶氮染料、蒽醌染料、硫化染料等），以及电子、塑料、制药和合成橡胶等行业的工业废水。这些物质大多难以被生物降解，具有致癌、致突变和致畸作用（简称“三致”作用），并对微生物具有毒害或抑制作用。

⑤ 有机农药 有机农药主要分为有机氯农药和有机磷农药两大类。有机氯农药，如DDT、六六六（HCH）等，毒性较强，化学性质稳定，难以降解，易在环境中蓄积，造成持久性污染，目前已禁止生产与使用。有机磷农药曾广泛用作杀虫剂，代表性品种包括敌百虫、乐果、敌敌畏等，具有较高毒性，且相对较易降解。这类农药仍对微生物具有毒害作用，可抑制其生长与代谢活性。

⑥ 持久性有机污染物 持久性有机污染物（persistent organic pollutants，POPs）是指具有持久性、生物蓄积性、半挥发性和高毒性，对人类健康和环境造成严重危害的天然或人工合成的有机化学物质。例如，农药（如六六六）、工业化学品（如多氯联苯），以及燃烧或工业过程中的副产物（如二噁英）等，均属于持久性有机污染物。

⑦ 内分泌干扰物 内分泌干扰物（endocrine disrupting chemicals，EDCs）是指能够干扰生物体内分泌系统正常功能，进而对生殖、神经和免疫系统等造成不良健康影响，或导致后代内分泌功能异常的外源性化学物质。例如，双酚A、邻苯二甲酸酯类化合物以及某些有机氯农药等均属于典型的内分泌干扰物。

（4）放射性物质及其危害

放射性物质可来源于天然本底，也可由人为活动引入环境，如铀矿开采、核燃料加工或核电站运行过程中产生的废水。常见的放射性污染物包括铀、镭-226、铯-137和锶-90等。当其浓度超过相应安全限值时，可能对人体健康构成严重威胁。电离辐射可损伤多种组织细胞，尤其是骨髓、消化道上皮等分裂活跃的细胞，长期暴露可能导致器官功能障碍；同时，还可能抑制免疫功能，增加癌症发生风险。

（5）病原微生物污染与危害

污水中常含有大量细菌、病毒、寄生虫卵等病原体，这些病原体具有数量多、分布广、存活时间长、繁殖速度快等特点，可通过水体传播，引发疾病，严重威胁人类健康。尽管随着卫生保健事业的发展，许多传染病已得到有效控制，但病毒对人类的潜在威胁仍不容忽视，如甲型流感病毒、乙型流感病毒等，均具有极强的传染性。因此，城镇污水处理厂不仅要进行常规处理，还必须加强出水的消毒处理，防止病原体的污染与传播，确保公共卫生安全。

1.3 水体自净作用与河流氧垂曲线及方程

1.3.1 水体自净作用

污染物随污水排入水体后，经过物理、化学与生物化学作用，使污染物的浓度降低或总量减少，受污染的水体部分或完全恢复原有状态，这种现象称为水体自净。水体的这种能力称为水体自净能力或自净容量。若污染物的数量超过水体的自净能力，就会导致水体污染。

水体自净过程非常复杂，按照机理可分为三类。a. 物理净化作用：水体中的污染物通过稀释、混合、沉淀与挥发等过程，从而降低其浓度。b. 化学与物理化学净化作用：水体中的污染物通过氧化还原、酸碱反应、分解与合成、吸附凝聚（属于物理化学作用）等过程，使其存在形态发生变化，并降低浓度。c. 生物化学净化作用：水体中的污染物通过水生生物特别是微生物的生命活动，使其存在形态发生变化，如有机物无机化、有害污染物被转化为无害物质，并实现浓度降低和总量减少。

（1）物理净化作用

图 1-1 为水体的物理净化作用过程示意。污水从排污口排入水体后，在流动的过程中，逐渐和水体水相混合。在下游某个断面处，污水与河水完全混合，该断面称为完全混合断面（$B—B$ 断面）。

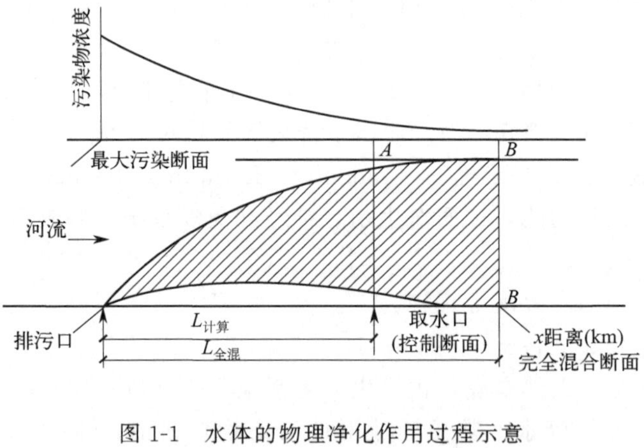

图 1-1 水体的物理净化作用过程示意

（2）化学净化作用和物理化学净化作用

在化学净化作用中，氧化还原是水体化学净化的主要作用。水体中的溶解氧可与某些污染物产生氧化反应。如铁、锰等重金属离子可被氧化成难溶解的氢氧化铁、氢氧化锰而沉淀；硫离子可被氧化成硫酸根随水流迁移。

吸附与凝聚属于物理化学净化作用。由于天然水中存在着大量比表面积大且带电荷的胶体颗粒，它们会吸附和凝聚水体中各种阴离子和阳离子，然后经过扩散或沉降，达到净化的目的。

（3）生物化学净化作用

生物化学净化作用是水体自净的重要机制之一。图 1-2 为水体中含氮有机物生物化学净化示意。

以含氮有机物为例，在有溶解氧存在的条件下，经好氧菌作用被氧化分解成 NH_4^+、NH_3、H_2O 和 CO_2。NH_4^+ 和 NH_3 在亚硝化菌作用下，被氧化成亚硝酸盐（NO_2^-）；在硝化菌作用下，被氧化成硝酸盐（NO_3^-）。被消耗掉的溶解氧，由水面复氧得到补充。可沉物沉淀后形成的有机底泥，由于底部缺氧，在厌氧细菌的作用下被分解为 NH_3、CH_4、CO_2 及少量 H_2S 等气体。这些气体部分游离于水体中，大部分逸入大气。

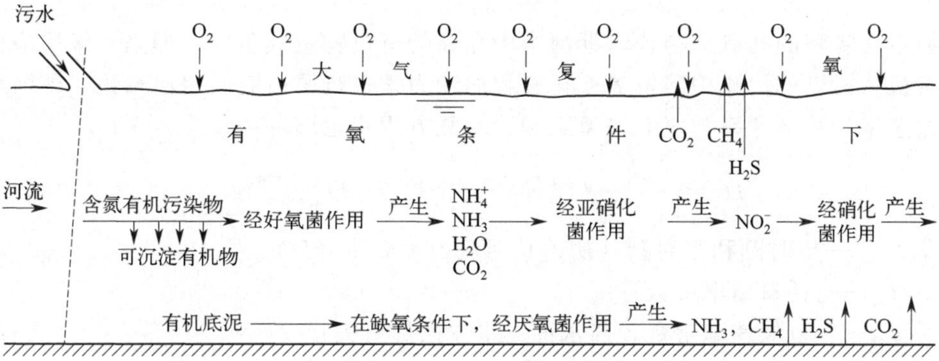

图 1-2 水体中含氮有机物生物化学净化示意

1.3.2 河流氧垂曲线及方程

（1）氧垂曲线

有机物排入河流后，可被水中微生物氧化分解，同时消耗水中的溶解氧（DO）值。所以，受有机物污染的河流，水中溶解氧的含量受到有机物的降解过程控制。溶解氧含量是使河流生态系统保持平衡的主要因素之一。溶解氧的急剧降低，会影响水体生态系统平衡和渔业资源。河流中 BOD_5（五日生化需氧量）及 DO 值的变化曲线见图 1-3。污水排入后，DO 值曲线呈悬索状下垂，故称为氧垂曲线；BOD_5 曲线呈逐步下降状，直至排入前的浓度。

氧垂曲线可分为三段：第一段 a-o 段，耗氧速率大于复氧速率，水中溶解氧含量大幅度下降，亏氧量增加，直至耗氧速率等于复氧速率，o 点处溶解氧量最低，亏氧量最大，故称 o 点为临界亏氧点或氧垂点；第二段 o-b 段，复氧速率开始超过耗氧速率，水中溶解氧量开始回升，亏氧量逐渐减少，直至转折点 b；第三段 b 点以后，溶解氧含量继续回升，亏氧量继续减少，直至恢复到排污口前的状态。

（2）氧垂曲线方程（菲尔普斯方程）

关于有机物耗氧动力学，美国学者菲尔普斯（Phelps）与斯特里特（H. W. Streeter）于 1925 年对耗氧过程动力学研究分析后认为，当河水流量与污水流量稳定，河水温度不变

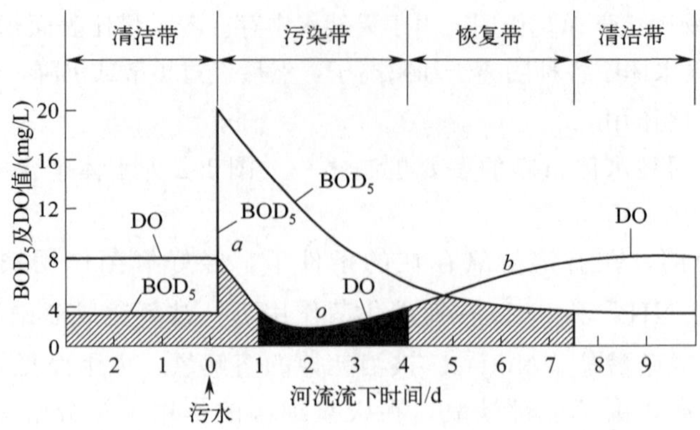

图 1-3 河流中 BOD_5 及 DO 值的变化曲线

时，有机物生化降解的耗氧量与该时期河水中存在的有机物量成正比，即呈一级反应。菲尔普斯对被有机物污染的河流中溶解氧变化过程的动力学进行了研究后得出结论，即河水中亏氧量的变化速率是耗氧速率与复氧速率之和，亏氧方程式也属一级反应：

$$D_t=\frac{k_1L_0}{k_2-k_1}(10^{-k_1t}-10^{-k_2t})+D_0 10^{-k_2t} \tag{1-1}$$

式中 D_t，D_0——t 时刻和零时刻（初始）河流中亏氧量（D）；

k_1——耗氧速率常数；

k_2——复氧速率常数，与水温、水文条件有关；

t——时间，d；

L_0——有机物总量，即氧化全部有机物所需要的氧量。

式（1-1）称为河流中氧垂曲线方程式，即菲尔普斯方程式。它的工程意义在于：

a. 用于分析受有机物污染的河水中溶解氧的变化动态，推求河流的自净过程及其环境容量，进而确定可排入河流的有机物最大限量；

b. 推算确定最大缺氧点即氧垂点的位置及到达时间，并依次制定河流水体防护措施。

氧垂曲线到达氧垂点的时间可通过菲尔普斯方程式求定，即当$\frac{dD}{dt}=0$ 时：

$$t_c=\frac{\lg\left\{\frac{k_2}{k_1}\left[1-\frac{D_0(k_2-k_1)}{k_1L_0}\right]\right\}}{k_2-k_1} \tag{1-2}$$

式中 t_c——从排污点到氧垂点所需时间，d。

按照氧垂曲线方程计算，在氧垂点的溶解氧含量达不到地表水最低溶解氧含量要求时，应对污水进行适当处理。故该方程式可用于确定污水处理厂的处理程度。

1.4 污水处理的基本方法和处理程度

城市污水以及工业废水（后文统称“废水”）中的污染物种类繁多。通常，一种废水应经由多个处理单元组成的系统处理后，方可达到排放标准。具体采用何种处理方法或方法组合，应根据废水的水质与水量、排放要求、处理工艺的效率与适用条件、处理成本及资源回收的经济价值等因素综合确定，必要时通过实验研究进行验证。

1.4.1 污水处理的基本方法

针对不同污染物质的特征，发展了各种不同的污水处理方法，这些处理方法可按照其作用原理划分为四大类：物理处理法、化学处理法、物理化学处理法和生物化学处理法。

（1）物理处理法

物理处理法是通过物理作用分离和去除污水中不溶解的悬浮状态的污染物（包括油膜、油珠）的方法。在处理过程中，污染物的化学性质不发生变化。主要方法包括：

① 重力分离法，其处理单元有沉淀、上浮（气浮）等，使用的处理设备是沉淀池、沉砂池、隔油池等；

② 离心分离法，其本身是一种处理单元，使用的设备有离心分离机、旋流分离器等；

③ 筛滤截留法，有栅、筛截留和过滤两种处理单元，前者使用格栅、筛网，后者使用砂滤池、微孔滤机等。

此外，还有吹脱、汽提、蒸发、磁分离等处理法。

物理处理法的优点是设备较简单，操作方便，分离效果良好，故使用极为广泛。

（2）化学处理法

化学处理法是通过化学反应改变废水中污染物的化学性质或物理性质，使其从溶解、胶体或悬浮状态转变为沉淀或漂浮状态，或从固态转变为气态，从而实现污染物从水中去除的一种废水处理方法。主要方法包括中和处理法、化学沉淀处理法、氧化还原处理法等，详见第10章。

（3）物理化学处理法

物理化学处理法是利用物理化学作用去除污水中的污染物的污水处理方法。主要方法包括：混凝法、气浮法、吸附法、离子交换法、膜分离法、超滤、微滤、反渗透等。

（4）生物化学处理法

生物化学处理法是通过微生物的代谢作用，使污水中呈溶解、胶体以及微细悬浮状态的有机性污染物质转化为稳定、无害的物质的污水处理方法，可分为好氧生物处理法和厌氧生物处理法，如活性污泥法、生物膜法、氧化塘法、污水土地处理法等。

为了有效处理含有多种不同性质污染物的污水，将上述两种或两种以上处理法组合起来使用。如处理小流量和低浓度的含酚废水，就把物理化学法中的混凝沉淀法和化学氧化处理法组合起来。

1.4.2 污水处理的程度

按照处理程度，污水处理技术可分为一级处理、二级处理和三级处理。

（1）一级处理

一级处理是去除污水中的漂浮物和大颗粒的固体污染物质，调节废水pH值，减轻污水的腐化程度和后续处理工艺负荷的处理方法。城市污水一级处理的主要构筑物有格栅、沉砂池和初沉池。污水经一级处理后，SS（悬浮固体）一般可去除40%～55%，BOD_5（五日生化需氧量）一般可去除30%左右，达不到排放标准。所以，一般以一级处理为预处理，以二级处理为主体，必要时再进行三级处理以及深度处理，使污水达到排放标准或回用水标准。一级处理的常用方法有筛滤法、沉淀法、上浮法、混凝法等。

（2）二级处理

二级处理是污水通过一级处理后，再进行处理，以除去污水中大量有机污染物，使污水进一步净化的工艺过程。目前，二级处理的主要工艺为生物处理，包括好氧生物处理和厌氧生物处理，主要有活性污泥法及生物膜法。近年来，已有采用化学处理法或物理化学处理法作为二级处理主体工艺的情况，但成本相对较高，应用较少。污水二级处理可以去除污水中90%以上的 BOD_5 和大量的悬浮物，在较大程度上净化了污水。但随着污水量的不断增加、水资源的日益紧张，污水的排放标准的不断提升，为了获取更高质量的处理水，在二级处理的基础上还增加了脱氮除磷功能的强化工艺和三级处理。

（3）三级处理

污水三级处理又称污水深度处理或高级处理。为进一步去除二级处理没有去除的污染物，其中包括微生物以及未能降解的有机物或磷、氮等可溶性无机物，需要进行三级处理。三级处理是深度处理的同义词，但二者又不完全一致。三级处理是经二级处理后，为了从废水中去除某种特定的污染物质，如磷、氮等而补充增加的一项或几项处理单元；至于深度处理，则往往是以废水回收、再利用为目的增设的处理单元或系统。完善的三级处理由脱氮除磷、去除难生物降解有机物、去除悬浮物、消毒等单元过程组成。

对于工业废水来说，由于成分复杂、污染物各不相同，应根据不同废水需要去除的主要污染物来选择合理的主处理单元。表 1-2 列出了废水不同处理方法对应的去除对象。

表 1-2 废水不同处理方法对应的去除对象

<table>
<tr><th>分类</th><th colspan="2">处理方法与采用工艺</th><th>去除对象</th><th>作用</th></tr>
<tr><td rowspan="15">物理处理与物理化学处理</td><td rowspan="9">物理处理</td><td>沉淀</td><td>可沉物质</td><td>预处理</td></tr>
<tr><td>隔油</td><td>颗粒较大的油珠</td><td>预处理</td></tr>
<tr><td>气浮(浮选)</td><td>乳状物、密度接近水的悬浮物</td><td>预处理、中间处理</td></tr>
<tr><td>水力旋流器</td><td>密度大的物质</td><td>预处理</td></tr>
<tr><td>离心机</td><td>乳状物、纤维、纸浆等</td><td>中间处理</td></tr>
<tr><td>格栅或筛网</td><td>大、中、小悬浮物</td><td>预处理</td></tr>
<tr><td>砂滤</td><td>细小悬浮物</td><td>中间处理或最终处理</td></tr>
<tr><td>超滤、微滤</td><td>细小悬浮物</td><td>最终处理</td></tr>
<tr><td>反渗透</td><td>某些分子、离子等</td><td>最终处理</td></tr>
<tr><td rowspan="6">物理化学处理</td><td>混凝</td><td>胶体、乳状物</td><td>预处理、中间处理或最终处理</td></tr>
<tr><td>蒸馏</td><td>溶解性挥发物质</td><td>预处理或最终处理</td></tr>
<tr><td>吹脱、汽提</td><td>气体</td><td>预处理或最终处理</td></tr>
<tr><td>吸附</td><td>溶解性物质</td><td>最终处理</td></tr>
<tr><td>离子交换</td><td>可离解物质、盐类等</td><td>最终处理</td></tr>
<tr><td>电渗析</td><td>可离解物质、盐类等</td><td>最终处理</td></tr>
<tr><td rowspan="4">化学处理</td><td rowspan="4">投药处理</td><td>中和</td><td>酸、碱</td><td>中间处理或最终处理</td></tr>
<tr><td>氧化还原</td><td>溶解性有害离子等</td><td>预处理或最终处理</td></tr>
<tr><td>化学沉淀</td><td>重金属离子</td><td>预处理或最终处理</td></tr>
<tr><td>消毒</td><td>病原菌等</td><td>最终处理</td></tr>
<tr><td rowspan="4">生物处理</td><td rowspan="2">人工处理</td><td>生物膜法</td><td>有机污染物</td><td>中间处理或最终处理</td></tr>
<tr><td>活性污泥法</td><td>有机污染物</td><td>中间处理或最终处理</td></tr>
<tr><td rowspan="2">自然处理</td><td>稳定塘</td><td>有机污染物</td><td>最终处理</td></tr>
<tr><td>土地处理</td><td>有机污染物</td><td>最终处理</td></tr>
</table>

第2章

水污染指标及标准

2.1 水污染指标

2.1.1 物理性质及物理性指标

(1) 物理性质

污水的物理性质主要包括浊度、颜色、气味、温度、悬浮物浓度及放射性等。

(2) 物理性指标

① 温度　水温过高的污水排入水体后会导致水体的热污染，从而破坏水体生态环境，影响水生生物的生存，并最终使水质恶化。

② 色度　色度是一项感官性指标。一般纯净的天然水是清澈透明的，即无色的。但带有金属化合物或有机化合物等有色污染物的污水呈现各种颜色，会引起感官上的不适。

③ 气味　气味同色度一样也是感官性指标，天然水是无臭无味的。当水体受到污染后会产生异样的气味。水的臭味和异味来源于生活污水和工业废水中的还原性硫和氮的化合物、挥发性有机物和氯气等污染物质。

④ 固体物质　水中所有残渣的总和称为总固体（TS)。总固体有两种分类方式：一种是按照是否溶解将总固体分为溶解固体（dissolved solids，DS）和悬浮固体（SS)；另一种是按照挥发性能将总固体分为挥发性固体（volatile solids，VS）和固定性固体（fixed solids，FS)。将固体在600℃的温度下灼烧，挥发掉的量即是挥发性悬浮固体（volatile suspended solids，VSS)，灼烧残渣则是固定性固体（FS)。溶解固体（DS）主要表示溶解在水中的盐类和其他可溶性物质，悬浮固体（SS）则表示水中不溶解的固态物质，挥发性悬浮固体主要反映了固体中有机成分的含量。

一般所指的固体污染物是SS（悬浮固体)，它会导致水体浑浊度升高、外观变差，并可能改变水的颜色。挥发性悬浮固体（VSS）是反映水体有机污染的一项重要指标。

2.1.2 化学组成及化学性指标

(1) 化学组成

污水中物质的化学组成分为有机物和无机物两大类。污水中主要的有机物组分分为天然化合物和人工合成化合物。天然化合物有糖类、蛋白质、脂类等。人工合成化合物有农药、染料、塑料等。污水中主要的无机物组分有碱性和酸性物质、氯化物、重金属、氮、磷、硫等。这些污染物在污水中可以呈多种相态存在，可溶性的呈现离子态，不可溶的呈现固态，还有气态化合物如氮氧化物（NO_x)、H_2S、NH_3 等。

（2）化学性指标

① 有机性指标　生活污水和某些工业废水中所含的碳水化合物、蛋白质、脂肪等有机化合物，可在微生物作用下最终分解为简单的无机物如 CO_2、NH_3 和 H_2O 等。这些有机物在分解过程中需要消耗大量的氧，因此是耗氧污染物。耗氧有机污染物是使水体产生黑臭的主要因素之一。

污水中有机污染物的组成较复杂，现有技术难以分别测定各类有机物的含量，通常也没有必要。水体有机污染物的主要危害在于消耗水中的溶解氧。在实际工作中一般采用生化需氧量（BOD）、化学需氧量（COD）、总有机碳（TOC）、总需氧量（TOD）等指标来反映需氧有机物的含量。

a. 生化需氧量。在水温 20℃的条件下，好氧微生物将有机物氧化成无机物所消耗的溶解氧量称为生化需氧量（BOD）。该指标反映了在有氧条件下，水中可生物降解有机物的量。生化需氧量越高，表示水中可降解的有机污染物越多。图 2-1 为有机物的降解及微生物新细胞合成过程示意。

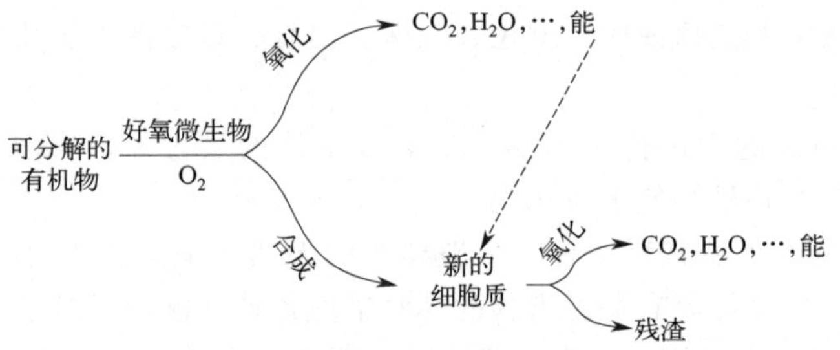

图 2-1　有机物的降解及微生物新细胞合成过程示意

在有氧的条件下，可生物降解的有机物，其降解可分为两个阶段。第一阶段是碳氧化阶段，即在异养菌的作用下，含碳有机物被氧化（或称为碳化）为 CO_2 和 H_2O，含氮有机物被氧化（或称为氨化）为 NH_3。同时，合成新的异养型微生物细胞。第二阶段是硝化阶段，在自氧菌（亚硝化菌）的作用下，NH_3 首先被氧化为 NO_2^-，再进一步被氧化为 NO_3^-。

在 20℃水温下，完成上述有机物的生化过程约需要 100 天，但 20 天的生化需氧量（用 BOD_{20} 表示）接近完全（或总）生化需氧量（用 BODu 或 UBOD 表示），占 95%～99%。因此，常用 20 天的生化需氧量 BOD_{20} 作为完全生化需氧量 BODu 的近似值。对于生产实践来说，20 天的时间较长，而 5 天的生化需氧量（用 BOD_5 表示）占完全生化需氧量 BODu 的 70%～80%，因此在工程应用上，用 5 天生化需氧量 BOD_5 作为可生物降解有机物的综合浓度指标。

以 BOD_5 作为有机物的浓度指标，存在一些缺点：测定时间需 5 天，仍然太长，难以及时指导生产实践；如果污水中难生物降解有机物浓度较高，则 BOD_5 测定结果的误差较大；某些工业废水不含微生物生长所需的营养物质，或者含有抑制微生物生长的有毒有害物质，影响测定结果。为了克服上述缺点，可采用化学需氧量指标。

b. 化学需氧量。化学需氧量（COD）是在酸性条件下，通过强氧化剂将水中有机污染物氧化成 CO_2 和 H_2O 所消耗的氧化剂量，单位是 mg/L。常用的氧化剂主要包括重铬酸钾和高锰酸钾。其中，用重铬酸钾测得的化学需氧量通常表示为 COD_{Cr}，而用高锰酸钾测得的化学需氧量表示为 COD_{Mn}。值得注意的是，由于氧化剂不同，测得的 COD 值会存在一定差异。此外，水中有机污染物的含量越多，化学需氧量通常就越高。

采用化学需氧量（COD）的优点是能够较准确地表示污水中有机物的含量，测定时间快（仅需数小时），且不受水质限制。但缺点是，它不能像 BOD_5 那样反映出可被微生物降解的有机物的量，因为污水中若存在还原性无机物（如硫化物），这些物质也能被氧化，从而消耗一定量的氧化剂，导致 COD 值存在一定误差。

c. 总有机碳。总有机碳（TOC）包括水样中所有有机污染物质的含碳量，也是评价水样中有机污染物质的一个综合参数。将水样在 900℃高温下燃烧，有机物所含的碳全部被氧化成 CO_2，测量所产生的 CO_2 的量，即可求出水样的总有机碳。测定时间仅为几分钟。

d. 总需氧量。将水样在 900℃高温下燃烧，水样中的有机物被燃烧氧化，消耗掉的氧量即总需氧量（TOD）。由于有机物的主要组成元素是 C、H、O、N、S 等，在总需氧量的测定过程中，这些有机物被强氧化剂氧化后，主要产生 CO_2 和 H_2O，同时 N 和 S 元素可能被转化为 NO_2 和 SO_2。整个测定过程非常快速，仅需要几分钟即可完成。

TOD 与 TOC 的测定都可反映水中有机物的总量。但个别难降解的有机物不易被完全燃烧氧化，因此它们的测定值可能会略低于理论值。两者对有机物的表示方法有所不同：TOD 用消耗的氧量来表示，而 TOC 则用含碳量来表示。对于水质比较稳定的污水，BOD_5、COD、TOD 和 TOC 之间存在一定的联系。在一般情况下，这些参数按照从大到小的排序通常为 TOD＞COD＞BOD_U＞BOD_{20}＞BOD_5＞TOC。

生活污水的 BOD_5/COD 值相对稳定。工业废水的 BOD_5/COD 值则取决于工业废水的水质情况，变化较大。一般认为：该比值（BOD_5/COD 值）≥0.3 时，可采用生化处理法；该比值为 0.2～0.3 时，采用生化处理效果较差；该比值＜0.2 时，不宜采用生化处理法。

难生物降解有机物不能用 BOD_5 作为指标，只能用 COD、TOC 或 TOD 等作为指标。

② 无机性指标

a. 植物营养元素氮 N 和磷 P。污水中的 N、P 如果过多进入天然水体则容易引发富营养化。湖泊富营养化是水体衰老的一种表现。湖泊中植物营养元素含量增加，促使水生植物尤其是藻类迅速繁殖，导致鱼类生活的空间逐渐减少。通常藻类包括硅藻、绿藻、蓝藻等，而蓝藻产生的藻毒素会破坏水中的生态环境。藻类过度生长还将造成水中溶解氧含量剧烈波动，影响水生生物的生存。

b. pH 值。主要用于指示水样的酸碱性。要求处理后污水的 pH 值在 6～9。天然水体的 pH 值一般为 6～9，当受到酸碱污染时 pH 值会发生变化。水质逐渐酸化或碱化，会抑制水体中生物的生长，妨碍水体自净，破坏正常生态环境。

c. 重金属。重金属主要指汞、镉、铅、铬（六价铬和总铬）、镍，以及类金属砷等生物毒性显著的元素，也包括具有一定毒害性的一般重金属，如锌、铜、锰等。

重金属在天然水中含量均很低，汞的含量为 0.001～0.01mg/L，铬含量小于 0.001mg/L；在河流和淡水湖中，铜的含量平均为 0.02mg/L，钴为 0.0043mg/L，镍为 0.001mg/L。

重金属在人类的生产和生活方面有广泛应用，这一情况导致环境中存在着各种各样的重金属污染源。采矿和冶炼是向环境中释放重金属的主要污染源。通过废水、废气和废渣向环境中排放重金属的事件很多，对环境造成的污染也很严重。

2.1.3 生物组成及生物性指标

（1）生物组成

污水中主要生物成分是微生物，包括细菌、放线菌、真菌、藻类、原生动物和病毒等。

污水生物性质的检测指标有细菌总数、大肠菌群数、病毒等。用细菌总数、大肠菌群数及病毒这三个卫生指标来评价污水受生物污染的严重程度，比较全面。

（2）生物性指标

① 细菌总数　水中细菌总数是大肠菌群数、病原菌数、病毒数及其他细菌数的总和，以每毫升水样中的细菌菌落总数表示。细菌总数愈多，表示病原菌与病毒存在的可能性愈大，但细菌总数不能说明污染的来源，必须结合大肠菌群数、病毒来判断水体污染的来源和安全程度。

② 大肠菌群数　大肠菌群数是每升水样中所含有的大肠菌群的数目，以个/L计。大肠菌群被认为是基本的粪便污染指示菌群，可表明水样被粪便污染的程度，同时也能提示可能存在病原菌。由于病原菌种类多，因此选择大肠菌群数作为污水被粪便污染程度的卫生指标，原因如下：a. 大肠菌群与病原菌都存在于人类肠道系统内，它们的生活习性及在外界环境中的存活时间都基本相同，且每人每日排泄的粪便中含有的大肠菌群数量远远多于病原菌，但对人体无害；b. 大肠菌群的数量多，容易培养检验，而病原菌的培养检验则十分复杂与困难。因此，常采用大肠菌群数作为卫生指标。

③ 病毒　污水中已被检出的病毒有100多种。例如，检出大肠菌群，可以表明肠道病原菌的存在，但不能确切说明是否存在病毒及其他特定病原菌（如炭疽杆菌）。因此，为了更全面地了解水质情况，还需要专门检验病毒指标。病毒的检验方法目前主要有数量测定法与蚀斑测定法两种。

2.2 水污染治理标准

在生活饮用水、工业用水、农业用水、渔业用水，以及航运、旅游、景观用水或水能开发等方面，都对水质有一定要求，需要建立起相应的物理、化学和生物学的水质标准。此外，为了保护环境，保护水体的正常用途，也需要对排入水体的污水提出一定的限制和要求。因此，需要制定各类水质标准和排放标准。以下对水质标准进行了分类。

2.2.1 水污染治理标准的分类

2.2.1.1 按照管理权限和适用范围分类

污水排放标准是环境标准的一种类型。根据管理权限和适用范围的不同，主要分为国家排放标准、行业排放标准和地方排放标准三类。

（1）国家排放标准

国家排放标准按照污水排放去向，规定了水污染物最高允许排放浓度，适用于排污单位水污染物的排放管理，以及建设项目的环境影响评价、环境保护设施设计、竣工验收和投产后的排放管理。我国现行的国家排放标准主要有《污水综合排放标准》（GB 8978—1996）、《城镇污水处理厂污染物排放标准》（GB 18918—2002）、《污水排入城镇下水道水质标准》（GB/T 31962—2015）等。

（2）行业排放标准

根据部分行业排放工业废水的特点和治理技术发展水平，国家对部分行业制定了国家行业排放标准，如《制浆造纸工业水污染物排放标准》（GB 3544—2008）、《制革及毛皮加工工业水污染物排放标准》（GB 30486—2013）、《纺织染整工业水污染物排放标准》（GB 4287—2012）、《肉类加工工业水污染物排放标准》（GB 13457—1992）、《合成氨工业水污染物排放标准》（GB 13458—2013）、《钢铁工业水污染物排放标准》（GB 13456—2012）、《磷肥工业水污染物排放标准》（GB 15580—2011）及《医疗机构水污染物排放标准》（GB 18466—2005）等。

（3）地方排放标准

我国各省、自治区、直辖市等根据本地区经济发展水平和管辖地水体污染控制需要，可依据《中华人民共和国环境保护法》《中华人民共和国水污染防治法》制定地方污水排放标准。地方污水排放标准可以增设污染物控制项目，但不得删减已有的控制项目；可以规定更严格的排放限值，但不得放宽已有污染物的排放限值。

2.2.1.2　按照排放量分类

（1）浓度标准

浓度标准规定了从排放口向水体排放污染物时所允许的浓度限值，通常以 mg/L 为单位。我国现行的国家和地方污水排放标准多数采用浓度标准。浓度标准的优点在于指标明确，对每种污染物均设定统一限值，便于管理和实施。但由于未综合考虑排放总量、受纳水体的环境容量及其功能特性等因素，因此难以全面保障水体环境质量。当排放总量超出水体环境容量时，水质将无法达到相应的功能区划要求。此外，排污单位还可通过稀释手段降低污染物浓度，从而导致水资源浪费，并加剧水环境污染。

（2）总量控制标准

总量控制标准是根据与水环境质量标准相匹配的水体环境容量确定的。通常情况下，水体的水环境质量要求越高，其可承载的污染物总量（即环境容量）越小。水环境容量可通过水质模型法等方法进行估算。

2.2.1.3　按照标准分类

（1）水环境质量标准

天然水体是人类赖以生存的重要资源。为了保护天然水体的水质，防止因污水排放导致其质量恶化甚至遭到破坏，水环境管理应确保不同类别的水体水质符合相应的水环境质量标准要求。因此，水环境质量标准成为污水排入水体时的重要依据。

我国现行的主要水环境质量标准包括：《地表水环境质量标准》（GB 3838—2002）、《渔业水质标准》（GB 11607—1989）、《农田灌溉水质标准》（GB 5084—2021）、《城市污水再生利用 城市杂用水水质》（GB/T 18920—2020）、《海水水质标准》（GB 3097—1997）、《地下水质量标准》（GB/T 14848—2017）。这些标准详细规定了各类水体中污染物的最大允许浓度，旨在保障水环境质量的安全与可持续发展。

（2）污水排放标准

常见的排放标准包括《城镇污水处理厂污染物排放标准》（GB 18918—2002）、《污水综合排放标准》（GB 8978—1996）等相关标准。

2.2.2 常用水污染治理标准

如前所述，水质标准根据不同的分类有很多类型。以下将介绍一些常用的水质标准和排放标准。

2.2.2.1 《地表水环境质量标准》

依据地表水水域的功能及其保护目标，《地表水环境质量标准》（GB 3838—2002）按照功能高低依次将水体划分为五类，参见表 2-1：

Ⅰ类主要适用于源头水、国家自然保护区等；

Ⅱ类主要适用于集中式生活饮用水地表水源地一级保护区、珍稀水生生物栖息地、鱼虾类产卵场、幼鱼的索饵场等；

Ⅲ类主要适用于集中式生活饮用水地表水源地二级保护区、鱼虾类越冬场、洄游通道、水产养殖区等渔业水域及游泳区；

Ⅳ类主要适用于一般工业用水区及人体非直接接触的娱乐用水区；

Ⅴ类主要适用于农业用水区及一般景观要求水域。

不同功能的水域执行不同的标准值。同一水域兼有多类功能的，执行最高标准。

表 2-1 列出了《地表水环境质量标准》中各类水域的基本项目标准限值。此外，针对集中式生活饮用水地表水源地，标准还设定了补充项目限值，包括硫酸盐、氯化物、硝酸盐、铁和锰等五项指标；同时，设定了特定项目限值，主要包括多种有毒有机物、重金属及微囊藻毒素等污染物，共 80 项。

表 2-1 《地表水环境质量标准》基本项目标准限值

序号	分类标准值项目		Ⅰ类	Ⅱ类	Ⅲ类	Ⅳ类	Ⅴ类
1	水温/℃		人为造成的环境水温变化应限制在： 周平均最大温升≤1.0； 周平均最大温降≤2.0				
2	pH 值		6.0～9.0				
3	溶解氧/(mg/L)	≥	饱和率 90%（或 7.5）	6.0	5.0	3.0	2.0
4	高锰酸盐指数/(mg/L)	≤	2.0	4.0	6.0	10.0	15.0
5	化学需氧量(COD_{Cr})/(mg/L)	≤	15.0	15.0	20.0	30.0	40.0
6	五日生化需氧量(BOD_5)/(mg/L)	≤	3.0	3.0	4.0	6.0	10.0
7	氨氮(NH_3-N)/(mg/L)	≤	0.15	0.5	1.0	1.5	2.0
8	总磷(以 P 计)/(mg/L)	≤	0.02（湖、库 0.01）	0.1（湖、库 0.025）	0.2（湖、库 0.05）	0.3（湖、库 0.1）	0.4（湖、库 0.2）
9	总氮(湖、库以 N 计)/(mg/L)	≤	0.2	0.5	1.0	1.5	2.0
10	铜/(mg/L)	≤	0.01	1.0	1.0	1.0	1.0
11	锌/(mg/L)	≤	0.05	1.0	1.0	2.0	2.0
12	氟化物(以 F^- 计)/(mg/L)	≤	1.0	1.0	1.0	1.5	1.5
13	硒/(mg/L)		0.01	0.01	0.01	0.02	0.02
14	砷/(mg/L)	≤	0.05	0.05	0.05	0.1	0.1

续表

序号	分类标准值项目		Ⅰ类	Ⅱ类	Ⅲ类	Ⅳ类	Ⅴ类
15	汞/(mg/L)	≤	0.00005	0.00005	0.0001	0.001	0.001
16	镉/(mg/L)	≤	0.001	0.005	0.005	0.005	0.01
17	铬(六价)/(mg/L)	≤	0.01	0.05	0.05	0.05	0.1
18	铅/(mg/L)	≤	0.01	0.01	0.05	0.05	0.1
19	氰化物/(mg/L)	≤	0.005	0.05	0.2	0.2	0.2
20	挥发酚/(mg/L)	≤	0.005	0.005	0.005	0.01	0.1
21	石油类/(mg/L)	≤	0.05	0.05	0.05	0.5	1.0
22	阴离子表面活性剂/(mg/L)	≤	0.2	0.2	0.2	0.3	0.3
23	硫化物/(mg/L)	≤	0.05	0.1	0.2	0.5	1.0
24	粪大肠菌群/(个/L)	≤	200	2000	10000	20000	40000

国家《污水综合排放标准》(GB 8978—1996)规定地表水Ⅰ、Ⅱ类水域，以及Ⅲ类水域中划定的保护区和海洋水体中第一类海域，禁止新建排污口；现有排污口应根据水体功能要求，实行污染物总量控制，以确保受纳水体水质达到相应用途的水质标准。

2.2.2.2 《污水综合排放标准》

仅对地表水体中的有害物质设定容许的标准限值，尚不足以有效控制各类工农业废水中污染物对水体造成的污染。因此，为更有效地保护水环境质量，应从源头着手控制污染源，并制定相应的污染物排放标准。其中，1996 年颁布的《污水综合排放标准》(GB 8978—1996)是一项重要的国家环保标准。

该标准根据污水排放去向，规定了水污染物的最高允许排放浓度：对排入 GB 3838—1996 中Ⅲ类地表水域的污水，执行一级标准要求；对排入Ⅳ、Ⅴ类地表水域的污水，执行二级标准要求；对于排入已设有二级污水处理厂的城镇排水系统的污水，则执行三级标准要求。

此外，该标准将污染物按其性质和控制要求划分为两类：第一类污染物指能在环境中或动植物体内蓄积，对人体健康造成长期危害的物质，如汞、镉、铬、铅、砷、苯并芘等，这类污染物必须在车间或车间处理设施的排放口取样监测；第二类污染物则是指对人体健康的长远影响相对较小的污染物，应在排污单位的总排放口进行监测。

第一类污染物最高允许排放浓度见表 2-2。对于第二类污染物，其最高允许排放浓度则依据建设项目竣工日期（1997 年 12 月 31 日前或 1998 年 1 月 1 日后）执行不同标准。表 2-3 列出了 1998 年 1 月 1 日后建设的单位必须执行的第二类污染物最高允许排放浓度。

表 2-2 第一类污染物最高允许排放浓度 单位：mg/L

序号	污染物	最高允许排放浓度	序号	污染物	最高允许排放浓度
1	总汞	0.05	8	总镍	1.0
2	烷基汞	不得检出	9	苯并芘	0.00003
3	总镉	0.1	10	总钌铍	0.005
4	总铬	1.5	11	总银	0.5
5	六价铬	0.5	12	总 α 放射性	1.0Bq/L
6	总砷	0.5	13	总 β 放射性	10.0Bq/L
7	总铅	1.0			

注：表中单位（mg/L）不包括放射性指标。

表 2-3 第二类污染物最高允许排放浓度 单位：mg/L

序号	污染物	适用范围	一级标准	二级标准	三级标准
1	pH 值	一切排污单位	6.0～9.0	6.0～9.0	6.0～9.0
2	色度(稀释倍数)	一切排污单位	50.0	80.0	—
3	悬浮物	采矿、选矿、选煤工业	70.0	300.0	—
		脉金矿选矿	70.0	400.0	—
		边远地区砂金选矿	70.0	800.0	—
		城镇二级污水处理厂	20.0	30.0	—
		其他排污单位	70.0	150.0	400.0
4	五日生化需氧量(BOD_5)	甘蔗制糖、苎麻脱胶、湿法纤维板、染料、洗毛工业	20.0	60.0	600.0
		甜菜制糖、酒精、味精、皮革、化纤浆粕工业	20.0	100.0	600.0
		城镇二级污水处理厂	20.0	30.0	—
		其他排污单位	20.0	30.0	300.0
5	化学需氧量(COD)	甜菜制糖、合成脂肪酸、湿法纤维板、染料、洗毛、有机磷农药工业	100.0	200.0	1000.0
		酒精、味精、生物制药、苎麻脱胶、医药原料药、皮革、化纤浆粕工业	100.0	300.0	1000.0
		石油化学工业(包括石油炼制)	60.0	120.0	500.0
		城镇二级污水处理厂	60.0	120.0	—
		其他排污单位	100.0	150.0	500.0
6	石油类	一切排污单位	5.0	10.0	20.0
7	动植物油	一切排污单位	10.0	15.0	100.0
8	挥发酚	一切排污单位	0.5	0.5	2.0
9	总氧化合物	一切排污单位	0.5	0.5	1.0
10	硫化物	一切排污单位	1.0	1.0	1.0
11	氨氮	医药原料药、染料、石油化学工业	15.0	50.0	—
		其他排污单位	15.0	25.0	—
12	氯化物	黄磷工业	10.0	15.0	20.0
		低氟地区(水体含氟量＜0.5mg/L)	10.0	20.0	30.0
		其他排污单位	10.0	10.0	20.0
13	磷酸盐(以 P 计)	一切排污单位	0.5	1.0	—
14	甲醛	一切排污单位	1.0	2.0	5.0
15	苯胺类	一切排污单位	1.0	2.0	5.0
16	硝基苯类	一切排污单位	2.0	3.0	5.0
17	阴离子表面活性剂	一切排污单位	5.0	10.0	20.0
18	总铜	一切排污单位	0.5	1.0	2.0
19	总锌	一切排污单位	2.0	5.0	5.0
20	总锰	合成脂肪酸工业	2.0	5.0	5.0
		其他排污单位	2.0	2.0	5.0
21	彩色显影剂	电影洗片	1.0	2.0	3.0
22	显影剂及氧化物总量	电影洗片	3.0	3.0	6.0
23	元素磷	一切排污单位	0.1	0.1	0.3
24	有机磷农药(以 P 计)	一切排污单位	不得检出	0.5	0.5
25	乐果	一切排污单位	不得检出	1.0	2.0
26	对硫磷	一切排污单位	不得检出	1.0	2.0
27	甲基对硫磷	一切排污单位	不得检出	1.0	2.0
28	马拉硫磷	一切排污单位	不得检出	5.0	10.0
29	五氯酚及五氯酚钠(以五氯酚计)	一切排污单位	5.0	8.0	10.0
30	可吸附有机卤化物(AOX,以 Cl 计)	一切排污单位	1.0	5.0	8.0

续表

序号	污染物	适用范围	一级标准	二级标准	三级标准
31	三氯甲烷	一切排污单位	0.3	0.6	1.0
32	四氯化碳	一切排污单位	0.03	0.06	0.5
33	三氯乙烯	一切排污单位	0.3	0.6	1.0
34	四氯乙烯	一切排污单位	0.1	0.2	0.5
35	苯	一切排污单位	0.1	0.2	0.5
36	甲苯	一切排污单位	0.1	0.2	0.5
37	乙苯	一切排污单位	0.4	0.6	1.0
38	邻二甲苯	一切排污单位	0.4	0.6	1.0
39	对二甲苯	一切排污单位	0.4	0.6	1.0
40	间二甲苯	一切排污单位	0.4	0.6	1.0
41	氯苯	一切排污单位	0.2	0.4	1.0
42	邻二氯苯	一切排污单位	0.4	0.6	1.0
43	对二氯苯	一切排污单位	0.4	0.6	1.0
44	对硝基氯苯	一切排污单位	0.5	1.0	5.0
45	2,4-二硝基氯苯	一切排污单位	0.5	1.0	5.0
46	苯酚	一切排污单位	0.3	0.4	1.0
47	间甲酚	一切排污单位	0.1	0.2	0.5
48	2,4-二氯酚	一切排污单位	0.6	0.8	1.0
49	2,4,6-三氯酚	一切排污单位	0.6	0.8	1.0
50	邻苯二甲酸二丁酯	一切排污单位	0.2	0.4	2.0
51	邻苯二甲酸二辛酯	一切排污单位	0.3	0.6	2.0
52	丙烯腈	一切排污单位	2.0	5.0	5.0
53	总硒	一切排污单位	0.1	0.2	0.5
54	总大肠菌群数	医院①、兽医院及医疗机构含病原体污水	500个/L	1000个/L	5000个/L
		传染病、结核病医院污水	100个/L	500个/L	1000个/L
55	总余氯(采用氯化消毒的医院污水)	医院①、兽医院及医疗机构含病原体污水	<0.5②	>3.0(接触时间≥1h)	>2.0(接触时间≥1h)
		传染病、结核病医院污水	<0.5②	>6.5(接触时间≥1.5h)	>5.0(接触时间≥1.5h)
56	总有机碳(TOC)	合成脂肪酸工业	20.0	40.0	—
		苎麻脱胶工业	20.0	60.0	—
		其他排污单位	20.0	30.0	—

① 指50个床位以上的医院。

② 加氯消毒后须进行脱氯处理，以达到本标准。

注：表中单位（mg/L）不包括pH值、色度、总大肠菌群数；表中“—”表示无此数据。

对于1997年12月31日前建成的单位，另有相应的排放标准。同时，该标准对矿山、焦化、石油炼制、皮革、农药等行业的部分企业规定了最高允许排水量，具体内容详见相关标准正文。

一般情况下，工业废水在排入自然水体或城市下水道之前，应经过必要的处理，使处理后的水质符合《污水排入城镇下水道水质标准》(GB/T 31962—2015）及相关地方标准的要求，严禁随意排放。若工厂所在区域无市政管网（城市下水道）覆盖，可采取厂内完全处理方式，处理后的水质须达到当地生态环境主管部门规定的排放标准或满足废水再生回用的相关水质要求。

2.2.2.3 《城镇污水处理厂污染物排放标准》

为推动城镇污水处理厂的建设与发展，强化污染物排放控制和污水资源化利用，国家发布了《城镇污水处理厂污染物排放标准》（GB 18918—2002）。该标准明确了城镇污水处理厂出水中各类污染物的控制项目及其限值，以实现环境保护与资源高效利用的目标。

《城镇污水处理厂污染物排放标准》（GB 18918—2002）规定了水污染物的控制项目及其最高允许排放浓度，详见表 2-4（a）～表 2-4（c）。该标准将控制项目分为基本控制项目和选择控制项目两类。基本控制项目主要针对常规污染物，这些污染物通常可通过城镇污水处理厂的一般处理工艺去除，共计 12 项。选择控制项目则包括对生态环境具有潜在长期影响或毒性强的污染物，共计 43 项。其中，基本控制项目为强制执行项目，所有城镇污水处理厂均应遵守；选择控制项目则由地方生态环境主管部门根据污水处理厂所接收的工业废水类型及当地水环境质量要求，决定是否纳入执行范围。

表 2-4（a） 城镇污水处理厂污染物排放标准（基本控制项目最高允许排放浓度日均值）

单位：mg/L

序号	基本控制项目		一级标准		二级标准	三级标准
			A 标准	B 标准		
1	化学需氧量(COD)		50.0	60.0	100.0	120.0①
2	生化需氧量(BOD_5)		10.0	20.0	30.0	60.0①
3	悬浮物		10.0	20.0	30.0	50.0
4	动植物油		1.0	3.0	5.0	20.0
5	石油类		1.0	3.0	5.0	15.0
6	阴离子表面活性剂		0.5	1.0	2.0	5.0
7	总氮(以 N 计)		15.0	20.0	—	—
8	氨氮(以 N 计)②		5.0(8.0)	8.0(15.0)	25.0(30.0)	—
9	总磷(以 P 计)	2005 年 12 月 31 日前建设的	1.0	1.5	3.0	5.0
		2006 年 1 月 1 日起建设的	0.5	1.0	3.0	5.0
10	色度(稀释倍数)		30.0	30.0	40.0	50.0
11	pH 值		6.0～9.0			
12	粪大肠菌群数/(个/L)		10^3	10^4	10^4	—

① 下列情况下按照去除率指标执行：当进水 COD 大于 350mg/L 时，去除率应大于 60%；BOD_5 大于 160mg/L 时，去除率应大于 50%。

② 括号外数值为水温>12℃时的控制指标，括号内数值为水温≤12℃时的控制指标。

注：表中单位（mg/L）不包括色度、pH 值、粪大肠菌群数。

表 2-4（b） 城镇污水处理厂污染物排放标准（部分一类污染物最高允许排放浓度）

单位：mg/L

序号	项目	标准值	序号	项目	标准值
1	总汞	0.001	5	六价铬	0.05
2	烷基汞	不得检出	6	总砷	0.1
3	总镉	0.01	7	总铅	0.1
4	总铬	0.1			

表 2-4（c） 城镇污水处理厂污染物排放标准（选择控制项目最高允许排放浓度日均值）

单位：mg/L

序号	选择控制项目	标准值	序号	选择控制项目	标准值
1	总镍	0.05	23	三氯乙烯	0.3
2	总铍	0.002	24	四氯乙烯	0.1
3	总银	0.1	25	苯	0.1
4	总铜	0.5	26	甲苯	0.1
5	总锌	1.0	27	邻二甲苯	0.4
6	总锰	2.0	28	对二甲苯	0.4
7	总硒	0.1	29	间二甲苯	0.4
8	苯并芘	0.00003	30	乙苯	0.4
9	挥发酚	0.5	31	氯苯	0.3
10	总氰化物	0.5	32	1,4-二氯苯	0.4
11	硫化物	1.0	33	1,2-二氯苯	1.0
12	甲醛	1.0	34	对硝基氯苯	0.5
13	苯胺类	0.5	35	2,4-二硝基氯苯	0.5
14	总硝基化合物	2.0	36	苯酚	0.3
15	有机磷农药(以 P 计)	0.5	37	间甲酚	0.1
16	马拉硫磷	1.0	38	2,4-二氯酚	0.6
17	乐果	0.5	39	2,4,6-三氯酚	0.6
18	对硫磷	0.05	40	邻苯二甲酸二丁酯	0.1
19	甲基对硫磷	0.2	41	邻苯二甲酸二辛酯	0.1
20	五氯酚	0.5	42	丙烯腈	2.0
21	三氯甲烷	0.3	43	可吸附有机卤化物(AOX,以 Cl 计)	1.0
22	四氯化碳	0.03			

《城镇污水处理厂污染物排放标准》（GB 18918—2002）对基本控制项目的常规污染物设定了不同级别的排放限值。该标准将排放限值划分为一级、二级和三级标准。其中，一级标准进一步细分为 A 标准和 B 标准。对于第一类污染物（如部分重金属）和选择控制项目，不执行分级标准，统一执行最严格的限值。

一级标准中，A 标准最为严格，适用于污水处理厂出水用于特定回用用途或生态补水的情形，具体内容如下：当污水处理厂出水用于城镇景观用水或一般回用水，且排入稀释能力较小的河湖时，执行一级 A 标准；排入由国家或省级政府确定的重点流域、湖泊、水库等封闭或半封闭水域时，执行一级 A 标准；排入《地表水环境质量标准》（GB 3838—2002）规定的Ⅲ类地表水域（划定的饮用水水源保护区和游泳区除外），或《海水水质标准》（GB 3097—1997）规定的第二类海水功能区时，执行一级 B 标准；排入 GB 3838 规定的Ⅳ、Ⅴ类地表水域，或 GB 3097 规定的第三、第四类海水功能区时，执行二级标准。

对于位于非重点控制流域和非水源保护区的建制镇污水处理厂，可根据当地经济条件和水污染控制要求，初期采用一级强化处理工艺并执行三级排放标准，但应预留建设二级处理设施的空间，逐步提升至二级排放标准。

2.2.2.4 工业用水水质要求

工业企业的用水种类多样，除饮用水外，还包括生产技术用水、锅炉用水和冷却用水。由于行业类别、生产工艺流程及用途不同，各类用水对水质也有不同的要求。

生产技术用水主要包括原料用水、生产工艺用水以及生产过程中所需的其他用水。根据所生产的产品类型及工艺特点，其水质要求各不相同。

锅炉用水是指用于产生蒸汽的水，在特定温度和压力条件下转化为蒸汽。不同类型的锅炉及其运行压力条件对水中悬浮固体、硬度、溶解氧等指标提出了严格的水质要求，旨在防止设备腐蚀、结垢以及汽水共腾等不良现象。例如，对于中、低压锅炉（工作压力低于2.5MPa），锅炉给水硬度通常应不超过0.03mmol/L；而对于高压锅炉（工作压力大于5MPa），则要求硬度低于0.003mmol/L，具体限值可根据锅炉的设计参数进一步确定。

冷却用水的水质应确保不形成水垢和泥渣，对金属材料的腐蚀性较低，并能有效抑制藻类、细菌等微生物的滋生，避免冷却设备和管道发生堵塞。当前，为进一步节约水资源，城市污水处理再生回用的应用实践正逐步推广，处理后的再生水若作为工业循环冷却用水使用，水质应符合《城市污水再生利用　工业用水水质》（GB/T 19923—2024）标准。锅炉补给水的水质应满足以下要求：BOD_5≤10mg/L，COD≤50mg/L，总硬度（以 $CaCO_3$ 计）≤450mg/L，总碱度（以 $CaCO_3$ 计）≤350mg/L，铁≤0.3mg/L，锰≤0.1mg/L，氨氮≤5mg/L，总氮≤15mg/L，总磷≤0.5mg/L，硫酸盐（以 SO_4^{2-} 计）≤250mg/L，氯化物≤250mg/L。

第二篇

城市污水与污泥处理技术及应用篇

第 3 章

物理处理单元

3.1 格栅和筛网

3.1.1 格栅

3.1.1.1 原理

格栅是用于截留水中大体积悬浮物的设备，多用于污水前处理，具有净化水质和保护设备的双重作用。格栅一般由栅条、格栅框和横向肋条三部分组成（具体结构如图 3-1 所示）。格栅通常安装于泵站集水池进口处的渠道中，以防大的悬浮物或漂浮物（如纤维、碎皮、毛发等）阻塞后续构筑物的闸门、管道或损坏水泵等机械设备。

3.1.1.2 分类

按照栅条间距的不同，格栅可分为粗、中、细三种。根据栅条间距的大小，粗格栅为 50～100mm，中格栅为 10～50mm，细格栅＜10mm。

按照栅面的形状，格栅可分为平面格栅与曲面格栅两种。平面格栅在实际工程中使用较多。平面格栅由栅条与框架组成，如图 3-1 所示。

平面格栅的基本参数与尺寸包括宽度（B）、长度（L）、栅条间距（e）、栅条至外边框的距离（b），可根据污水渠道、泵房集水井进口管大小选用不同数值。

按照清渣方式不同，格栅分为人工清渣格栅和机械清渣格栅两种。人工清渣格栅适用于小型污水厂，目前较少使用。当栅渣量大于 $0.2m^3/d$ 时，采用机械清渣格栅。

3.1.2 筛网

筛网用于截留和去除污水中细小的悬浮固体杂质，如纤维、纸浆、藻类等。对于水中不

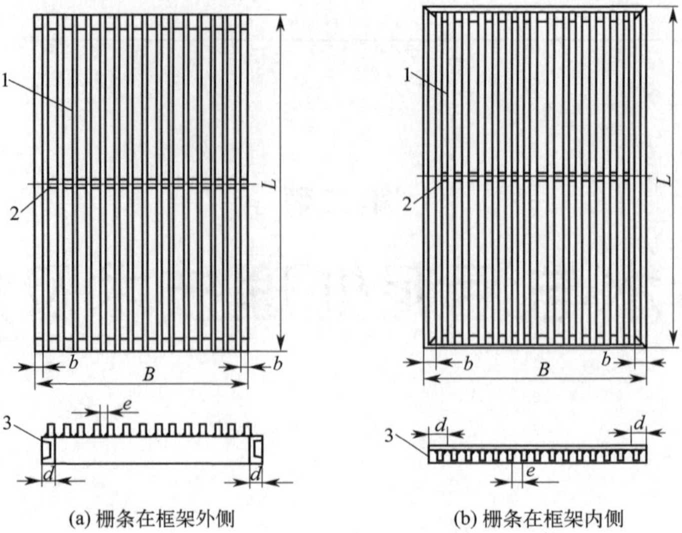

图 3-1 平面格栅

1—栅条；2—横向肋条；3—格栅框

同尺寸的悬浮物，可以选择不同材质的金属丝网（如不锈钢丝网、铜网）和不同尺寸的筛网孔眼来去除。筛网可用于水预处理，也可用于废水的深度处理。

3.2 沉淀

沉淀在水处理工艺中是一种最常用、最基本且经济有效的方法之一，几乎所有的污水处理过程都包括沉淀工艺。它是利用污水中悬浮微粒和水的密度差，使水中的悬浮物质下沉或上浮，从而与水分离，使水得到澄清的过程。当悬浮物的密度大于水的密度时，悬浮物下沉形成沉淀物；当悬浮物的密度小于水的密度时，悬浮物上浮到水面形成浮渣。沉淀与上浮是悬浮物的重力、浮力和水的阻力综合作用的结果。

在各种水处理工艺中，沉淀分离的作用有：用于去除污水中泥、砂等大颗粒物质或者可浮油；用于分离化学沉淀物、活性污泥或生物膜；污泥的浓缩脱水以及（在某些特殊情况下）去除水中的可浮油。

重力分离法所用到的构筑物分为沉淀构筑物和上浮构筑物两种。沉淀构筑物有沉砂池、沉淀池、浓缩池等。上浮构筑物有隔油池、气浮池等。

3.2.1 沉淀理论

3.2.1.1 沉淀类型

因为污水中悬浮物的颗粒大小、物理和物理化学性质不同，因此颗粒在污水中的沉淀是一个非常复杂的过程。为简化沉淀过程，可把沉淀过程分为自由沉淀、絮凝沉淀、成层沉淀和压缩沉淀四种类型。

（1）自由沉淀

污水中的悬浮颗粒含量低时，在沉淀过程中颗粒互不黏合，形状、尺寸及密度保持不变，各自独立完成沉淀，被认为是匀速下沉的过程。

（2）絮凝沉淀

当污水中悬浮固体浓度不高（50～500mg/L）时，在沉淀过程中将发生凝聚或絮凝作用。由于絮凝作用，多个小颗粒互相黏结变为大颗粒，颗粒粒径和质量增加，沉淀速度逐渐加快，颗粒加速下沉，可以观察到颗粒的絮凝现象。

（3）成层沉淀（又称区域沉淀、拥挤沉淀）

当污水中悬浮颗粒的浓度提高到一定程度（>500mg/L）后，每个颗粒的沉淀将受到周围颗粒的干扰，导致沉淀速度降低。随着悬浮颗粒浓度的进一步增加，颗粒间的相互干涉加剧，致使所有颗粒以相近的速度共同下沉，形成一个整体。观察到的现象是，水与颗粒群之间有明显的分界面，沉淀的过程实际上是该分界面逐渐下沉的过程。

（4）压缩沉淀

当悬浮颗粒含量很高时，固体颗粒相互接触并形成支撑结构，仅凭颗粒自身的重力作用无法下沉。颗粒的下沉是上层颗粒在重力作用下压缩，致使下层颗粒间隙中的液体被挤出，从而实现沉降过程。其特征是颗粒群与水之间有明显的界面，但颗粒群的密集程度高于成层沉淀时，界面的沉淀速度很慢。

不同沉淀时间下沉淀类型分布如图 3-2 所示。图中量筒上标注的序号 1 到 6 依次表示沉淀过程的开始到结束。图 3-2 中的“1”表示沉淀过程开始时，污水中的悬浮物呈均匀分布状态；在“1”与“2”时刻之间为自由沉淀或絮凝沉淀时间；“2”时，水与颗粒层出现明显的界面，“2”的底部出现压缩区 D；在“2”到“4”之间，界面继续以匀速下沉，沉淀区 B 的浓度基本保持不变，压缩区的高度增加；到“5”时沉淀区 B 消失，此时称为临界点；“5”和“6”之间为压缩沉淀阶段。颗粒的性质、浓度以及是否添加药剂等因素均会影响沉淀类型的出现和演变。

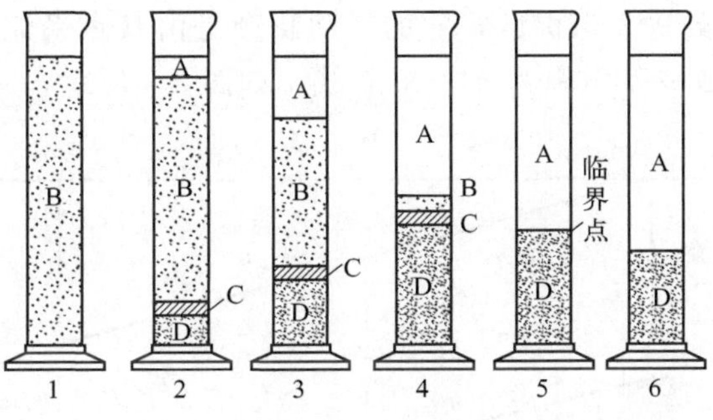

图 3-2　不同沉淀时间下沉淀类型分布示意

A—澄清区；B—沉淀区；C—过渡区；D—压缩区

3.2.1.2　自由沉淀理论

为了说明影响颗粒沉淀的主要因素，有以下假设条件：

① 颗粒为球形且为非压密性的，在沉淀过程中不改变自己的形状；

② 液体是静止的，为非压缩性的，球状颗粒沉淀不受容器器壁的影响；

③ 颗粒承受相同的重力场。

静水中的球体颗粒，受其本身重力 F_1 的作用而下沉，同时又受到液体的浮力 F_2 和水的阻力 F_3 的作用，推导后得到斯托克斯公式：

$$u=\frac{\rho_g-\rho_y}{18\mu}gd^2 \tag{3-1}$$

式中，u 为颗粒的沉淀速度，m/s；ρ_g 为颗粒的密度，kg/m^3；ρ_y 为液体的密度，kg/m^3；g 为重力加速度，m/s^2；d 为颗粒的直径，m；μ 为液体的动力黏度，Pa·s，与水质和水温有关。

由该式可知：

① 颗粒沉淀速度 u 的决定因素是（$\rho_g-\rho_y$）。当 $\rho_g-\rho_y<0$ 时，$u<0$，颗粒上浮；当 $\rho_g-\rho_y>0$ 时，$u>0$，颗粒下沉；当 $\rho_g-\rho_y=0$ 时，$u=0$，颗粒在水中不沉也不浮。

② 沉淀速度 u 与颗粒直径的平方 d^2 成正比，所以增大颗粒直径 d，可大大地提高沉淀（或上浮）效果。

③ u 与 μ 成反比，在水质相同的条件下，水温高则 μ 值小，有利于颗粒下沉（或上浮）。

3.2.1.3 理想沉淀池

为了分析悬浮颗粒在沉淀池内的运动规律及其分离效果，我们提出一种理想沉淀池模型。该模型中不同颗粒的沉淀过程分析如图 3-3 所示。按照功能，沉淀池可分为流入区、流出区、沉淀区和污泥区四部分。

理想沉淀池的假定条件如下：

① 悬浮颗粒分布均匀，处于自由沉淀状态，每个颗粒的沉淀速度 u 固定不变，颗粒的水平分速等于水平流速 v。

② 池内污水按照水平方向流动，AB 为过水断面。从入口到出口，污水分布均匀，各点流速相同。

③ 颗粒一接触池底即被认为已去除。

设某一颗粒从点 A 处进入沉淀区，它的运动轨迹是由其水平流速 v 和沉淀速度 u 合成的矢量方向决定的，形成一条斜率为 u/v 的斜线，如图 3-3 所示。

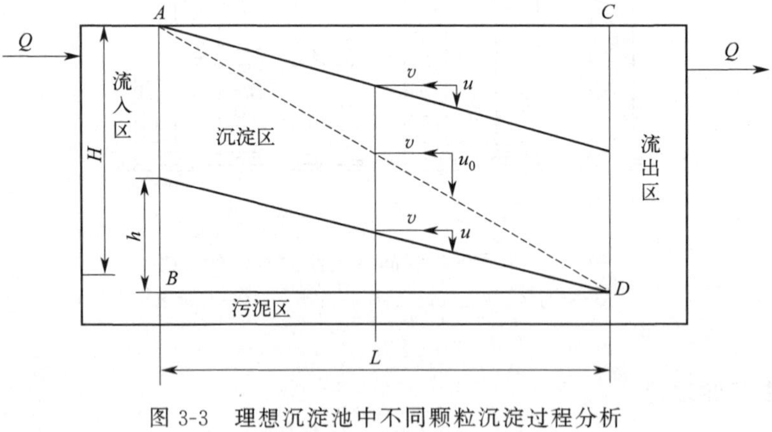

图 3-3 理想沉淀池中不同颗粒沉淀过程分析

必定存在颗粒粒径为 d_0、沉淀速度为 u_0 的颗粒，在流入区处于水的表面 A 点，在出口处恰好沉至池底 D 点，该颗粒即 100%去除的全部颗粒中沉速最小的颗粒，其沉速 u_0 为临界沉淀速度。凡是 $u\geqslant u_0$ 的颗粒，全部能够沉于池底。

沉淀速度小于 u_0 的颗粒若流入沉淀池时靠近水面，将不能沉于池底并被带出池外；若流入沉淀池时接近池底，则能够沉于池底。对沉淀速度小于 u_0 的全部颗粒来讲，从水中分离出来的总量为 $\int_0^{p_0} \frac{u}{u_0} \mathrm{d}p$ ，因此沉淀池对悬浮颗粒的全部去除率 η 为：

$$\eta=(1-p_0)+\frac{1}{u_0}\int_0^{p_0} u \mathrm{d}p \tag{3-2}$$

式中，p_0 是沉速小于 u_0 的颗粒在全部颗粒中所占的质量分数，%。

设处理水量为 Q （m^3/s），而分离面积为 A （$A=BL$，L 为池长，B 为池宽），可得下列各关系式。

$$u_0=\frac{H}{t}=\frac{H}{\frac{HBL}{Q}}=\frac{Q}{HB}=\frac{Q}{A}=q \tag{3-3}$$

式（3-3）中 Q/A 的物理意义是单位时间内通过沉淀池单位表面积的体积，一般称之为表面负荷率或溢流率，以 q 表示，单位是 $m^3/(m^2 \cdot s)$ 或 $m^3/(m^2 \cdot h)$。由式（3-3）可以看出，表面负荷率与沉淀池能完全去除的最小颗粒的沉淀速度在数值上是相等的，通过沉淀实验求得应去除颗粒的最小沉速 u_0，也就求得了理想沉淀池的表面负荷率 q 值。

由式（3-3）可知，在一定流量下，沉淀池表面积 A 越大，能完全去除的最小粒径的悬浮颗粒的沉速 u 越小，总去除率 η 越大。由此可知，沉淀池的去除率与沉速 u 和表面负荷率 q 有关，与池深无关，这就是颗粒沉淀的浅层理论，是斜板（管）沉淀池的理论基础。

实际沉淀池与理论沉淀池存在差别，如水流速度分布不均匀，存在死水区；同时，水温差、风、摩阻等各种原因导致的湍流、潜流、浮流、短流现象，致使池的有效容积不能被充分利用，实际去除率低于理论值。

3.2.2　沉砂池和沉淀池

3.2.2.1　沉砂池

沉砂池通常设置在泵站或沉淀池之前，作用是从污水中分离密度较大的无机颗粒，包括砂粒、石子、煤渣或其他一些固体，其密度和沉淀速度远远大于污水中易于腐烂的有机物。沉砂池非常重要，其主要作用如下：

① 能使无机颗粒和有机颗粒分离，便于分别处理和处置；

② 沉砂池使水泵和管道免受磨损和阻塞；

③ 避免大量砂粒进入生化池，对曝气系统产生不利影响；

④ 减轻沉淀池的无机负荷；

⑤ 去除砂粒有助于污泥处理处置。

污泥中含砂量的增加会增加污泥脱水设备的磨损，缩短脱水设备使用寿命，因此去除砂粒可保护污泥脱水设备。降低污泥中含砂量，还可提高污泥中有机成分比例，污泥更适合后续生物稳定化处理或焚烧处理。

沉砂池的类型，按照池内水流方向的不同，可分为平流式、曝气式和旋流式三种。旋流式沉砂池因在城镇污水处理厂中的应用较少，本书仅介绍前两种。

（1）平流式沉砂池

平流式沉砂池是沉砂池常用的形式，示意如图 3-4 所示。它的上部过水部分是一条明渠，渠的两端设有控制闸板，以控制水流。池底设有倒棱形的储砂斗，斗底有排砂管，利用重力排砂。

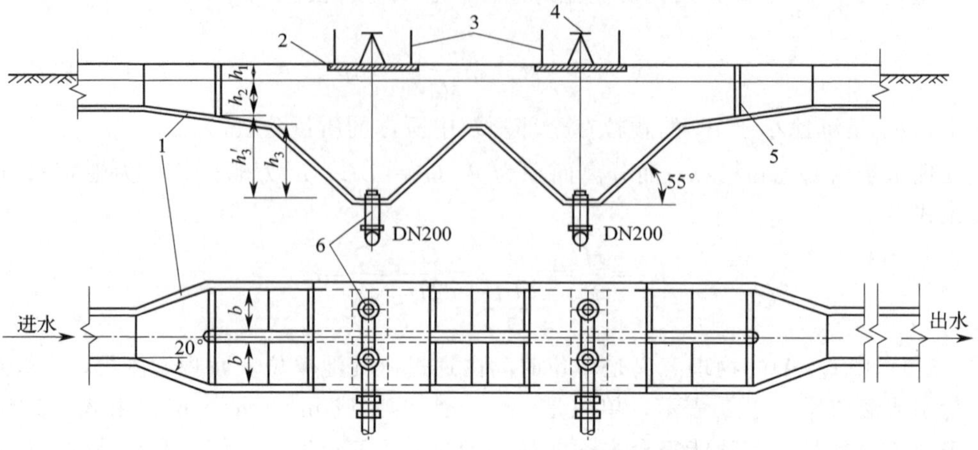

图 3-4 平流式沉砂池示意

1—池壁；2—操作平台；3—栏杆；4—排砂阀门；5—闸槽；6—排砂管

污水在沉砂池中的流速在 0.15～0.3m/s 之间，停留时间一般为 30～60s。池的个数或分格数不少于 2，池的有效水深一般采用 0.25～1m，每格宽度一般不小于 0.6m，超高 0.3m。池底坡度一般为 0.01～0.02。储砂斗的容积一般按照不超过 2 天的沉砂量来设计。

普通平流式沉砂池构造简单，施工造价低，处理效果较好。但平流式沉砂池存在池内水流分布不均、流速多变、对无机颗粒的选择性截留效率不高等缺点，而且沉砂中掺杂着少部分有机物，容易厌氧分解而腐败发臭，使得沉砂的处理复杂，不利于回收利用。

(2) 曝气式沉砂池

沉砂中往往夹杂有 15%的有机物，如油脂等，使沉砂的后续处理难度增加，且降低了进水中的 COD，导致碳氮比（COD/N）偏低，不利于后续生化处理中的脱氮除磷。采用曝气式沉砂池可以克服这一个缺点。曝气式沉砂池集曝气和除砂于一身，如图 3-5 所示。曝气式沉砂池是一个狭长形的渠道，沿渠壁一侧的整个长度上设置曝气装置。废水进入沉砂池后，在曝气和水流推力作用下，以螺旋形轨迹向前流动。

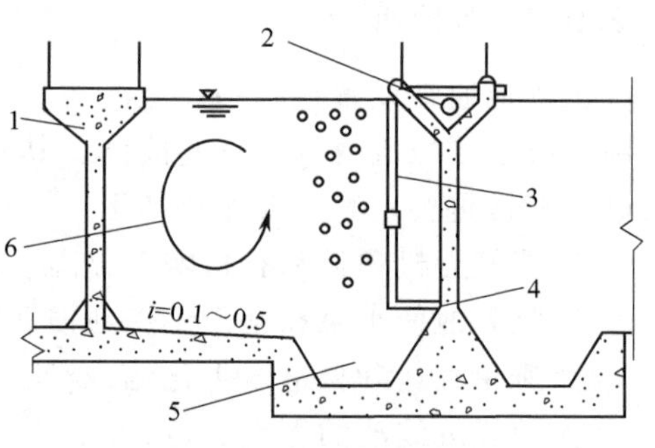

图 3-5 曝气式沉砂池

1—池壁；2—空气干管；3—空气支管；4—扩散装置；5—集砂槽；6—水流运动方向

由于曝气作用，无机颗粒之间的碰撞与摩擦机会增加，通过颗粒间的碰撞摩擦和水流的剪切力作用，砂粒表面附着的有机物被除去，获得较为洁净的砂粒。

曝气式沉砂池的曝气量是关键参数，曝气量过大虽能将砂粒冲洗干净，却会降低细小砂粒的去除率；曝气量过小又无法保证足够的旋流速度，起不到曝气沉砂的作用。另外，曝气式沉砂池对空气的污染较大，需要加盖以收集臭气进行治理。

3.2.2.2　沉淀池

(1) 沉淀池的类型

按照水在池内的总体流向，沉淀池可分为平流式、辐流式和竖流式三种形式。沉淀池的类型如图 3-6 所示，图中的箭头表示水流的方向。平流式沉淀池，污水从池一端流入，在池内水平流动，从另一端溢出，池体呈长方形，在进口处的底部设储泥斗。辐流式沉淀池呈圆柱形，污水从池中心进入，澄清水从池周溢出，在池内污水呈水平方向流动。竖流式沉淀池表面多为圆形或正多边形，污水从池中央进水管进入，由下向上流动，澄清水从池边四周的收集渠流出。

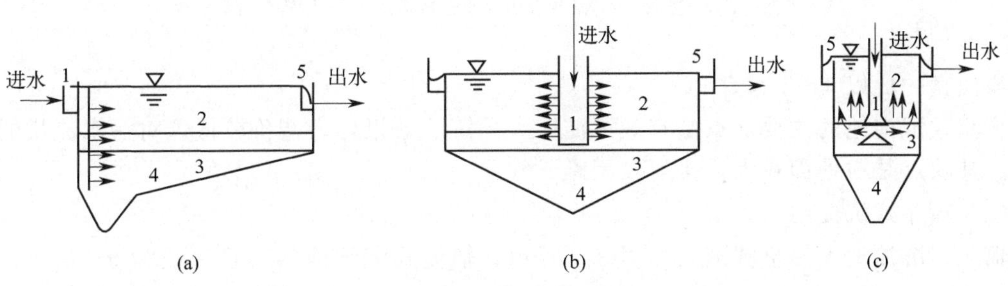

图 3-6　沉淀池的类型示意

(a) 平流式；(b) 辐流式；(c) 竖流式

1—入流区；2—沉淀区；3—缓冲区；4—污泥区；5—出流区

所有类型的沉淀池都包括入流区、出流区、沉淀区、缓冲区和污泥区五个功能区，如图 3-6 所示。入流区和出流区的作用是进行配水和集水，使水流均匀地分布在各个过流断面上，为颗粒沉淀提供尽可能稳定的水力条件。沉淀区是可沉颗粒与水分离的区域。缓冲区是分隔沉淀区和污泥区的水层，防止泥渣受水流冲刷而重新浮起。

(2) 平流式沉淀池

在平流式沉淀池内，水是沿水平方向流过沉淀区并完成沉淀过程的，如图 3-7 所示。污水由进水槽经潜孔进入池内。在孔口后面设有挡流板用来消能稳流，使进水均匀分布。在沉淀池末端设有溢流堰和集水槽，澄清水经集水槽排出。池体下部靠近进水端有泥斗，斗壁倾角为 50°～60°，池底设有 0.01～0.02 的坡度。泥斗内设有排泥管，通过静水压力排泥。

平流式沉淀池一般采用机械排泥法，就是用机械装置把污泥集中到污泥斗，然后排出。常用的机械装置包括链带式刮泥机和行走小车式刮泥机，具体如下。

① 链带式刮泥机通过链带上的刮板，将沉泥缓缓推入污泥斗，当链带刮板转到水面时，又可将浮渣推向流出挡板处的浮渣槽。链带式刮泥机的缺点是机件长期浸于污水中，易被腐蚀，且难维修。

② 行走小车式刮泥机沿池壁顶的导轨往返行走，带动刮板将沉泥刮入污泥斗，同时将浮渣刮入浮渣槽。由于整套刮泥机都在水面上，因此行走式刮泥机不易腐蚀，易于维修。被刮入污泥斗的沉泥，可用静水压力法或螺旋泵排出池外。

平流式沉淀池的沉淀区有效水深一般为 2～3m，污水在池中停留时间为 1～2h，表面负荷为 1～3$m^3/(m^2 \cdot h)$，水平流速一般不大于 4～5mm/s。为了保证污水在池内分布均匀，

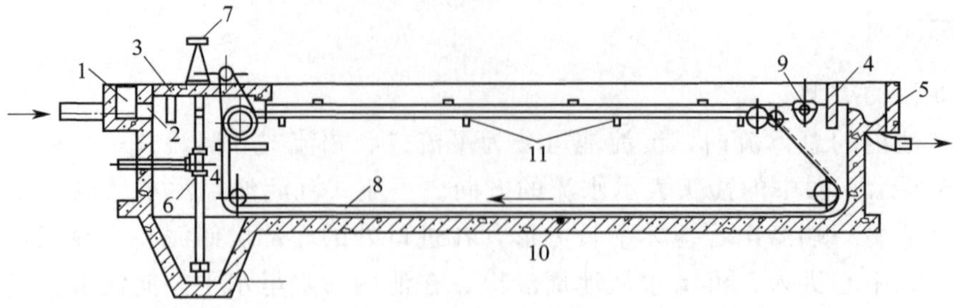

图 3-7 设有链带式刮泥机的平流式沉淀池

1—进水槽；2—进水孔；3—进水挡流板；4—出水挡流板；5—集水槽；6—排泥管；7—排泥阀；8—链条；9—排渣管槽（能够转动）；10—导轨；11—支撑

池长与池宽的比以 4～5 为宜。

平流式沉淀池的主要优点是有效沉淀区大，沉淀效果好，造价较低，对污水流量的适应性强。其缺点是占地面积大，排泥较困难。

(3) 辐流式沉淀池

辐流式沉淀池大多呈圆形，如图 3-8 所示。辐流式沉淀池的直径一般为 6～60m，最大可达 100m，池周水深 1.5～3.0m。污水经进水管进入中心布水筒后，通过筒壁上的孔口沿径向呈辐射状流向池周，其水力特征是污水的流速由大向小变化。沉淀后的水经溢流堰汇入集水槽排出。沉于池底的污泥，由安装于池底部的刮板以螺线形轨迹刮入泥斗，刮泥机由桁架和传动装置组成。当池径小于 20m 时，采用中心传动；当池径大于 20m 时，采用周边传动。周边线速为 1.0～1.5m/min，池底坡度一般为 0.05（以水平面为基准），污泥靠静压或污泥泵排出。

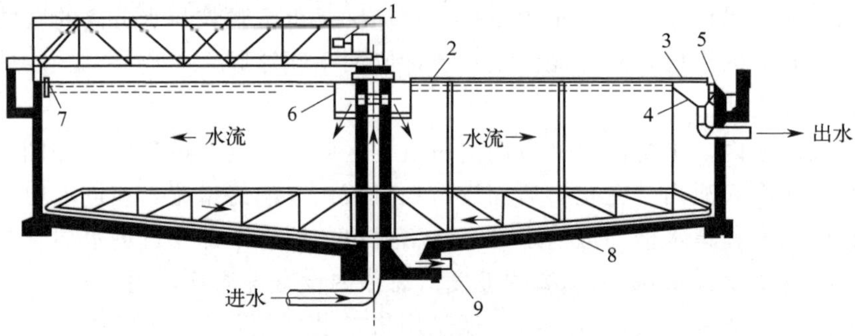

图 3-8 辐流式沉淀池示意（中心进水周边出水）

1—驱动装置；2—装在一侧桁架上的刮渣板；3—浮渣刮板；4—浮渣槽；5—溢流堰；6—转动挡板；7—浮渣挡板；8—刮泥板；9—排泥管

辐流式沉淀池池体有效容积大，一般用作二次沉淀池，适用于大中型污水厂。辐流式沉淀池的优点是：a. 采用机械排泥，排泥效果良好；b. 运行管理较为简单。这种沉淀池的缺点是池中水流速度不稳定，排泥设备庞大，维护困难，造价亦较高。

(4) 竖流式沉淀池

竖流式沉淀池适用于污水量小，且污水中的悬浮固体具有絮凝性的情况，池面多呈圆形或正多边形。竖流式沉淀池如图 3-9 所示。上部为沉淀区，下部为污泥区，两者之间有 0.3～0.5m 的缓冲层。沉淀池运行时，污水经进水管进入中心管，由管口流出后，借助反射板的阻挡向四周分布，并沿沉淀区断面缓慢竖直上升，形成向上的水流速度 v。

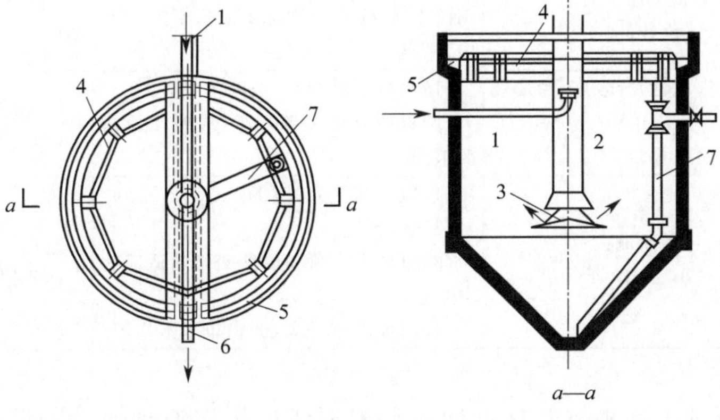

图 3-9 竖流式沉淀池

1—进水管；2—中心管；3—反射板；4—挡板；5—集水槽；6—出水管；7—污泥管

只有较大颗粒具有向下的沉速 u，$u \geqslant v$ 的颗粒才能被沉淀去除。当颗粒比较小时，其沉速也相应较小。然而，如果颗粒具有絮凝性，那么在水流上升的过程中，微颗粒会互相碰撞，从而促进絮凝作用，使颗粒逐渐变大，沉速也随之增加。这些变大的颗粒会下沉到污泥区。因此，即使对于微颗粒，也能通过沉淀作用去除，从而提高颗粒的去除率。澄清水则由周边的溢流堰流入集水槽并排出。竖流式沉淀池通常采用静水压力排泥的方式，但这种方式可能会使得沉淀池的深度相对较大，这是设计时需要考虑的一个因素。

竖流式沉淀池的直径（或边长）为 4～8m，沉淀区的水流上升速度一般采用 0.5～1.0mm/s，沉淀时间为 1～1.5h。池子直径与沉淀区深度之比不大于 3∶1。中心管不设反射板时，管内水流速度应不大于 0.03m/s；而当设置反射板时，可大于 0.1m/s。池底锥体为储泥斗，它与水平的倾角常不小于 45°，排泥采用静水压力法。污泥管直径一般为 200mm。

竖流式沉淀池的优点是排泥容易，不需要设机械刮泥设备，占地面积较小。其缺点是造价较高、单池容量小、池深大、施工较困难，因此竖流式沉淀池适用于处理水量不大的小型污水处理厂。

（5）沉淀池类型选择

沉淀池类型选择时应考虑：

① 处理水量的大小；

② 水中悬浮物质的物理性质及其沉淀特性；

③ 处理厂的总体布置与地形地质情况等。

上述三种类型沉淀池的优缺点和适用条件见表 3-1。

（6）斜板（管）沉淀池

上述三种沉淀池存在悬浮物去除率不高的情况，仅为 40%～60%，且存在占地面积大、池深度较大等问题。通过改进沉淀池的构造，可提高沉淀效率。采用斜板（管）沉淀池，就是为了提高沉淀效率。

表 3-1 不同类型沉淀池的优缺点和适用条件

池型	优点	缺点	适用条件
平流式	(1)沉淀效果好； (2)对冲击负荷和温度变化的适应能力强； (3)施工简易，造价较低	(1)配水不易均匀； (2)采用多斗排泥时，每个泥斗应单独设排泥管，操作步骤多，管理复杂；采用链带式刮泥机排泥时，机件浸于水中，易腐蚀	(1)适用于地下水位高及地质较差地区； (2)适用于大、中、小型水处理厂
辐流式	(1)多为机械排泥，运行较好，管理较简单； (2)排泥设备已趋稳定	(1)水流不易均匀，沉淀效果较差； (2)机械排泥设备复杂，对施工质量要求高	(1)适用于地下水位较高地区； (2)适用于大、中型水处理厂
竖流式	(1)排泥方便，管理简单； (2)占地面积较小	(1)池子深度大，施工困难； (2)造价较高； (3)对冲击负荷和温度变化的适应能力差； (4)池径不宜过大，否则布水不均匀	适用于小型污水处理厂，给水厂多不用

① 浅层沉淀原理　斜板（管）沉淀池是根据浅层沉淀原理设计的沉淀池。与普通沉淀池相比，它具有容积利用率高和沉淀效率高、占地面积小等优点。

从 3.2.1.3 节的理想沉淀池中公式（3-3）可知，沉淀池的去除率与沉速 u 和表面负荷率 q 有关，与池深无关。若将理想沉淀区高度分隔为 n 层，沉淀区的高度由 H 缩小为 H/n，则在 Q 不变的条件下，可被完全除去的颗粒中最小颗粒沉速由原来的 u_0 降低到 u_0/n，从而使总沉淀效率大幅度提高，这就是颗粒沉淀的浅层理论。

此外，斜板（管）沉淀池能大大改善沉淀过程的水力条件，雷诺数可大幅度下降，水流处于层流状态，从而提高沉淀速率。

② 构造　将浅层沉淀原理应用于工程实际时，把隔板倾斜放置便于落在隔板上的污泥滑落，而且将斜板做成预制组件，便于安装和维修，形成了斜板沉淀池。斜板常用薄塑料板模压和黏结制成，也可采用玻璃钢板、树脂蜂窝等材料。

根据水流方向斜板（管）沉淀池分为异向流、横向流和同向流三种，如图 3-10 所示（板间污泥均下滑，即方向向下；箭头表示的是水流方向）。图 3-11 为异向流斜板（管）沉淀池示意。异向流斜板（管）长度通常采用 1～1.2m，倾角 60°，板间垂直间距不能太小，以 8～12cm 为宜。为防止沉淀污泥的上浮，缓冲层高度一般采用 0.5～1.0m。

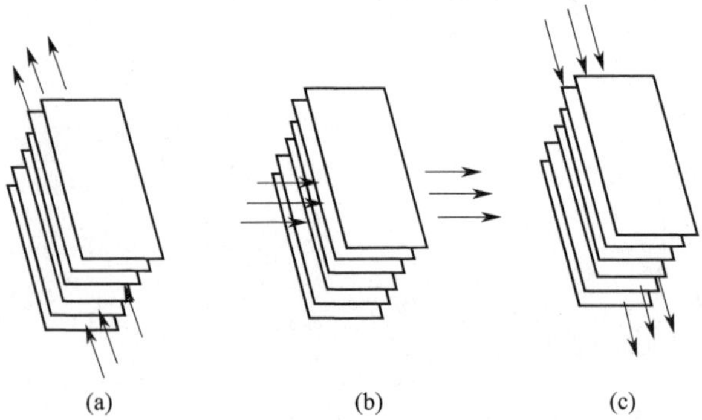

图 3-10　斜板（管）沉淀池水流方向示意

（a）异向流；（b）横向流；（c）同向流

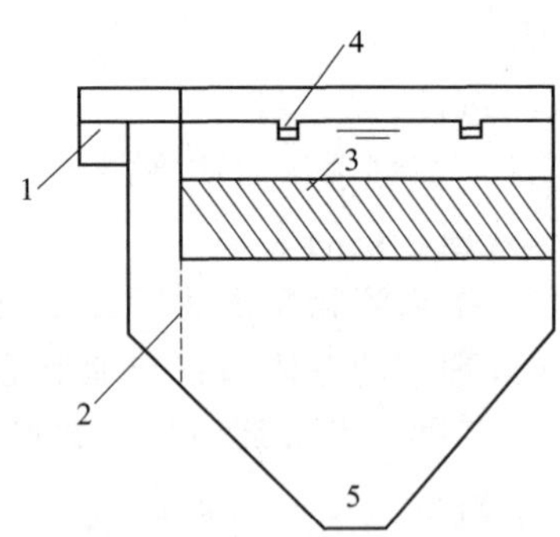

图 3-11　异向流斜板（管）沉淀池示意

1—进水槽；2—布水孔；3—斜板；4—出水槽；5—污泥斗

斜板（管）沉淀池的水流接近层流状态，有利于沉淀，提高了沉淀效率；斜板（管）沉淀池增大了沉淀面积，大大减少了污水的停留时间，大约需 30min，减少了沉淀池体积和占地面积。但斜板（管）沉淀池也存在一些缺点：a. 斜板（管）上部在日光照射下会大量繁殖藻类，导致堵塞等问题；b. 因板间易积泥，不适于处理黏性较高的泥渣，如活性污泥。

3.2.3 工程设计

3.2.3.1 沉砂池

（1）一般规定

设计时要满足以下基本规定：

① 沉砂池按照去除密度为 2.65kg/m^3、粒径为 0.2mm 以上的砂粒设计；

② 砂斗容积应按照不大于 2d 的沉砂量计算，斗壁与水平面的倾角不应小于 55°；

③ 排砂管直径不应小于 200mm。

（2）平流式沉砂池

平流式沉砂池设计时应满足以下基本要求：

① 水力停留时间宜选 30～60s；

② 最大流速为 0.3m/s，最小流速为 0.15m/s；

③ 有效水深应不大于 1.2m，一般采用 0.25～1m，每格宽度不宜小于 0.6m；

④ 池底坡度一般为 0.01～0.02，当设置除砂设备时，可根据设备要求考虑池底形状。

平流式沉砂池主要参数计算公式参见表 3-2。

表 3-2 平流式沉砂池主要参数计算公式

参数名称	公式	符号说明
池长	$L=vt$	L——沉砂池长度，m； v——最大设计流量时的流速，m/s； t——最大设计流量时的停留时间，s
水流断面面积	$A=\frac{Q_{max}}{v}$	A——水流断面面积，m^2； Q_{max}——最大设计流量，m^3/s
池总宽度	$B=\frac{A}{h_2}$	B——沉砂池总宽度，m； h_2——设计有效水深，m
沉砂斗所需容积	$V=\frac{86400Q_{max}XT}{K_z 10^6}$	V——沉砂斗所需容积，m^3； X——城市污水沉砂量，一般采用 30m^3/10^{6}m^3(污水)； T——清除沉砂的间隔时间，d； K_z——生活污水流量总变化系数
池总高度	$H=h_1+h_2+h_3$	H——沉砂池总高度，m； h_1——超高，m； h_3——沉砂室高度，m
验算最小流速	$v_{min}=\frac{Q_{min}}{n_1\omega_{min}}$	v_{min}——最小流速，m/s； Q_{min}——最小流量，m^3/s； n_1——最小流量时工作的沉砂池数目； ω_{min}——最小流量时沉砂池中的水流断面面积，m^2

(3) 曝气式沉砂池

曝气式沉砂池设计时应满足以下基本要求：

① 最大流量时停留时间为 4～6min；

② 旋流速度为 0.25～0.3m/s；

③ 水平流速为 0.1m/s；

④ 有效水深为 2～3m，宽深比一般采用 1～1.5，长宽比可达 5；

⑤ 每立方米污水的曝气量为 $0.2m^3$（空气）；

⑥ 空气扩散装置设在池的一侧，距池底 0.6～0.9m。

曝气式沉砂池参数计算公式见表 3-3。

表 3-3 曝气式沉砂池参数计算公式

参数名称	公式	符号说明
池子总有效容积	$V=Q_{max}t\times 60$	V——沉砂池有效容积，m^3； Q_{max}——最大设计流量，m^3/s； t——最大设计流量时的停留时间，min
水流断面面积	$A=\frac{Q_{max}}{v_1}$	A——水流断面面积，m^2； v_1——最大设计流量时的水平流速，m/s，一般采用 0.06～0.12m/s
每小时所需空气量	$q=dQ_{max}\times 3600$	q——每小时所需空气量，m^3/h； d——每立方米污水所需空气量，m^3(空气)/m^3(污水)

3.2.3.2 沉淀池

(1) 一般规定

沉淀池的设计首先应满足以下一般规定：

① 一般沉淀时间不小于 1.0h，有效水深多采用 2～4m，对于辐流式沉淀池，该水深是指池边水深；

② 沉淀池的缓冲层高度，一般采用 0.3～0.5m；

③ 污泥斗的斜壁与水平面的倾角，方斗不宜小于 60°，圆斗不宜小于 55°；

④ 采用机械排泥时，可按照 2～4h 污泥量计算。

二次沉淀池的排泥间歇时间不宜大于 2h；初沉池储泥所需容积 V_1（m^3）按照下式计算：

$$V_1=\frac{SNT}{1000} \tag{3-4}$$

或

$$V_1=\frac{Q_{max}(c_1-c_2)\times 86400\times 100T}{K_z\gamma(100-\rho_0)} \tag{3-5}$$

式中，S 为每人每日污泥量，L/（人·d），一般采用 0.3～0.8L/（人·d）；N 为设计人口数，人；T为两次清除污泥相隔时间，d；Q_{max} 为最大设计流量，m^3/s；c_1 为进水悬浮物浓度，$10^3kg/m^3$；c_2 为出水悬浮物浓度，$10^3kg/m^3$；K_z 为污水量总变化系数；γ 为污泥的密度，其值约为 $1\times 10^3kg/m^3$；ρ_0 为污泥含水量，%。

二沉池采用辐流式沉淀池，储泥所需容积按照下式计算：

$$V_1=\frac{4(1+R)Q_{max}X}{X+X_R} \tag{3-6}$$

式中，R 为回流比,%；Q_{max} 为最大设计流量，m^3/h；X 为曝气池污泥浓度，mg/L；X_R 为回流污泥浓度，mg/L。

处理城市污水时沉淀池典型设计数据见表 3-4。

表 3-4 处理城市污水时沉淀池典型设计数据

类别	沉淀池位置	沉淀时间/h	表面负荷/[$m^3/(m^2\cdot h)$]	污泥量(干物质)/[g/(人·d)]	污泥含水率/%
初次沉淀池	单独沉淀法	1.5～2.0	1.5～2.5	15～27	95～97
	二级处理前	1.0～2.0	1.5～3.0	14～25	95～97
二次沉淀池	活性污泥法后	1.5～2.5	0.6～1.5	12～32	99.2～99.6
	生物膜法后	1.5～2.5	1.0～2.0	10～26	96～98

（2）平流式沉淀池

其设计应满足下列条件：

① 池子（或分格）长宽比不小于 4，长深比一般采用 8～12；

② 有效水深多采用 2～4m；

③ 池底坡度多采用 0.01～0.02，采用多斗时，每斗应设单独的排泥管及排泥底阀，池底横向坡度采用 0.05。

平流式沉淀池参数计算公式见表 3-5。

表 3-5 平流式沉淀池参数计算公式

参数名称	公式	符号说明
池子总面积	$A=\frac{Q_{max}\times 3600}{q}$	A——沉淀池总面积,m^2； Q_{max}——最大设计流量,m^3/s； q——表面负荷,$m^3/(m^2\cdot h)$
沉淀部分有效水深	$h_2=qt$	h_2——沉淀部分有效水深,m； t——沉淀时间,h
沉淀部分有效容积	$V'=Q_{max}t\times 3600$ $V'=Ah_2$	V'——沉淀部分有效容积,m^3
污泥斗容积	$V_1=\frac{1}{3}h_4''(f_1+f_2+\sqrt{f_1f_2})$	V_1——污泥斗容积,m^3； f_1——上口面积,m^2； f_2——下口面积,m^2； h_4''——泥斗高度,m
污泥斗以上梯形部分污泥容积	$V_2=\left(\frac{l_1+l_2}{2}\right)h_4'b$	V_2——污泥斗以上梯形部分污泥容积,m^3； l_1——梯形上底边长,m； l_2——梯形下底边长,m； h_4'——梯形的高度,m

（3）竖流式沉淀池

设计时应满足以下基本条件：

① 池子直径（或正方形的一边）与有效水深之比值不大于 3；

② 池子直径不宜大于 8m，一般采用 4～7m，最大可达 10m；

③ 中心管内流速不大于 0.03m/s；

④ 中心管下端至反射板之间的缝隙中污水流速不大于 0.02m/s；

⑤ 中心管下端至反射板之间的缝隙高在 0.25～0.5m；

⑥ 喇叭口直径及高度为中心管直径的 1.35 倍。

其他参数可按照表 3-6 所列公式进行计算。

表 3-6 竖流式沉淀池参数计算公式

参数名称	公式	符号说明
中心管面积	$f=\frac{q_{max}}{v_0}$	f——中心管面积，m^2； q_{max}——每池最大设计流量，m^3/s； v_0——中心管内流速，m/s
中心管直径	$d_0=\sqrt{\frac{4f}{\pi}}$	d_0——中心管直径，m
中心管喇叭口与反射板之间的缝隙高度	$h_3=\frac{q_{max}}{v_1\pi d_1}$	h_3——中心管喇叭口与反射板之间的缝隙高度，m； v_1——污水由中心管喇叭口与反射板之间的缝隙流出的速度，m/s； d_1——喇叭口直径，m
圆截锥部分容积	$V_1=\frac{\pi h_5}{3}(R^2+Rr+r^2)$	V_1——圆截锥部分容积，m^3； h_5——污泥室圆截锥部分的高度，m； R——圆截锥上部半径，m； r——圆截锥下部半径，m

（4）辐流式沉淀池

辐流式沉淀池设计时应满足以下基本要求：

① 池子直径与有效水深的比值一般采用 6～12；

② 池径不宜小于 16m；

③ 池底坡度一般采用 0.05。

其他参数按照表 3-7 所列公式进行计算。

表 3-7 辐流式沉淀池参数计算公式

参数名称	公式	符号说明
沉淀部分水面面积	$F=\frac{Q_{max}}{nq}\times 3600$	F——沉淀部分水面面积，m^2； Q_{max}——最大设计流量，m^3/s； n——池数，个； q——表面负荷，$m^3/(m^2 \cdot h)$
池子直径	$D=\sqrt{\frac{4F}{\pi}}$	D——沉淀池直径，m
沉淀部分有效水深	$h_2=qt$	h_2——沉淀部分有效水深，m； t——沉淀时间，h

（5）斜板（管）沉淀池

设计时应满足的一般要求如下：

① 斜板垂直净距一般采用80～100mm，斜管孔径一般采用50～80mm；

② 斜板（管）斜长一般采用1～1.2m；

③ 斜板（管）倾角一般采用60°；

④ 斜板（管）区底部缓冲层高度一般采用0.5～1.0m；

⑤ 斜板（管）区上部水深一般采用0.5～1.0m；

⑥ 斜板（管）沉淀池一般采用重力排泥，每日排泥次数至少1～2次，或连续排泥；

⑦ 初次沉淀池池内停留时间不超过30min，二次沉淀池不超过60min。

其他参数参见表3-8所列公式进行计算。

表3-8　斜板（管）沉淀池参数计算公式

参数名称	公式	符号说明
池子水面面积	$F=\dfrac{Q_{max}\times 3600}{nq\times 0.91}$	F——沉淀部分水面面积，m^2； Q_{max}——最大设计流量，m^3/s； n——池数，个； q——表面负荷，$m^3/(m^2\cdot h)$； 0.91——斜板区面积利用系数
池内停留时间	$t=\dfrac{(h_2+h_3)\times 60}{q}$	t——停留时间，min； h_2——斜板（管）区上部水深，m，一般采用0.5～1m； h_3——斜板（管）高度，m，一般为0.866～1.0m

3.3 除油

3.3.1 含油废水概述

含油废水主要来源于石油、石油化工、钢铁、焦化、煤气发生站、机械加工等工业企业或行业。废水中所含油类，除重焦油的相对密度可达1.1以上外，其余的相对密度都小于1。本节重点介绍相对密度小于1的含油废水的处理。

油类在水中的存在形式可分为可浮油、分散油、乳化油和溶解油4类。

① 可浮油　这种油珠粒径较大，一般大于100μm，易浮于水面，形成油膜或油层。

② 分散油　油珠粒径一般为10～100μm，以微小油珠悬浮于水中，不稳定，静置一定时间后往往形成浮油。

③ 乳化油　油珠粒径小于10μm，一般为0.1～2μm，往往因水中含有表面活性剂而成为稳定的乳化油。

④ 溶解油　油珠粒径比乳化油还小，有的可小到几纳米，是溶于水的油微粒。

工业企业排出的含油废水，应按照其所含的污染物性质和数量分类汇集处理。除油方法宜采用重力分离法去除可浮油和重油，采用气浮法、电解法、混凝沉淀法去除乳化油。

3.3.2 隔油池

目前常用的有平流式隔油池和斜板式隔油池。

(1) 平流式隔油池

图 3-12 为传统的平流式隔油池，在我国广泛使用。这种隔油池的优点是构造简单，便于运行管理，除油效果稳定。缺点是池体大，占地面积大。

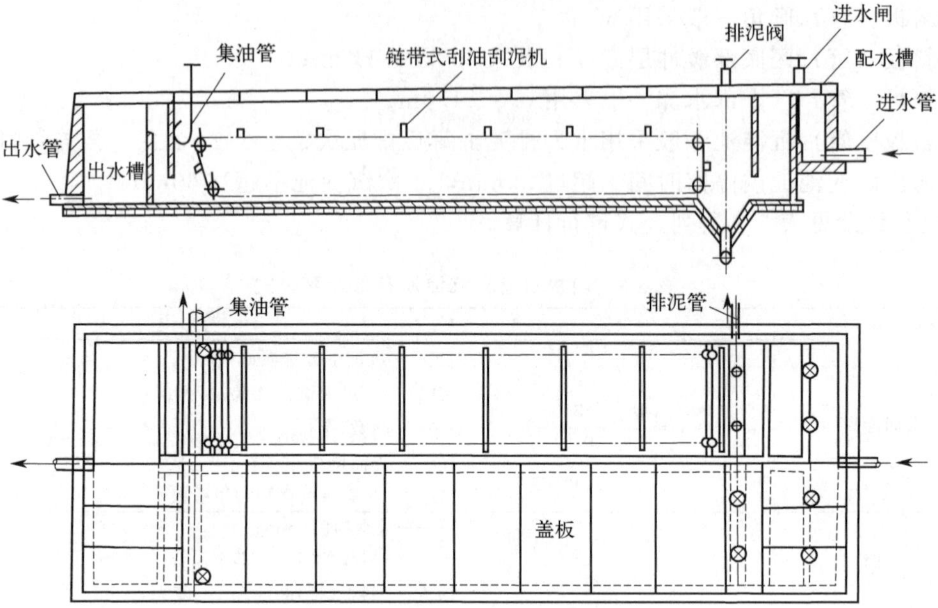

图 3-12 传统的平流式隔油池

废水从平流式隔油池的一端流入池内，从另一端流出。在隔油池中，由于流速降低，相对密度小于 1.0 而粒径较大的油珠上浮到水面上，相对密度大于 1.0 的杂质沉于池底。在出水一侧的水面上设集油管。集油管一般用直径为 200～300mm 的钢管制成，沿其长度在管壁的一侧开有切口，集油管可以绕轴线转动。刮油刮泥机由钢丝绳或链条牵引，移动速度不大于 2m/min。刮集到池前部污泥斗中的沉渣则通过排泥管适时排出。

根据国内外的运行资料，这种隔油池，可能去除的最小油珠粒径一般为 100～150μm。此时油珠的最大上浮速度不高于 0.9mm/s。

平流式隔油池设计时应首先满足以下要求：

① 有效水深一般取 1.5～2.0m；

② 宽度通常不大于 6.0m；

③ 有效水深与池宽的比值一般为 0.3～0.4；

④ 油珠上浮速度最大不高于 3.0m/h；

⑤ 水平流速一般取 7.2～18m/h；

⑥ 平流式隔油池的长宽比应不小于 4.0；

⑦ 池底应有坡向泥斗的坡度，坡度为 0.01～0.02，泥斗倾角不应小于 45°；

⑧ 排泥管直径不小于 200mm，管端可接压力水管进行冲洗。

隔油池的设计与沉淀池类似，可按照表面负荷率计算。表面负荷率 q 数值上等于 100% 去除的最小油粒上浮速度，即设计上浮速度。按照下列公式求平流式隔油池的表面面积：

$$A=a\frac{Q}{u} \tag{3-7}$$

式中，A 为隔油池表面积，m^2；Q 为废水设计流量，m^3/h；u 为油珠的设计上浮速度，m/h；a 为与隔油池表面积有关的修正系数，该值与池容积利用率和水流紊动状态有关。

(2) 斜板式隔油池

斜板式隔油池如图 3-13 所示。这种隔油池采用波纹形斜板，板间距宜采用 40mm，倾角不应小于 45°。废水沿板面向下流动，从出水堰排出。水中油珠沿板的下表面向上流动，然后经集油管收集排出；水中悬浮物沉淀到斜板上表面，滑下落入池底部经排泥管排出。实践表明，斜板式隔油池油水分离效率高，可除去粒径不小于 80μm 的油珠，表面水力负荷宜为 0.6～0.8$m^3/(m^2 \cdot h)$；停留时间短，一般不大于 30min，占地面积小。目前我国一些新建的含油废水处理站，多采用这种形式的隔油池。

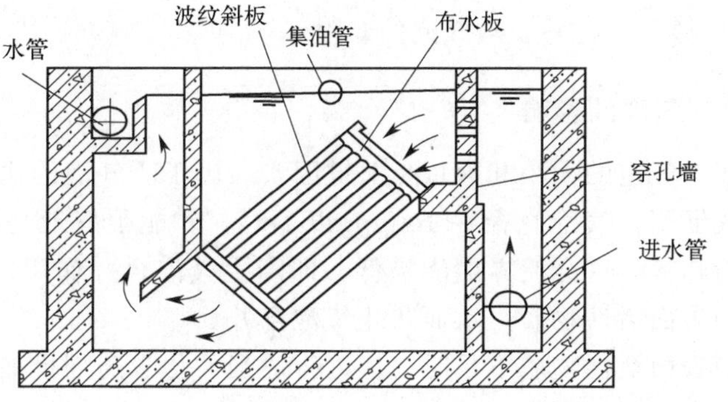

图 3-13　斜板式隔油池

3.4 气浮

3.4.1 气浮原理和技术

当废水中存在密度接近或小于水、沉速过小的颗粒时，采用气浮法去除这类颗粒是一种有效的固-液分离技术。气浮法通过让微小气泡与水中的悬浮颗粒黏附，形成气-水-颗粒三相混合体系。颗粒黏附在气泡上，由气泡带动颗粒一起上浮，最终在水面形成浮渣层。通过收集去除浮渣层，可以达到将小颗粒污染物与水分离的目的。

由此可知，气浮法处理工艺必须满足以下三个基本条件：一是提供足够量的细微气泡至水中；二是污水中的污染物质应为悬浮固体；三是使气泡与悬浮固体产生有效的黏附作用。

3.4.1.1 气浮法的基本原理

废水、气泡和要去除的颗粒为水、气、固三相混合体系。其中，不同相之间的界面上都因受力不均衡而存在界面张力（σ）。气泡与颗粒一旦接触，由于界面张力的存在就会产生表面吸附作用。

由于水中颗粒表面性质的不同，所构成的气-固黏附情况也不同。亲水性颗粒的润湿接触角（θ）较小，气-固界面结合力较弱，容易脱落，这种现象称为亲水黏附。而疏水性颗粒的润湿接触角（θ）较大，气-固结合牢固不易脱落，这种现象称为疏水黏附。亲水性和疏水性颗粒的接触角及与气泡的作用示意如图 3-14 所示。

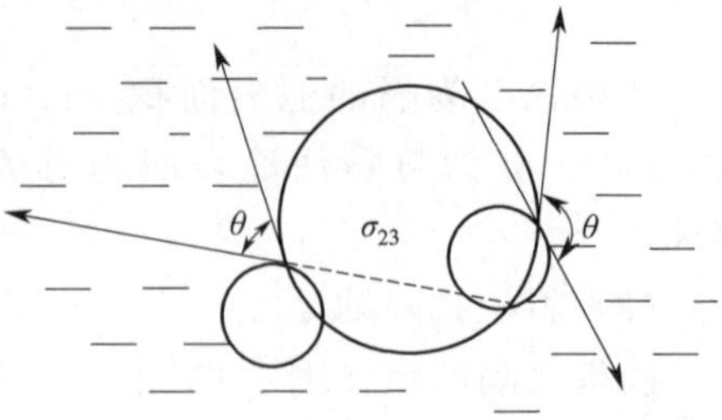

图 3-14 亲水性和疏水性颗粒的接触角及与气泡的作用示意

当气泡与悬浮颗粒黏附后界面能减小，有以下三种情况：

① 当颗粒能完全被水润湿时，$\theta=0°$，界面能减小到零，颗粒不能与气泡黏附，因此也就不能用气浮法处理；

② 当颗粒完全不能被水润湿时，$\theta=180°$，变化最大，颗粒与气泡黏附的动力大，易于用气浮法处理；

③ 固体的接触角越大，越易于与气泡的黏附。

3.4.1.2 化学药剂对气浮的影响

要提高气浮效率，气泡的大小和数量是关键因素。由于小气泡的比表面积大，因此它们更有利于气浮。实践证明，气泡直径在 100μm 以下时，才能很好地与颗粒黏附。此外，气泡本身有相互黏附的趋势，这会使界面能降低，即产生气泡合并作用。为使泡沫保持稳定，水中需要含有一定的表面活性物质，从而防止气泡合并。

因此，当废水中表面活性物质不足时，应进行适当的化学药剂投加；但如果水中表面活性物质过多，导致气泡或油粒因带同号电荷而过于稳定，难以形成泡沫。这种情况下应投加混凝剂（又称破乳剂），以增加水中带有相反电荷的胶体，从而压缩双电层，消除电荷的相斥作用，使颗粒能够与气泡黏附。

3.4.2 气浮池的构造和设计

3.4.2.1 气浮池的分类

根据废水的水质、处理程度及其他具体情况，目前已开发了各种形式的气浮池。应用比较广泛的有平流式气浮池（图 3-15）和竖流式气浮池（图 3-16）两种。

平流式气浮池是目前应用最多的一种。废水从池下部进入气浮接触区，保证气泡与废水有一定的接触时间。废水经隔板进入气浮分离区进行分离后，从池上部或侧部的集水管排出。浮在水面上的浮渣用刮渣设备刮入集渣槽排出。平流式气浮池具有池身浅、造价低、构造简单、管理方便等优点。竖流式气浮池的接触区在池中央，废水从中央接触区向四周呈辐射状扩散，水力条件比平流式好。但竖流式气浮池的缺点是构造比较复杂。

除了上述两种基本形式外，还有各种组合式一体化气浮池，包括气浮-沉淀、气浮-过滤两种，分别如图 3-17 和图 3-18 所示。

3.4.2.2 溶气气浮池

目前使用较多的是溶气气浮法。根据产生压力差的方法不同，溶气气浮法分为真空溶气气溶法和加压溶气气浮法，其中加压溶气气浮法的应用较多。

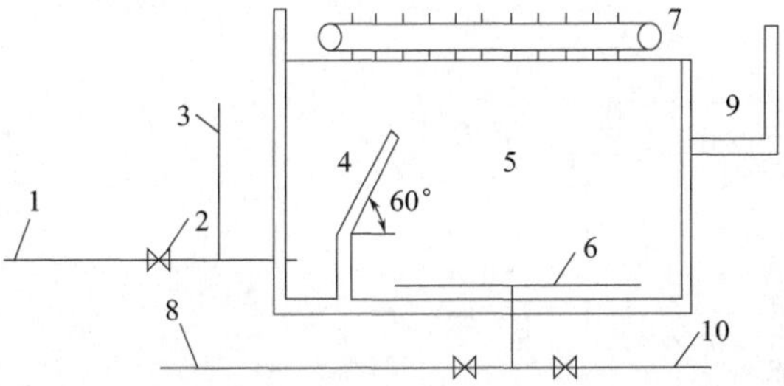

图 3-15　带有回流的平流式气浮池

1—溶气水管；2—减压释放及混合设备；3—原水管；4—接触区；5—分离区；6—集水管；7—刮渣设备；8—回流管；9—集渣槽；10—出水管

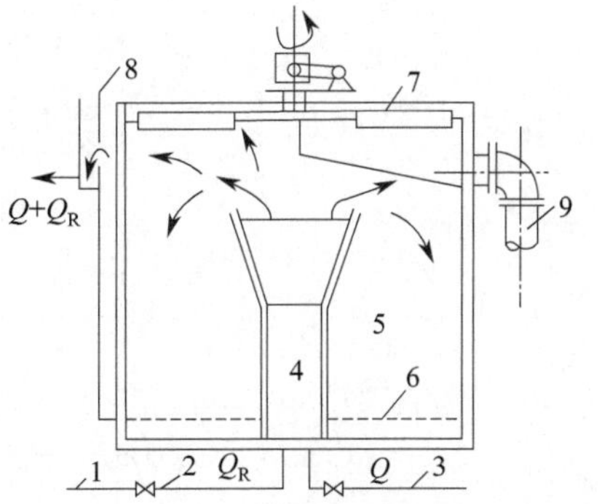

图 3-16　竖流式气浮池

1—溶气水管；2—减压释放器；3—原水管；4—接触区；5—分离区；6—集水管；7—刮渣机；8—水位调节器；9—排渣器

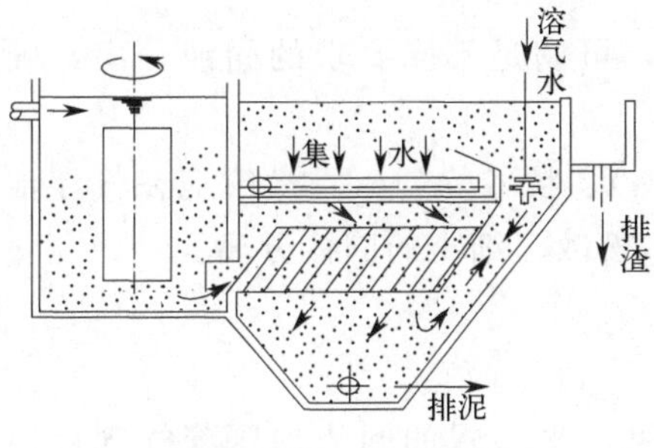

图 3-17　组合式一体化气浮池（气浮-沉淀）

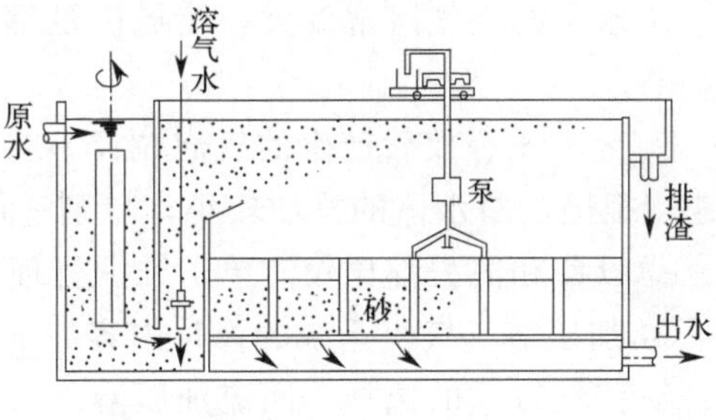

图 3-18　组合式一体化气浮池（气浮-过滤）

加压溶气气浮法是利用气体在水中的溶解度随着压力的提高而增加的原理，通过常温下，空气在加压条件下过饱和溶于水中，形成溶气水，再使压力降至常压或真空状态，把溶解的过饱和空气以微气泡的形式释放出来。溶气气浮法产生的气泡粒径微小、均匀，气泡量大，上升速度慢，分布均匀，气浮效果好。

（1）加压溶气气浮法

① 加压溶气气浮法工艺　加压溶气气浮工艺由空气加压设备、空气释放设备和气浮池等组成。其基本工艺流程有全溶气流程、部分溶气流程和回流加压溶气流程 3 种。

a. 全溶气流程。该流程是将全部废水进行加压溶气，再经减压释放装置进入气浮池进行固液分离。与其他两流程相比，其电耗高，且废水中的悬浮物容易将释放器、阀门等堵塞。

b. 部分溶气流程。该流程是将部分废水进行加压溶气，其余废水直接送入气浮池。该流程比全溶气流程省电，另外因部分废水进入溶气罐，所以溶气罐的容积比较小。但因部分废水加压溶气所能提供的空气量较少，因此若想达到相同的空气量，必须加大溶气罐的压力。

c. 回流加压溶气流程。如图 3-19 所示，该流程将部分出水进行回流加压，废水直接送入气浮池。该法适用于含悬浮物浓度高的废水的固液分离。

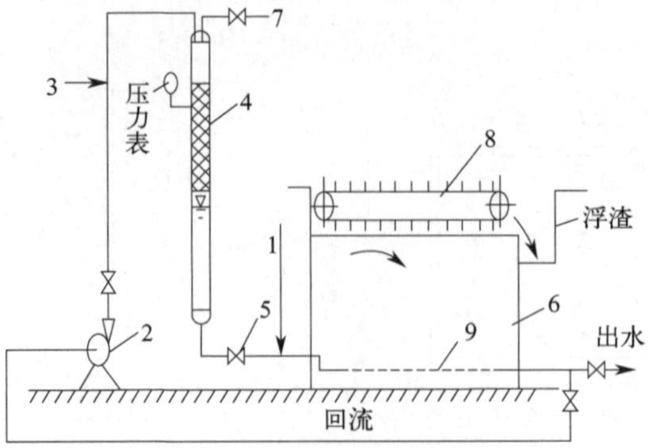

图 3-19 回流加压溶气流程示意

1—原水进入；2—加压泵；3—空气进入；4—压力溶气罐（含填料层）；
5—减压阀；6—气浮池；7—放气阀；8—刮渣机；9—集水管及回流清水管

② 加压溶气气浮法具有以下特点。

a. 水中的空气溶解度大，能提供足够的微气泡，可满足不同要求的固液分离，确保去除效果。

b. 经减压释放后产生的气泡粒径小（20～100μm）、粒径均匀，且微气泡在气浮池中上升速度很慢，对水体的扰动较小，特别适用于絮凝体松散、细小的固体分离。

c. 设备和流程都比较简单，维护管理方便。

③ 加压溶气气浮系统的设计内容如下。

a. 溶气方式的选择。回流加压溶气气浮比较常见，平流式的回流加压溶气气浮池主要由三部分组成，即溶气系统、溶气释放系统（存在于加压溶气气浮中）及气浮分离系统。

溶气系统指通过溶气装置即溶气罐及一些附属设备等，向水中充入或溶入气体的装置。溶气释放系统一般由溶气释放器（减压阀）和溶气水管路组成。溶气释放器的功能是将压力溶气水消能、减压，使溶入水中的气体以微气泡的形式释放出来，并能够迅速均匀地附着到污泥絮体上。

影响气浮浓缩的因素很多，主要有溶气压力、回流比、气固比、表面负荷[$m^3/(m^2 \cdot h)$、$m^3/(m^2 \cdot d)$]、停留时间、絮凝剂的使用等。主要设计参数有表面负荷、溶气压力、气固比等。

b. 溶气罐中的压力。溶气罐中的压力决定了气体的饱和状态和形成微气泡的大小，是影响浮渣量和分离液水质的重要因素。一般情况下，当溶气罐中的压力提高时，有较多的空气溶入水中形成溶气水，在常温下释放出来的微气泡数量多，浮渣的固体量增大，分离液中固体量减小。但是，若压力过高，污泥的絮凝体容易被破坏，所以压力有一个最佳的范围，大部分设备在 0.3～0.5MPa 下运行效果较好。

按照亨利定律，空气在水中的溶解度与所受压力成正比，因此溶入的空气量（V，L/m^3）为：

$$V=K_T p \tag{3-8}$$

式中 p——空气在气相中的分压，Pa；

K_T——溶解常数，其值随温度变化，见表3-9。

表3-9 空气在水中的溶解度

温度/℃	空气容重 γ/(g/L)	溶解度 C_s/(mL/L)	空气在水中的溶解常数 K_T
0	1.252	29.2	0.038
10	1.206	22.8	0.029
20	1.164	18.7	0.024
30	1.127	15.7	0.021
40	1.092	14.2	0.018

空气量应按照25%的过量考虑，留有余地，保证气浮效果。

c. 气固比与回流比。气固比α是指气浮池中溶气水经减压阀释放出的空气量A与废水的悬浮固体量S之比，可用下式确定：

$$\alpha=\frac{A}{S}=\frac{C_a(fp-1)Q_r}{QC_0\times 1000}=\frac{\gamma C_s(fp-1)R}{C_0\times 1000}\quad (\text{kg/kg}) \tag{3-9}$$

$$Q_r=QR$$

式中 A——溶气水经减压阀释放出的空气量，kg/d；

S——进入气浮池的悬浮固体量，kg/d，$S=QC_0$；

Q——进行气浮处理的废水量，m^3/d；

C_0——废水中悬浮颗粒浓度，kg/m^3；

C_a——空气在水中的溶解度，$kg/(m^3\cdot Pa)$；

γ——空气容重，g/L；

C_s——在一定温度、1个标准大气压（101.325kPa）时的空气溶解度，mL/L，见表3-9；

f——回流溶气水的空气饱和度，%；

p——溶气罐中的绝对压力，Pa；

Q_r——压溶气水量，m^3/d；

R——回流比。

气固比的大小主要根据污泥的性质确定，活性污泥浓缩时A/S的适宜范围为0.01～0.05，一般为0.02。

如已知气固比α，由上式可求得R：

$$R=\frac{C_0\dfrac{A}{S}\times 1000}{\gamma C_s(fp-1)} \tag{3-10}$$

回流比R是溶气水与原水量之比。回流比应控制在合适范围内。回流比太小，溶气水量少，释放出的空气量太少，气浮的效果差；回流比大，溶气水量多，释放的空气量多，但若超过污泥浓缩需求，则提供的微气泡过多，能耗也会随之升高。回流水量一般为进水的25%～50%。

d. 表面负荷。表面负荷是设计气浮池表面积的重要参数。当压力、回流比和气固比确定后，还应注意表面负荷。表面负荷太高，会使澄清液中固体量升高，因此应根据去除的悬浮物性质确定表面负荷。

为了提高气浮浓缩效果，提高浮渣量，使用高分子絮凝剂是有效的。一般情况下随着高分子絮凝剂投加量的增加，浮渣量成比例提高。

另外，气浮池中的停留时间也会影响气浮处理效果，要想得到较好的气浮处理效果，一般水力停留时间应大于 20min。

④ 附属设备

a. 溶气罐。溶气罐的作用是使水和空气充分接触，加速空气的溶解。目前常用的压力溶气罐有多种形式。其中，填充式溶气罐效率高，故应用较广泛。填充式溶气罐如图 3-20 所示。填充式溶气罐，因装有填料可加剧紊动程度，提高液相的分散程度，不断更新液相与气相的界面，从而提高了溶气效率。

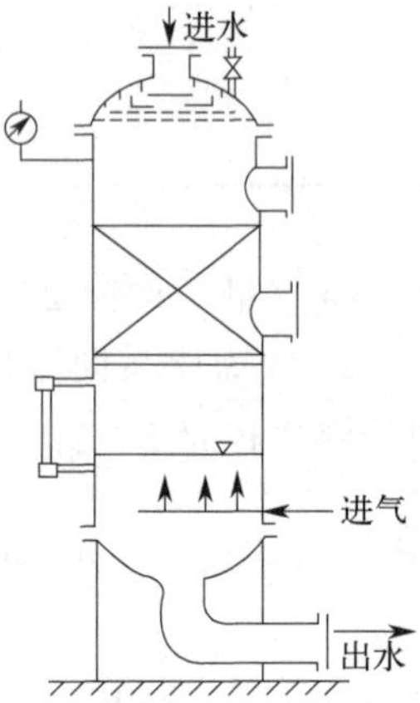

图 3-20 填充式溶气罐

b. 溶气水的减压释放设备。其作用是将溶气水减压后迅速将溶于水中的空气以极为细小的气泡形式释放出来，要求微气泡的直径在 20～100μm。目前生产中采用的减压释放设备分为两类：减压阀和释放器。

（2）水泵-空压机溶气法

水泵-空压机溶气方式是目前常用的一种溶气方法。该方式溶解的空气由空压机供给，空气和压力水可以分别进入溶气罐，也有将压缩空气管接在水泵压水管上让空气和压力水一起进入溶气罐的。为防止因操作不当，压缩空气或压力水倒流入水泵或空压机，目前常采用自上而下的方式让压力水进入溶气罐。由于在一定压力下所需空气较少，因此空压机的功率较小，该法的能耗较前两种方式更低。但该法的缺点是，除产生噪声与油污染外，操作比较复杂，特别是要控制好水泵与空压机压力，并使其达到平衡状态。

（3）真空溶气气浮法

真空溶气气浮法是通过产生负压的方法形成压力差，从而使气体在常压下溶入废水，在低压析出并实现溶气气浮的过程。

3.4.2.3 平流式气浮池的设计

平流式矩形气浮池的设计参数的选定如下。

① 气浮池的有效水深 一般取 2.0～2.5m，长宽比一般为(1∶1)～(1∶1.5)。气浮池的表面负荷率（取决于原水的水质）常取 5～10$m^3/(m^2 \cdot h)$，水力停留时间一般为 10～20min。

② 接触区下端水流上升流速 一般取 20mm/s 左右，上端水流的上升流速为 5～10mm/s，水力停留时间不小于 2min。

③ 分离区水流向下流速 一般取 1～3mm/s（包括溶气回流量）。分离区的作用是使黏附于气泡的悬浮颗粒与水分离并浮至水面。

【例 3-1】某纺织印染厂采用混凝气浮法处理印染废水。已知设计处理水量为 1800m^3/d，混凝后废水的悬浮物浓度为 700mg/L，水温 30℃，采用部分回流加压溶气气浮流程。溶气压力罐的压力（表压）为 324.2kPa，溶气效率为 0.6。经实验确定气固比为 0.02。试进行气浮池设计。

【解】 工艺流程参见图 3-21。

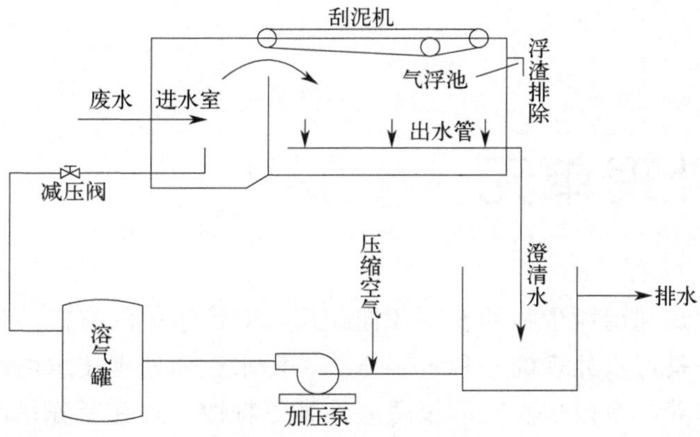

图 3-21　回流加压溶气气浮工艺

(1) 首先由公式(3-10) 计算回流比 R

$$R=\frac{C_0\dfrac{A}{S}\times 1000}{\gamma C_s(fp-1)}$$

查表 3-9 得 $\gamma=1.127\text{g/L}$，$C_s=15.7\text{mL/L}$。

溶气罐的表压为 324.2kPa，则：

$$p=\frac{p(\text{溶气罐表压})+101.325}{101.325}=\frac{324.2+101.325}{101.325}=4.2$$

$C_0=700\text{mg/L}=0.7\text{kg/m}^3$，则：

$$R=\frac{0.7\times 0.02\times 1000}{1.127\times 15.7\times(0.6\times 4.2-1)}=0.52$$

回流水量为：

$$RQ=0.52\times 1800=936(\text{m}^3/\text{d})$$

(2) 气浮池设计

采用平流式气浮池，选取气浮池水力停留时间为 20min，表面负荷为 $8\text{m}^3/(\text{m}^2\cdot\text{h})$，则气浮池的有效容积为：

$$V=(1800+936)\times\frac{20}{60\times 24}=38(\text{m}^3)$$

气浮池的有效面积为：

$$F=\frac{1800+936}{8\times 24}=14.25(\text{m}^2)$$

取气浮池宽度为 4m，水深为 2m，则池长为：

$$L=\frac{V}{BH}=\frac{38}{4\times 2}=4.75(\text{m})\text{，取 5m。}$$

校核：$L/B=5/4=1.25$（满足要求）。

表面积：$A=BL=4\times 5=20>14.25\text{m}^2$，设计的表面积可行。

第 4 章

好氧生物处理单元

污水的生物处理是利用微生物的新陈代谢作用，对污水中的有机污染物进行分解，最终达到稳定的状态，它是污水处理的一种重要方法。污水生物处理技术的主体是微生物。微生物具有来源广、易培养、繁殖快、对环境适应性强等特性，且在新陈代谢过程中反应条件温和，通常在常温常压下即可进行，不需要高温高压。因此，用生物法去除污水中污染物的过程与其他处理方法相比，具有运行成本低的优点，且对环境友好。所以，生物处理是污水处理系统中最重要的过程之一。

根据微生物生长方式的不同，生物处理技术又分为悬浮生长生物处理技术（简称悬浮生长法）和附着生长生物处理技术（简称附着生长法）两类。悬浮生长法是指在污水中的微生物保持悬浮状态，与污水中的有机物能充分接触，实现对有机物的降解。悬浮生长法又称为活性污泥法。附着生长法中的微生物是附着在载体上生长，形成生物膜，污水流经生物膜时，微生物与污水中的有机物接触，从而完成对有机污染物的降解。附着生长法又称为生物膜法。

无论是悬浮生长法还是附着生长法，都是人工强化技术，这些技术利用自然界中的微生物，在人为创造出有利于这些微生物生命活动的良好环境中，进行新陈代谢和大量繁殖，从而达到分解有机污染物的目的。通过人工强化，增强微生物的代谢功能，促进微生物的增长，加速有机物的无机化过程，提高污水的净化效率。

生物处理法不仅应用于处理含天然有机污染物的污水，如生活污水、食品加工业废水、农产品加工业废水等，而且还广泛应用于处理含人工合成的有机污染物的废水，如含酚、农药、石油化工产品等的有毒污水，因此应用较为广泛。

根据参与代谢活动的微生物对溶解氧的需求不同，污水生物处理技术分为好氧生物处理、缺氧生物处理和厌氧生物处理。好氧生物处理是在水中有足够溶解氧的条件下进行的生物处理过程；缺氧生物处理时水中无分子氧存在，但存在化合态氧；厌氧生物处理时水中无任何形态的氧，无论是分子氧还是化合态氧。

4.1 活性污泥法

4.1.1 活性污泥工艺系统的概念和基本流程

活性污泥法已有 100 多年的历史。通过向生活污水持续注入空气或氧气，污水中逐渐形成一种呈黄褐色的絮凝体。这种絮凝体主要由大量繁殖的微生物群体所构成，称为活性污泥。该絮凝体易于通过沉降与水分离，从而使污水得到净化、澄清。活性污泥法是一种利用活性污泥来净化污水的生物处理方法。

活性污泥法的基本工艺流程如图 4-1 所示，主要由曝气池、二次沉淀池、曝气系统及污泥回流系统等组成。进水与回流污泥同时进入曝气池，通过曝气实现供氧，以及使活性污泥呈悬浮状态。在曝气池中，由污水、回流污泥和空气互相混合形成的液体称为混合液。污水中的有机污染物被活性污泥中的微生物分解代谢氧化为二氧化碳和水等最终产物，污水因此得到净化。同时，微生物利用这些有机物进行自身繁殖和生长。

经过活性污泥净化后，混合液由曝气池的另一端流出，进入二次沉淀池。在二次沉淀池中，通过沉淀进行固液分离，澄清后的污水作为处理水排出系统。经过沉淀浓缩的污泥从沉淀池底部排出，其中一部分回流到曝气池，以保持曝气池内恒定的污泥量。而多余的一部分则作为剩余污泥排出系统，剩余污泥是曝气池内增长的污泥，需要排出以维持系统内污泥的平衡。

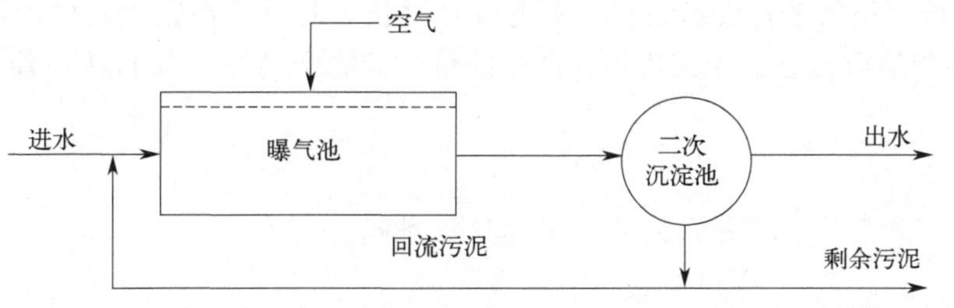

图 4-1　活性污泥法的基本工艺流程

4.1.2　基本原理

4.1.2.1　机理

在活性污泥法系统中，有机污染物被去除，主要通过以下两个阶段完成。

① 第一阶段　初期活性污泥有着很大的表面积，可以达到 $2000\sim10000m^2/m^3$（混合液）。活性污泥中含有大量微生物，微生物外部覆盖着多糖类的黏质层。当其与污水接触后在较短时间（大约 30min）内，污水中呈悬浮和胶体状态的有机污染物即被活性污泥所凝聚和吸附而得到去除，BOD_5 的去除率可达 70% 左右。这一现象称为初期吸附去除作用。

被初期吸附去除的有机污染物的数量有限。这些被吸附在微生物细胞表面的有机物，只有在经过数小时的曝气后，才能够相继被微生物所利用。

② 第二阶段　微生物的代谢作用使污水中的有机污染物经上述初期吸附阶段被吸附到细胞表面。这些污染物在胞外酶（多数为水解酶）的作用下，被水解为小分子，并经细胞膜进入细胞体内。在细胞内部，这些小分子在各种胞内酶（如脱氢酶、氧化酶等）的催化作用下进行代谢反应。

微生物的新陈代谢分为分解代谢和合成代谢两种，见图 4-2。

分解代谢和合成代谢是微生物代谢的两个同时进行的过程。在典型的活性污泥处理过程中，分解代谢的产物（CO_2、H_2O 和 NH_3）通常通过处理系统的排放口排入环境；而合成代谢的产物则是以新生微生物细胞的形式存在，最终作为剩余污泥排出处理系统。在微生物

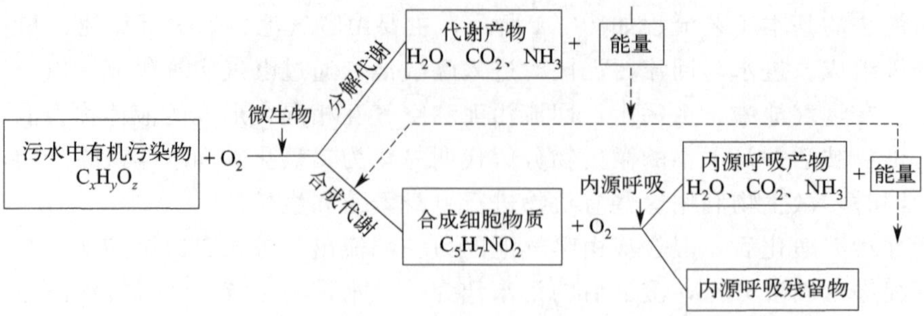

图 4-2 微生物对有机物的分解代谢和合成代谢及其产物的模式

的代谢过程中，一般可降解有机物的约 1/3 被微生物氧化分解，形成无机物并释放出能量；而约 2/3 则被微生物用于合成新细胞，实现自身增长。同时，在微生物的内源代谢过程中，约有 80％的细胞物质被分解为无机物并产生能量，而剩余的 20％则成为不能分解的残留物，见图 4-3。

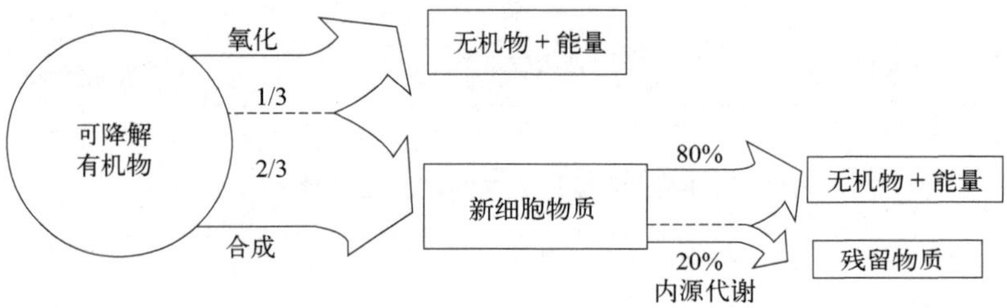

图 4-3 微生物三项代谢活动之间的数量关系

4.1.2.2 活性污泥

(1) 活性污泥的性质

① 活性污泥微生物的增长 在曝气池内，活性污泥微生物对污水中有机污染物的降解过程，对微生物而言，即为其自身的增长过程，也就是活性污泥的增长。微生物的增长可用微生物生长曲线表示（图 4-4）。

根据图 4-4 所示，微生物生长曲线可分为以下四个阶段（期）。

a. 延迟期，也称适应期或调整期。这是微生物培养的最初阶段，是微生物细胞内各种酶系统对新培养基环境的适应过程。在本阶段初期微生物不裂殖，数量不增加，是微生物的酶系统逐渐适应新的环境的过程。在延迟期后期，酶系统对新环境已基本适应。适应期时间的长短与污水的水质成分和微生物种类有关。

b. 对数增长期，又称增长旺盛期。对数增长期内营养物质（有机污染物）浓度非常充分，不再成为微生物增长的控制因素。微生物以最高速率摄取营养物质和增长。微生物细胞数按照几何级数增加，即 $2^0 \rightarrow 2^1 \rightarrow 2^2 \rightarrow 2^3 \rightarrow 2^4 \rightarrow \cdots \rightarrow 2^n$。在对数增长期内，衰亡的微生物量相对来说较少，可忽略。

c. 减速增长期，也称稳定期或静止期。在此阶段，污水中的有机污染物（营养物质）

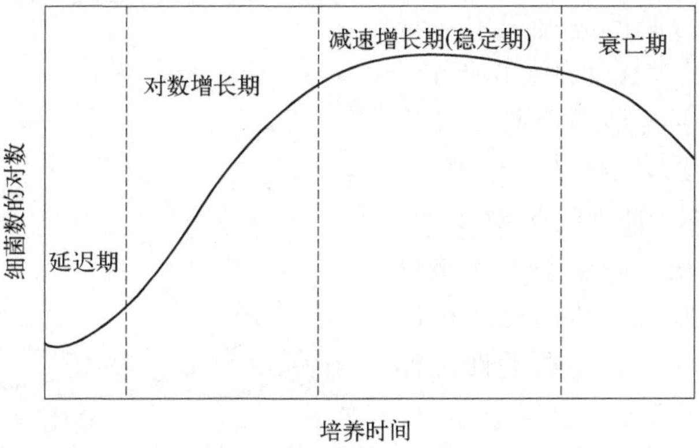

图 4-4　活性污泥的微生物生长曲线

被大量耗用，成为限制微生物进一步增长的关键因素。微生物增长速度逐渐减慢，直至与细胞衰亡速度趋于平衡，微生物活体数达到一个相对稳定的最高水平。

处于减速增长阶段的微生物细胞开始积累存储物质，如肝糖、脂肪粒、异染颗粒等。在该阶段的末期，由于增长的微生物活体数无法抵消衰亡的数量，增长曲线开始出现下降趋势。减速增长期的长短取决于微生物种属特性和环境条件。

d. 衰亡期，又称内源呼吸期。此时，污水中营养物质继续下降，并达到近乎耗尽的程度。微生物得不到充足的营养物质，开始利用自身体内储存的物质或衰死菌体进行内源代谢，以维持生理活动。

在此期间，多数细菌进行自身代谢而逐步衰亡，只有少数微生物细胞继续裂殖，活菌体数量显著下降，增长曲线显著下降。在细菌形态方面，此时也多呈退化状态，并往往产生芽孢。

综上所述，决定污水中微生物活体数量的主要因素是其周围环境中营养物质的多少。因此，通过对污水中有机污染物（BOD_5）量的控制，就能够控制活性污泥增长的走向和延续时间。微生物增长曲线对活性污泥处理系统有着重要的实际意义。

② 活性污泥絮凝体的形成　活性污泥絮凝体是以千万个细菌为主体结合形成的，通常称为菌胶团。在发育正常的条件下，菌胶团能对周围的有机污染物发挥吸附功能，并且具有很好的絮凝、沉降性能。活性污泥絮凝体的颗粒尺寸一般为 0.02～0.2mm，这一尺寸取决于微生物的组成、数量，污染物质的特征以及某些外部环境因素。

活性污泥微生物中的细菌由异养型原核细菌组成。在正常成熟的活性污泥中，细菌数量为 10^7～10^8 个/mL。在活性污泥上占据优势的细菌主要有产碱杆菌属（*Alcaligenes*）、芽孢杆菌属（*Bacillus*）、黄杆菌属（*Flavobacterium*）、动胶杆菌属（*Zoogloea*）、假单胞菌属（*Pseudomonas*）、丛毛单胞菌属（*Comamonas*）及大肠埃希氏杆菌（*Escherichia Coli*）等。至于哪些种属的细菌在活性污泥中占据优势，则又取决于原污水中有机污染物的性质。如含蛋白质量多的污水有利于产碱杆菌的生长繁殖，而含大量糖类和烃类的污水将使假单胞菌得到迅速增长。

活性污泥由下列四部分物质所组成：具有代谢功能活性的微生物群体；微生物（主要是细菌）内源代谢、自身氧化的残留物；从污水中带来的难降解的惰性有机物；从污水中带来的无机物。

原生动物在活性污泥反应过程中数量和种类的增长与递变的模式如图4-5所示。

在污水处理初期主要是细菌起主导作用，这时有机污染物较多，细菌大量繁殖。当原生动物数量增多，细菌数量减少时，污水已得到一定的净化。后生动物则摄食原生动物，当处理后的水质达到优质标准时，后生动物（如轮虫）才会在活性污泥系统中出现。

通过镜检来检查活性污泥原生动物的生物相，是对活性污泥质量评价的重要手段之一。

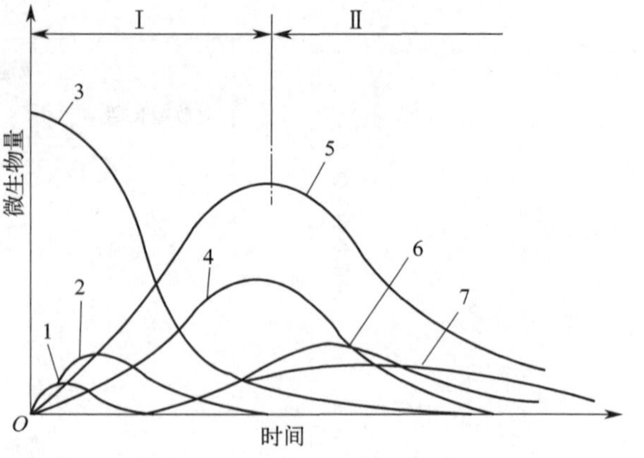

图4-5 原生动物在活性污泥反应过程中数量和种类的增长与递变的模式

Ⅰ—微生物呈分散状态阶段；Ⅱ—微生物呈凝聚阶段；1—肉足虫类；2—鞭毛虫类；3—污染物量；4—自由游泳型纤毛虫类；5—活性污泥的总量；6—有柄纤毛虫类；7—轮虫类

③ 表示活性污泥性质的指标

a. 混合液悬浮固体。混合液悬浮固体浓度（MLSS）是指单位体积混合液中干固体的质量，单位为mg/L或g/L或kg/m^3，也称污泥浓度（一般用X表示）。在活性污泥法曝气池中，MLSS一般为2～4g/L。

b. 混合液挥发性悬浮固体。混合液挥发性悬浮固体浓度（MLVSS）是指混合液悬浮固体中有机物的质量，单位为mg/L或g/L或kg/m^3。用MLVSS表示活性污泥中生物的含量。把混合液悬浮固体在600℃下焙烧，能挥发的部分即是挥发性悬浮固体，剩下的部分称为非挥发性悬浮固体（NVSS）。一般情况下，MLVSS/MLSS值较固定，对于生活污水，常在0.75左右；对于工业废水，其值视水质不同而异。

c. 污泥沉降比。污泥沉降比（SV）是指曝气池混合液在100mL量筒中，静置沉降30min后，沉降污泥所占的体积与混合液总体积之比的百分数，可以反映曝气池正常运行时的污泥沉降性能。它还能及时反映出污泥膨胀等异常情况，且测定比较简单，在生产实践中的使用较普遍。

d. 污泥容积指数。污泥容积指数（SVI）是指曝气池混合液经30min静置沉降后，沉降污泥中1g干污泥所占的容积，单位为mL/g。它与污泥沉降比的关系可按照下式计算：

$$\mathrm{SVI}=\frac{\mathrm{SV}\times 10}{X} \tag{4-1}$$

式中，X为污泥浓度，g/L；SV以百分数代入。

例如，曝气池混合液污泥沉降比为20%，污泥浓度为2.5g/L，则SVI值计算如下：SVI=(20×10)/2.5=80。

SVI能较好地反映出活性污泥的松散程度和凝聚、沉降性能。SVI过低，说明污泥颗粒细小紧密，无机物多，缺乏活性和吸附力。SVI过高，说明污泥难沉降分离，甚至出现污泥膨胀，导致污泥流失。一般认为，当处理生活污水时，若SVI<100，沉降性能良好；SVI为100～200时，沉降性能一般；SVI>200时，沉淀性能不好。一般控制SVI为50～150较好。

（2）净化反应影响因素

① 负荷 负荷包括污泥负荷（N_s）、容积负荷（N_V）和水力负荷（N_q）三种类型。

污泥负荷指的是单位质量活性污泥（kg）在单位时间（d）内能处理的有机污染物的量（用 BOD_5 表示），可表达为：

$$N_s=\frac{QS_0}{VX}$$

式中，Q 为污水的处理量，m^3/d；V 为曝气池的有效容积，m^3；S_0 为进水中的 BOD_5 值，kg BOD_5/m^3；X 为污泥浓度，kg $MLSS/m^3$。

有机容积负荷指的是单位容积的曝气池（m^3）在单位时间（d）内要达到一定处理效果所能承受的有机污染物的量（用 BOD_5 表示），可表达为：

$$N_V=\frac{QS_0}{V}$$

容积水力负荷也是影响处理效果的因素，它是指单位容积的曝气池（m^3）在单位时间（d）内所处理的污水量，单位为 $m^3/(m^3 \cdot d)$，可表达为：

$$N_q=\frac{Q}{V}$$

有时，为了表示有机物的去除情况，也采用去除负荷 N_s'，即单位质量活性污泥在单位时间内所去除的有机物量。N_s'可按照下式计算：

$$N_s'=\frac{Q(S_0-S_e)}{VX}=\eta L_s \tag{4-2}$$

式中，S_e 为出水中 BOD_5，mg BOD_5/L；η 为 BOD_5 去除效率，%，$\eta=(S_0-S_e)\times 100\%/S_0$。

污泥负荷与污水处理效率、活性污泥特性、污泥生成量、氧的消耗量有很大关系，是设计活性污泥法时的主要参数。温度对污泥负荷的选择也有一定影响。

污泥负荷影响活性污泥特性。采用不同的污泥负荷，微生物的营养状态不同，活性污泥的絮凝性和沉降性也就不同。实践表明，一般在高负荷时应选择 1.5～2.0kg BOD_5/(kg MLSS·d)，在中负荷时选择 0.2～0.4kg BOD_5/(kg MLSS·d)，低负荷时为 0.03～0.05kg BOD_5/(kg MLSS·d)。如果污泥负荷超出上述范围，污泥沉降性较差，甚至会出现污泥膨胀。

活性污泥絮凝体的形成机制，有多家学说。从实际工况看，活性污泥的生长阶段和絮凝沉降特征与曝气池内的能量密切相关。

当曝气池内有机营养物质充足时，即高负荷情况下，细菌增长处于对数增长期，即处于“壮龄”阶段，动能大于范德瓦耳斯（有时也称为范德华）引力，活性污泥絮凝体不能很好地形成，沉降性差，出水 BOD_5 高，往往出水不能达到排放标准。当曝气池内有机营养物质不足，处于中负荷（即普通活性污泥法）时，细菌增长速率低，处于减速生长期或该期的后段。若处于低负荷时，细菌生长速率更低甚至逐渐停止，处于减速生长期后段或内源呼吸期前段，即处于“老龄”阶段，动能很低，菌体互相碰撞、絮凝、结合，污泥的絮凝沉淀性能好，出水 BOD_5 较小，容易达到出水排放标准。

② 污泥龄（θ_c 或 SRT）和水力停留时间（HRT） 污泥龄是曝气池中工作着的活性污泥总量与每日排放的污泥量之比，单位是 d。在运行稳定时，曝气池中活性污泥浓度是常

数，每日排出的污泥量也就是新增长的污泥量，因此污泥龄也就是新增长的污泥在曝气池中的平均停留时间。污泥龄也称固体平均停留时间或细胞平均停留时间。污泥龄是影响活性污泥处理效果的重要参数。

水力停留时间 t 是指水在处理系统中的停留时间，单位也是 d。水力停留时间表达为：

$$t=V/Q$$

式中，V 是曝气池的体积，m^3；Q 是污水的流量，m^3/d。

③ 溶解氧量（DO 值） 采用好氧活性污泥法时就需要充足的溶解氧，溶解氧浓度以 2mg/L 左右为宜。供氧不足会滋长丝状菌，导致污泥膨胀；若非常低则导致厌氧状态，好氧菌不能存活，会大量死亡。

④ 营养物质 在活性污泥系统里，微生物的代谢需要一定比例的营养物，除以 BOD_5 表示的碳源外，还需要氮、磷和其他微量元素。一般认为微生物对氮、磷的需要应满足以下比例，即 $BOD_5:N:P=100:5:1$。生活污水中含有微生物所需要的各种元素，但某些工业废水却缺乏氮、磷等重要元素。

⑤ pH 值 在好氧生物处理中，pH 值一般以 6.5～9.0 为宜。pH 值低于 6.5，真菌即开始与细菌竞争；pH 值降低到 4.5 时，真菌将占优势，严重影响沉降分离；pH 值超过 9.0 时，代谢速度受到阻碍。

⑥ 有毒物质 有毒物质大致可分为重金属等无机物和氰、酚等有机物。这些物质对细胞、酶等都有破坏作用。但若活性污泥得到驯化，即微生物得到驯化，则能抵抗一些毒害作用。

⑦ 水温 微生物进行正常代谢的水温通常为 5～30℃，最适水温在 20～30℃。水温过高和过低，都会抑制微生物正常生长和繁殖，影响污水处理效果。

4.1.2.3 反应动力学

（1）有机物的去除

描述有机物分解过程主要采用 Monod 方程，参见式(4-3) 和图 4-6。

$$\mu=\frac{1}{X}\times\frac{dX}{dt}=\mu_{max}\frac{S}{S+K_s} \tag{4-3}$$

式中，μ 是微生物比增长速率，d^{-1}；μ_{max} 是微生物最大比增长速率，d^{-1}；X 是微生物浓度，mg/L；t 是反应时间，d；S 是污水中 BOD_5，mg/L；K_s 是饱和常数，mg/L，是 $\mu=\frac{1}{2\mu_{max}}$时的 BOD_5。

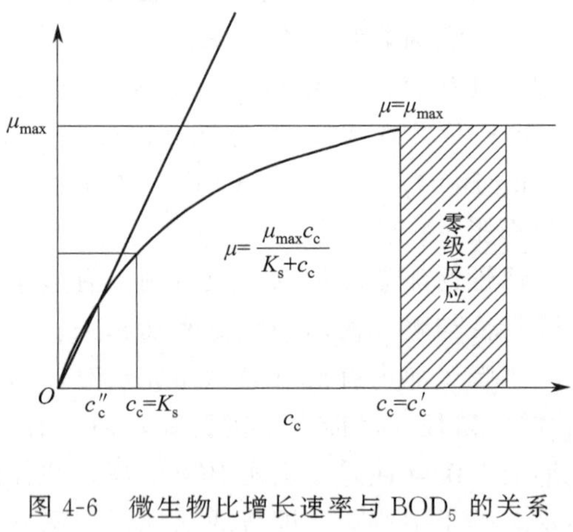

图 4-6 微生物比增长速率与 BOD_5 的关系

由于微生物的比增长速率（μ）与有机物的比降解速率（v）呈比例关系，则式(4-3) 可以表示为：

$$v=v_{max}\frac{S}{S+K_s} \tag{4-4}$$

式中，v 是 BOD_5 的比降解速率，$v=\frac{\frac{dc}{dt}}{X}$。

式(4-3) 存在以下两个推论。

① 在高底物（有机污染物）浓度的条件下，$S \gg K_s$，则式(4-4) 简化为 $v \approx v_{max}$，式(4-3) 可简化为：

$$-\frac{dS}{dt}=v_{max}X=K_1X \tag{4-5}$$

式中，X 是曝气池中污泥浓度；v_{max} 是常数，以 K_1 表示。

可见，在高有机物浓度条件下，有机物的去除与有机物的浓度无关，呈零级反应（图 4-6），此时微生物处于对数增长期。

② 在低底物（有机污染物）浓度的条件下，$S \ll K_s$，则式(4-4) 可简化为：

$$v=v_{max}\frac{S}{K_s}=K_2S \tag{4-6}$$

$$v=-\frac{1}{X}\times\frac{dS}{dt}=\frac{d(S_0-S)}{X\,dt} \tag{4-7}$$

$$-\frac{dS}{dt}=K_2XS \tag{4-8}$$

式中，v 是有机物的比降解速率；$K_2=\frac{v_{max}}{K_s}$。

由式(4-8) 可见，当有机底物浓度低时，有机底物浓度成为有机底物降解速率的控制因素，呈一级反应（图 4-6）。

(2) 有机物的去除与微生物增长

① 微生物的净增长速率是总增长速率减去微生物自身分解速率，即内源呼吸速率，可用下式表示：

$$\left(\frac{dX}{dt}\right)_g=\left(\frac{dX}{dt}\right)_T-\left(\frac{dX}{dt}\right)_E \tag{4-9}$$

式中，$(dX/dt)_g$ 为微生物净增长速率，kg/d；$(dX/dt)_T$ 是微生物总增长速率，kg/d；$(dX/dt)_E$ 是微生物自身分解速率，kg/d。

微生物总增长速率与 BOD_5 降解速率成正比，可用下式表示：

$$\left(\frac{dX}{dt}\right)_T=Y\frac{dS}{dt} \tag{4-10}$$

式中，dS/dt 是 BOD_5 降解速率，kg/d；Y 是产率系数。

设微生物自身分解速率符合一级反应，可用下式表示：

$$\left(\frac{dX}{dt}\right)_E=K_dX \tag{4-11}$$

式中，K_d 是微生物自身分解系数，d^{-1}。

将式(4-10) 和式(4-11) 代入式(4-9) 得：

$$\left(\frac{dX}{dt}\right)_g=Y\frac{dS}{dt}-K_dX \tag{4-12}$$

式(4-12) 各项除以 X（曝气池中污泥浓度）得：

$$\frac{\left(\frac{\mathrm{d}X}{\mathrm{d}t}\right)_g}{X}=Y\frac{\frac{\mathrm{d}S}{\mathrm{d}t}}{X}-K_d \tag{4-13}$$

或
$$\mu_g=Yv-K_d$$

式中，μ_g 是微生物比增长速率，d^{-1}；v 是 BOD_5 的比降解速率。

② 生物固体停留时间（θ_c）按下式计算：

$$\frac{1}{\theta_c}=Yv-K_d \tag{4-14}$$

式中，θ_c 是生物固体停留时间，d，$\theta_c=\frac{1}{\mu_g}$。

③有机物负荷与生物固体停留时间的关系由式(4-14) 可得：

$$\frac{1}{\theta_c}=Y\frac{Q(S_0-S_e)}{XV}-K_d=YN_s'-K_d \tag{4-15}$$

式中，$N_s'=\frac{Q(S_0-S_e)}{XV}$。

由式(4-15) 可知，有机物负荷与生物固体停留时间呈反比的直线关系。

(3) 有机物去除与需氧量

在 BOD_5 去除过程中，氧主要用于微生物对有机物的氧化分解，以及微生物的内源呼吸。需氧量 O_2 可用下式计算：

$$O_2=a'S_r+b'XV=a'Q(S_0-S_e)+b'XV \tag{4-16}$$

式中，O_2 是需氧量，kg/d；S_r 是被利用（或去除）的 BOD_5，kg/d；Q 是处理水量，m^3/d；S_0 是进水中 BOD_5，mg/L；S_e 是出水中 BOD_5，mg/L；V 是好氧池有效容积，m^3；X 是混合液悬浮固体浓度，mg/L；a'是去除每千克底物的需氧量，kg/kg，一般为 0.42～0.53；b'是每千克微生物自身氧化的需氧量，kg/kg，一般为 0.11～0.19。

4.1.2.4 曝气系统

(1) 曝气理论

曝气作用有以下两种：充氧作用和混合作用。充氧作用是向活性污泥微生物提供足够的溶解氧，以满足其在代谢过程中所需的氧量；混合作用是使活性污泥在曝气池内处于搅动的状态，使得污水与氧充分混合，污泥呈悬浮状，能够与污水充分接触。

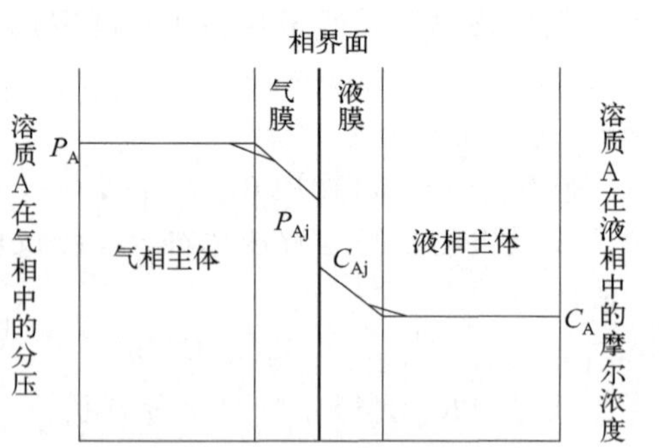

图 4-7 双膜理论模型示意

氧转移的理论基础是双膜理论（如图 4-7 所示的模型示意）。即气液两相接触的界面存在着处于层流状态的气膜和液膜，气体分子以分子扩散方式从气相主体通过气膜和液膜进入液相主体。

气体分子从气相主体传递到液相主体时，阻力主要存在于气液界面层（或边界层）中。在气膜中存在着氧的分压梯度，在液膜中存在着氧的浓度梯度，这些是氧转移的推动力。由于氧难溶于水，氧转移的阻力主要集中在液膜上，因此氧分子通过液膜的过程是氧转移过程的控制步骤。

在水中氧的转移速率通常正比于溶液中饱和溶解氧浓度差，可用下式表示：

$$\frac{dC}{dt}=K_{La}(C_s-C_t) \tag{4-17}$$

式中　K_{La}——氧总转移系数，h^{-1}；

C_t——t 时刻，液相主体中的溶解氧浓度，mg/L；

C_s——在实际水温、当地气压下液相中的饱和溶解氧浓度，mg/L。

K_{La} 值表示在曝气过程中氧的总传递性。当传递过程中阻力大时，K_{La} 值低；反之，则 K_{La} 值高。为了提高 dC/dt 值，可以从两方面考虑：一是提高 K_{La} 值，通过加强液相主体的紊流程度加速气、液界面的更新，从而降低液膜厚度，增大气、液接触面积等；二是提高 C_s 值，即提高气相中的氧分压，如采用纯氧曝气、深井曝气等。

（2）氧转移速率的影响因素

标准氧转移速率是指脱氧清水在 20℃和 1 个标准大气压（101.325kPa）条件下测得的氧转移速率，实际氧转移速率$\frac{dC}{dt}$是以实际污水为对象，按照当地实际情况（指水温、气压等）进行测定，主要因素有污水水质、水温、氧的分压等。

污水中的污染物质会增加氧分子转移的阻力，盐分也会使得饱和溶解氧浓度降低，对氧转移不利。水温升高，污水的黏滞度会降低，有利于氧分子的转移；相反，水温降低，黏滞度升高，不利于氧分子的转移。水温对饱和溶解氧浓度 C_s 也有影响，两者成反比，因此水温低对氧分子的转移有利；同样，氧分压高也有利于氧分子的转移。

（3）氧转移速率、氧转移效率与供气量的计算

① 氧转移速率的计算　在 1 个标准大气压、水温 20℃、脱氧清水条件下，转移到一定体积的曝气池中的脱氧清水中的标准氧量（R_0）为氧转移速率$\frac{dC}{dt}$与水量的乘积：

$$R_0=\frac{dC}{dt}V=K_{La(20)}[C_{sm(20)}-C_L]V=K_{La(20)}C_{sm(20)}V \tag{4-18}$$

式中　$C_{sm(20)}$——污水在 20℃下饱和溶解氧浓度，mg/L；

$K_{La(20)}$——20℃时的氧总转移系数；

C_L——水中的溶解氧浓度，mg/L，对于脱氧清水 $C_L=0$；

V——曝气池有效容积，即水量，m^3。

因实际污水含有杂质，会影响氧转移效率，导致总转移系数K_{La} 下降，需要引入小于 1 的修正系数 α；因污水中含有盐分，氧在水中的饱和浓度C_{sm} 也会下降，需要引入小于 1 的修正系数 β；氧在水中的饱和浓度C_{sm} 受氧的分压或气压影响，在气压不是一个大气压的环境下，需要引入修正系数 ρ；在鼓风曝气池中的C_{sm} 应是池底扩散装置出口处和池中混合液表面处的溶解氧饱和浓度平均值C_{sb}。为求得水温为 T、压力为 P 条件下的污水中的实际氧量（R），则需要对上式加以修正，需引入各项修正系数，即：

$$R=\alpha K_{La(20)}\times 1.024^{T-20}[\beta\rho C_{sb(T)}-C_L]V \tag{4-19}$$

式中　α——对清水中的$K_{La(20)}$ 修正的系数，$\alpha<1$；

β——对清水中的C_{sm} 修正的系数，β 在 0.7～0.98 之间；

ρ——压力修正系数，ρ 是所在地区大气压（Pa）与一个大气压（1.013×10^5Pa）的比值。

因此，R_0/R 为：

$$\frac{R_0}{R}=\frac{C_{sm(20)}}{\alpha\times1.024^{T-20}[\beta\rho C_{sb(T)}-C_L]} \tag{4-20}$$

将上式重写：

$$R_0=\frac{RC_{sm(20)}}{\alpha\times1.024^{T-20}[\beta\rho C_{sb(T)}-C_L]} \tag{4-21}$$

式中 1.024——温度系数；

$C_{sb(T)}$——在温度 T 下鼓风曝气池中污水饱和溶解氧的平均浓度，mg/L。

② 氧转移效率与供气量的计算

a. 氧转移效率：

$$E_A=\frac{R_0}{O_c} \tag{4-22}$$

式中，E_A 为氧转移效率，一般在 6%～12%；O_c 为供氧量，kg O_2/h。

供氧量与供气量有以下关系：

$$O_c=G_s\times21\%\times1.331=0.28G_s$$

式中，21%为氧在空气中占的百分比；1.331 为 20℃时氧的容重，kg/m^3。

b. 供气量 G_s（单位为 m^3/h）：

$$G_s=\frac{R_0}{0.28E_A} \tag{4-23}$$

对于鼓风曝气系统，各种曝气装置的 E_A 值由制造厂家提供。

(4) 曝气系统设计的一般程序

首先求供气量。由式(4-19) 求得需氧量 O_2。根据氧量 R 数值上等于需氧量 O_2，R 是实际混合液的氧量 R，则有 $R=O_2$，然后求得标准氧量 R_0：

$$R_0=\frac{RC_{sm(20)}}{\alpha\times1.024^{T-20}[\beta\rho C_{sb(T)}-C_L]}$$

根据式(4-23)，求得供气量：

$$G_s=\frac{R_0}{0.28E_A}\ (m^3/h)$$

从而求得 G_s（m^3/h）。

其次求风压（风机出口风压）。根据管路系统的沿程阻力、局部阻力、静水压力再加上一定的余量，得到所要求的最小风压。

最后根据 R_0 与风压选择合适的风机。

(5) 曝气设备

曝气主要分为鼓风曝气和机械曝气。

① 鼓风曝气 鼓风曝气系统由鼓风机、空气输配管系统和浸没于混合液中的扩散器组成。鼓风机供应一定的风量，因而既要满足生化反应所需的氧量，又要保持混合液悬浮固体呈悬浮状态；风压则要满足克服管道系统和扩散器的摩阻损耗以及扩散器上部的静水压。扩散器一般布置在曝气池的一侧和池底，以便形成旋流，增加气泡和混合液的接触时间，有利于氧的传递，同时使混合液中的悬浮固体呈悬浮状态。

扩散器是整个鼓风曝气系统的关键部件，它的作用是将空气分散成空气泡，增大空气和混合液之间的接触界面，把空气中的氧溶解于水中。根据分散气泡的大小，扩散器又可分成四种类型：大气泡扩散器、中气泡扩散器、小气泡扩散器和微气泡扩散器。

大气泡扩散器有扩散板曝气、穿孔管曝气和竖管曝气几种形式。由于气泡偏大，氧的传递效率不高，故应用逐渐减少。

小气泡扩散器和微气泡扩散器是近年来使用较多的扩散器，气泡直径在 0.1～1.5mm 范围内。可以采用射流曝气器或者刚玉、橡胶等制成的微孔曝气板来实现。射流曝气器通过混合液的高速射流，将鼓风机引入的空气切割粉碎为微气泡，使混合液和微气泡充分混合和接触，促进了氧的传递，提高了反应速率。也可设计成负压自吸式的射流器。微小气泡扩散器由于氧的传递速率高，反应时间短，曝气池的容积小，所以应用广泛。

鼓风曝气用鼓风机供应压缩空气，常用罗茨鼓风机和离心式鼓风机。罗茨鼓风机适用于中小型污水厂，但噪声大，必须采取消声、隔声措施；离心式鼓风机噪声小，且效率高，适用于大中型污水厂。近年来，出现了磁悬浮鼓风机，进一步提高了鼓风效率。

② 机械曝气　鼓风曝气是水下曝气，机械曝气则是表面曝气。机械曝气是用安装于曝气池表面的表面曝气机来实现的。表面曝气机分竖式和卧式两类。

竖式曝气机是指表面曝气机（简称表曝机），有泵型、倒伞型、平板型。表曝机叶轮的淹没深度一般在 100mm 左右，不能设置太深。当叶轮转动时，使曝气池表面产生水跃，把大量的混合液水滴和膜状水抛向空气中，然后挟带空气形成水、气混合物回到曝气池中，使空气中的氧溶入水中。随着曝气机的不断转动，表面水层进入池底，同时池底的混合液上升到表层，从而达到整个曝气池中的混合液充氧的目的，提高了整个曝气池混合液的溶解氧含量。

卧式曝气机（又称曝气转刷）示意如图 4-8 所示。这类曝气机的转动轴与水面平行，主要用于氧化沟。在垂直于转动轴的方向装有不锈钢丝（转刷）或板条，用电机带动，转速在 50～70r/min，淹没深度为（1/4～1/3）转刷直径。转动时，钢丝或板条把大量液滴抛向空中，并使液面剧烈波动，促进氧的溶解；同时，推动混合液在池内回流，促进溶解氧的扩散。

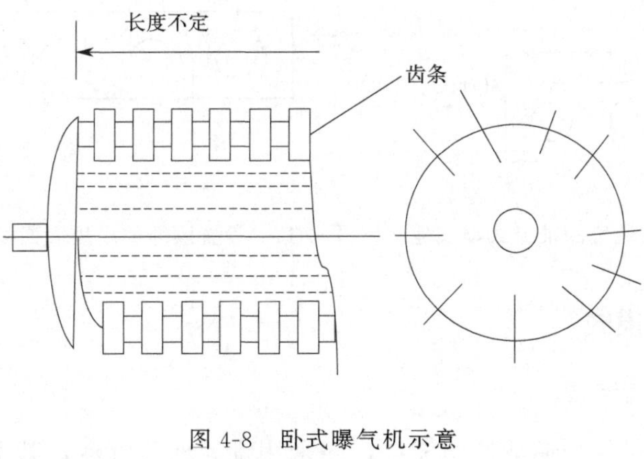

图 4-8　卧式曝气机示意

③ 曝气设备性能指标　比较各种曝气设备性能的主要指标如下。

a. 氧利用效率，单位为 mg O_2/(L·h)，即通过鼓风曝气系统转移到混合液中的氧量占总供氧的百分比，单位为%。

b. 动力效率，即每消耗 1kW·h 动力能传递到水中的氧量（或氧传递速率），单位为 kg O_2/(kW·h)。

(6) 曝气池池型

曝气池实质上是一个反应器，它的池型和所需的反应器的水力特征密切相关。主要分为推流式和完全混合式以及二池结合型三类。曝气设备的选用及其布置应和池型及水力要求相配合。

① 推流曝气池　推流曝气池的长宽比一般为 5～10。推流曝气池一般采用鼓风曝气。池宽和有效水深之比一般为 1～2。根据横断面上的水流情况，曝气池又可分为平移推流式和旋转推流式，如图 4-9 所示。

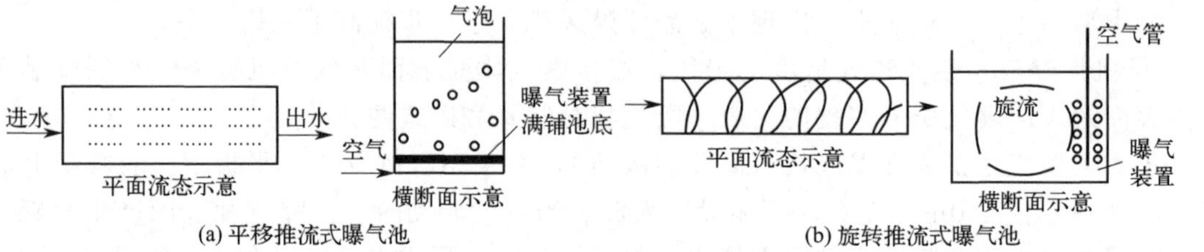

图 4-9　平移推流式和旋转推流式曝气池流态

平移推流是池的一端进水，另外一端出水。旋转推流则是扩散器装于横断面的一侧，池水产生旋流，旋转前进。

② 完全混合曝气池　多为圆柱形池，污水从池底部中心进入，在表面曝气机的搅拌下，立即和全池混合液混合，水质均匀，池内任何一点浓度都维持一致。

③ 两种池型的结合　推流曝气池也可以看成是多个完全混合曝气池的串联。对于局部是完全混合，而对全池而言又近似推流，如图 4-10 和图 4-11 所示。

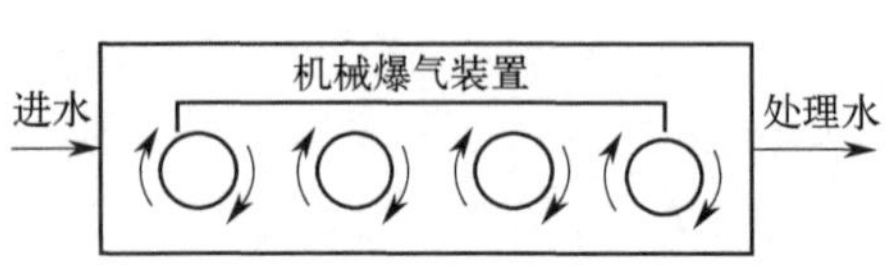

图 4-10　采用表面曝气装置的推流式曝气池

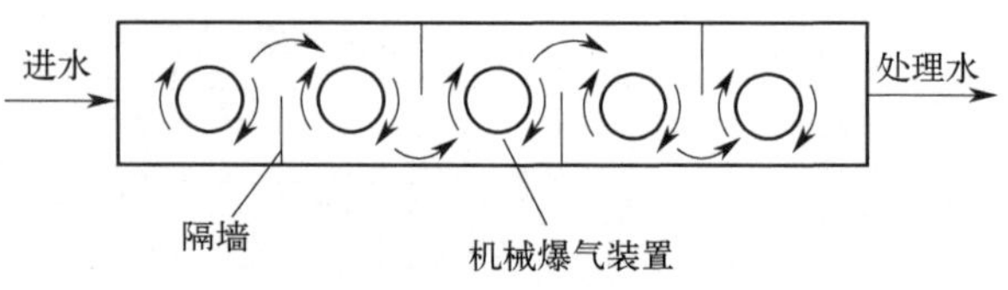

图 4-11　设置隔墙的采用表面曝气装置的推流式曝气池

4.1.3 工艺系统模式

4.1.3.1 传统活性污泥法

传统活性污泥法又称普通活性污泥法，多采用推流式曝气池，其工艺系统如图 4-12 所示。由图可见，推流式曝气池后接二次沉淀池，沉淀的污泥部分回流曝气池，部分则作为剩余污泥排出系统。

曝气池中活性污泥经历了一个从池端到池尾的生长周期，而有机污染物经历了第一阶段吸附和第二阶段代谢的完整过程，因此处理效果较好，BOD_5 去除率可达 90%以上。但传统活性污泥法存在供氧量与活性污泥需氧量不匹配的问题。曝气池首端有机污染物浓度高，而池尾有机物浓度低，沿池长供氧量始终恒定，但需氧量存在前端高后端低的情况，导致前端供氧不足，后端供氧过剩，因此容易导致池前端缺氧甚至厌氧，而池尾供氧过剩浪费能源。

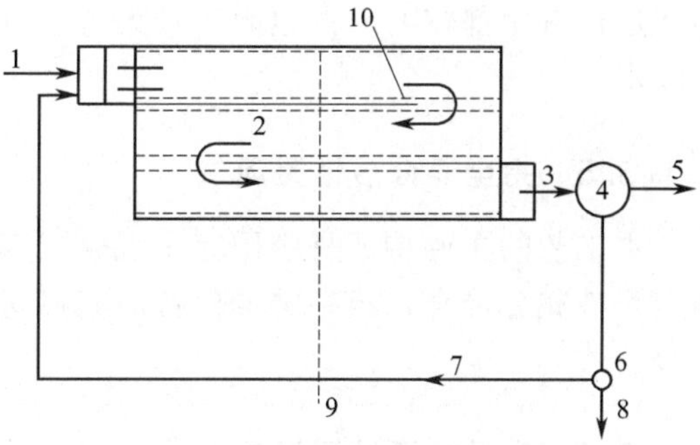

图 4-12　传统活性污泥法系统

1—预处理后的污水；2—曝气池；3—从曝气池流出的混合液；4—二次沉淀池；5—处理后污水；6—污泥泵站；7—回流污泥系统；8—剩余污泥；9—来自空压机站的空气；10—曝气系统与空气扩散装置

4.1.3.2　阶段曝气活性污泥法

阶段曝气活性污泥法是针对上述问题的改进，也称分段进水活性污泥法。该工艺是污水沿曝气池的长度分散且均衡地进入。这种运行方式具有如下效果：

① 曝气池内有机污染物负荷及需氧率得到均衡，一定限度地缩小了耗氧速率与供氧速率之间的差距，有助于能耗的降低，活性污泥微生物的降解功能也得以正常发挥；

② 污水分散且均衡注入，提高了曝气池对水质、水量冲击负荷的适应能力。

4.1.3.3　吸附再生活性污泥法

吸附再生活性污泥法又名 AB 法，也称为接触稳定法，其工艺流程如图 4-13 所示。

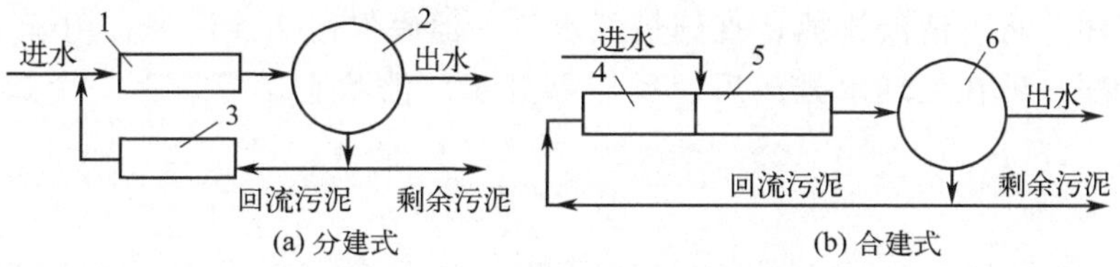

图 4-13　吸附再生活性污泥法系统

1—吸附池；2，6—二次沉淀池；3—再生池；4—再生段；5—吸附段

吸附再生活性污泥法的主要特点在于利用活性污泥对有机污染物的吸附和代谢两个过程。从再生池回流的活性污泥进入吸附池，与来水接触 30～60min，水中有机污染物被活性污泥所吸附，得以去除。然后，混合液流入二沉池进行泥水分离，澄清水排放，沉淀的污泥则从底部进入再生池，进行微生物代谢反应，待污泥的活性得到充分恢复后，再回流进入吸附池，重复上述步骤。

4.1.3.4　延时曝气活性污泥法

延时曝气活性污泥法又名完全氧化活性污泥法。该工艺的主要特点是污泥负荷非常低，曝气反应时间长，活性污泥在池内长期处于内源呼吸期，剩余污泥量少且稳定，运行稳定性高，对污水水质、水量变化有较强适应性。其主要缺点是曝气时间长、池容大，以及基建费用和运行费用都较高、占地面积较大等。延时曝气活性污泥法适用于处理对出水水质要求高的废水。

4.1.3.5 完全混合活性污泥法

本工艺的主要特征是应用完全混合式曝气池。污水与回流污泥进入曝气池后，立即与池内混合液充分混合，经一定的停留时间后进入二次沉淀池（二沉池）沉淀后出水。目前使用较少。

4.1.3.6 序批式活性污泥法

序批式活性污泥法（sequencing batch reactor，简称 SBR），又称间歇式活性污泥法。

与连续式活性污泥法系统相比，该工艺组成简单，无须设污泥回流设备，不设二次沉淀池，SBR 反应器容积也小于连续式系统的曝气池，建设费用与运行费用都较低。如果说连续推流式曝气池是空间上的推流，那么序批式活性污泥 SBR 反应器则是时间上的推流。在序批式反应器内，有机污染物是沿着时间的推移而降解的。

序批式活性污泥处理法为间歇式运行，五个阶段构成一个完整的处理周期。运行操作包括进水、反应、沉淀、排放及待机五个工序。这五个工序全部在序批式反应器内完成，如图 4-14 所示。

① 进水工序　将出水阀门关闭，将污水注满整个 SBR 反应器。

② 反应工序　这是本工艺最主要的一道工序。将曝气、搅拌等设备打开，池中的污水开始反应，进行 BOD_5 去除、硝化、磷的吸收等过程；将曝气适时关闭，创造缺氧或厌氧环境则实现释磷和反硝化等过程。

③ 沉淀工序　本工序相当于活性污泥法连续系统的二次沉淀池。停止曝气和搅拌，使混合液处于静止状态，活性污泥与水分离。

④ 排放工序　将上清液排放，直到最低水位。池底保留活性污泥，用于下批操作。

⑤ 待机工序　即在处理水排放后，反应器处于停滞状态，等待下一个操作周期阶段的开始。

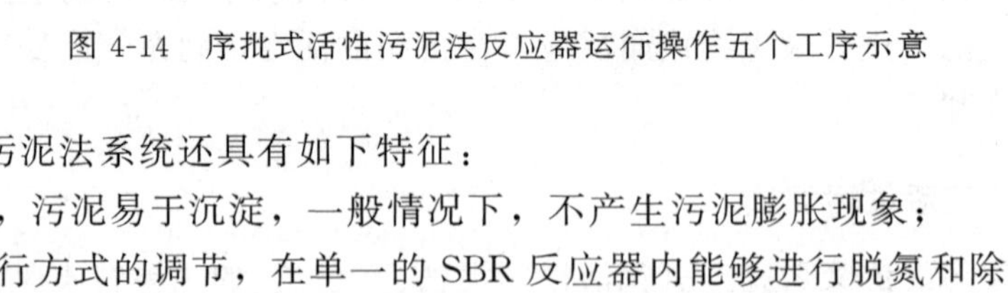

图 4-14　序批式活性污泥法反应器运行操作五个工序示意

序批式活性污泥法系统还具有如下特征：

① SVI 较低，污泥易于沉淀，一般情况下，不产生污泥膨胀现象；

② 通过对运行方式的调节，在单一的 SBR 反应器内能够进行脱氮和除磷；

③ 应用自控技术，可以实现全部自动化。

总之，SBR 工艺是一种系统简单、处理效果好的污水生物处理技术。经过多种形式的改进后，它成为一种适用性强的污水处理工艺。

4.1.3.7 氧化沟

氧化沟又称循环曝气池，是 20 世纪 50 年代由荷兰科学家巴斯维尔（Pasveer）开发的一种污水生物处理技术，属活性污泥法的一种改进形式。图 4-15 所示是氧化沟的平面示意。

（1）氧化沟的工作原理与特征

与传统活性污泥法曝气池相比较，氧化沟具有下列各项特征。

① 构造特征　氧化沟一般呈环形沟渠状，平面多为椭圆形或圆形，总长可达几十米甚至百米以上；沟深取决于曝气装置，一般为 2～6m。

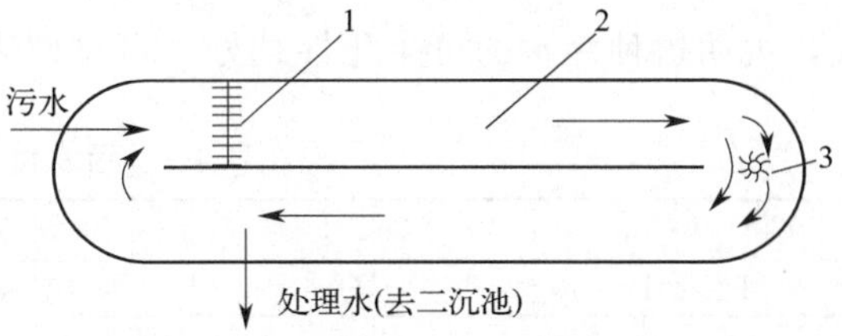

图 4-15　氧化沟的平面示意

1—转刷曝气器；2—氧化沟；3—叶轮曝气

② 水流混合特征　在流态上，氧化沟介于完全混合与推流之间。在纵向断面上可以认为是完全混合式，但从起端到末端呈现推流式的特征。氧化沟的这种独特的水流状态，有利于活性污泥的生物凝聚作用。

（2）工艺特征

① 可考虑不设初沉池，有机性悬浮物在氧化沟内能够达到好氧稳定的程度；

② 可考虑不单设二次沉淀池，使氧化沟与二次沉淀池合建，可省去污泥回流装置；

③ BOD_5 负荷低，同活性污泥法的延时曝气工艺；

④ 对水温、水质、水量的变动有较强的适应性；

⑤ 污泥龄一般可达 15～30d，为传统活性污泥系统的 3～6 倍，污泥产率低；

⑥ 氧化沟能够繁殖世代周期长的微生物（如硝化菌），从而发生硝化反应。它不仅有效去除水中的 COD，还具有去除水中氮、磷的功效。

（3）氧化沟的曝气装置

氧化沟的曝气装置是曝气转刷，其功能如下。

① 充氧作用　曝气转刷可向混合液供氧。

② 混合作用　曝气转刷可使混合液中有机污染物、活性污泥、溶解氧三者充分混合。

③ 推动作用　曝气转刷可推动水流以一定的流速（不低于 0.25m/s）沿池长循环流动。

常用的氧化沟有多种类型，如卡罗塞尔（Carrousel）氧化沟、奥贝尔（Orbal）氧化沟、DE 型氧化沟、T 型氧化沟等。

4.1.4 主要设计、运行参数

4.1.4.1 污水可生化性的评价方法

在污水处理中，有机污染物被微生物降解的难易程度称为污水的可生化性，也称为污水的生物可降解性。

污水可生化性存在差异，其主要原因在于污水所含的有机物中，除一些易被微生物分解利用外，还含有一些不易被微生物降解，甚至对微生物的生长产生抑制作用的物质。这些有机物的生物降解性质，以及在污水中的相对含量决定了该种污水采用生物法处理的难易程度及可行性。

判断污水的可生化性，对于处理方法的选择、生化处理工艺参数的确定等具有重要的意义。目前常用的污水可生化性的评价方法有水质指标法、生化呼吸线法、模型实验法等。常用的是前两种方法。

（1）水质指标法

该方法采用 BOD_5/COD_{Cr} 的比值作为污水可生化性的评价指标。BOD_5/COD_{Cr} 比值越大，说明这种污水的可生化性越好，可参照表 4-1 中所示的数据评价污水可生化性。

表 4-1 污水可生化性评价参考值

BOD_5/COD_{Cr}	>0.45	0.3～0.45	0.2～0.3	<0.2
可生化性	好	较好	较难	难

BOD_5/COD_{Cr} 比值法是最经典的，但由于 BOD_5 和 COD_{Cr} 测试过程中的局限性，因此近年来 BOD_5/TOD 比值、BOD_5/TOC 比值也被作为污水可生化性的评定指标，并给出了一系列的评定标准。

（2）生化呼吸线法

生化呼吸线法是根据有机物的生化呼吸线与内源呼吸线的比较来判断有机物的生物降解性能。生化呼吸线是以时间为横坐标，以耗氧量为纵坐标的曲线。当微生物处于内源呼吸阶段时，耗氧速率基本保持恒定，耗氧量与时间呈直线关系，这一直线称为内源呼吸线，见图 4-16。

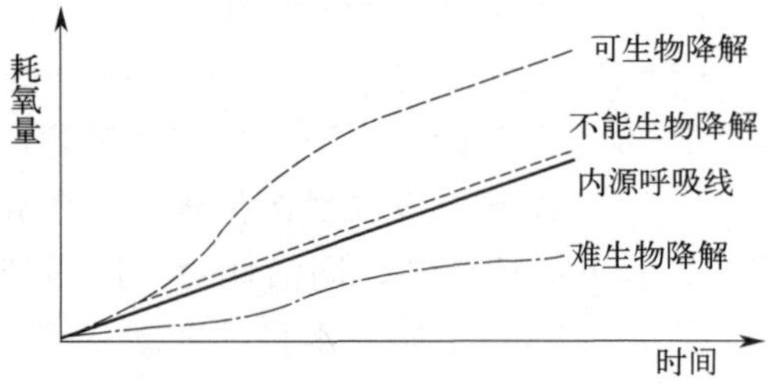

图 4-16 微生物生化呼吸线

当生化呼吸线位于内源呼吸线之上时，污水中的有机物一般是可生物降解的；当生化呼吸线位于内源呼吸线之下时，则说明污水中含有对微生物产生毒害或抑制作用的物质，且该曲线离内源呼吸线越远，说明污水中的有机物对微生物的毒性越强，越难以生物降解。当生化呼吸线与内源呼吸线接近甚至重合时，说明污水中的有机物不能被微生物降解，但对微生物也无抑制作用。

一般来说，耗氧量大，耗氧速率高，说明该有机物易被微生物降解，反之亦然。

4.1.4.2 活性污泥法的设计

（1）主要设计内容

活性污泥法系统由曝气池、曝气系统、污泥回流系统和二沉池等单元组成。它的工艺计算与设计主要包括下列几方面的内容：

① 工艺流程的确定；

② 曝气池（区）容积的计算及曝气池的工艺设计；

③ 计算需氧量、供气量，以及曝气系统的计算与设计；

④ 计算回流污泥量、剩余污泥量，以及污泥回流系统的设计；

⑤ 二次沉淀池池型的选定与工艺计算、设计。

(2) 原始资料与数据

进行活性污泥处理系统的计算与设计，首先应充分掌握污水、污泥的相关原始资料与数据，主要如下：

① 设计流量，即污水的日平均流量（m^3/d）和总变化系数 K_z；

② 污水指标，即污水主要水质指标，包括 BOD_5、COD、SS（非挥发性、挥发性）、总固体（溶解性、非溶解性）、总氮、氨氮、总磷等；

③ 处理水的出路及排放标准；

④ 污泥的处理处置要求。

(3) 主要设计参数

进行活性污泥法系统的工艺设计，应确定的主要设计参数包括如下：

① 污泥负荷，包括 BOD_5 和 COD 负荷；

② 混合液污泥浓度（MLSS、MLVSS）；

③ 污泥回流比。

对于以生活污水为主体的城市污水，采用上述各项原始资料、数据和主要设计参数已比较成熟，可以直接用于设计。但是，对工业废水所占比重较大的城市污水，则应通过实验和现场实测来确定其各项设计参数。

(4) 设计计算

① 曝气池的设计计算　当以去除碳源污染物为主时，生物反应池（曝气池）的容积可按照下列公式计算。

a. 按照污泥负荷计算：

$$V=\frac{Q(S_0-S_e)}{N_sX} \tag{4-24}$$

b. 按照污泥泥龄计算：

$$V=\frac{QY\theta_c(S_0-S_e)}{X_v(1+K_d\theta_c)} \tag{4-25}$$

式中　V——生物反应池容积，m^3；

S_0——生物反应池进水 BOD_5，mg/L；

S_e——生物反应池出水 BOD_5，mg/L（当去除率大于90%时可不计入）；

Q——生物反应池的设计流量，m^3/d；

N_s——生物反应池污泥负荷，kg BOD_5/(kg MLSS·d)；

X——生物反应池内混合液悬浮固体平均浓度，kg MLSS/L；

Y——污泥产率系数，kg MLVSS/kg BOD_5，宜根据实验资料确定，无实验资料时，一般取0.4～0.8；

X_v——生物反应池内混合液挥发性悬浮固体平均浓度，kg MLVSS/L；

θ_c——污泥泥龄，d，其数值为0.2～15；

K_d——衰减系数，d^{-1}，20℃的数值为0.04～0.075。

采用传统活性污泥法处理城镇污水的生物反应池的主要设计参数，可按照表4-2的规定取值。

表 4-2 传统活性污泥法的主要设计参数

类别	N_s/[kg BOD_5/(kg MLSS·d)]	X/(g MLSS/L)	N_V/[kg BOD_5/(m^3·d)]	污泥回流比/%	总处理效率/%
普通曝气	0.2～0.4	1.5～2.5	0.4～0.9	25～75	90～95
阶段曝气	0.2～0.4	1.5～3.0	0.4～1.2	25～75	85～95
吸附再生曝气	0.2～0.4	2.5～6.0	0.8～1.8	50～100	80～90

混合液活性污泥浓度与污泥回流比、回流污泥浓度有关，可采用以下公式加以修正：

$$X=\frac{R}{1+R}\times\frac{10^6}{\mathrm{SVI}}\times r \tag{4-26}$$

式中，r 为与二沉池有关的修正系数，当 SVI 低时，取 1.2；当 SVI 高时，取 2.0。

采用较高的污泥浓度可以缩小曝气池容积，但要使浓度保持在较高的水平，应相应地提高充氧速率。所以，污泥浓度实际上存在最高的限制，以保证运行质量。

② 需氧量与供气量的计算 曝气池内活性污泥消耗的氧气，即用于微生物对有机物的氧化分解，以及微生物内源呼吸所消耗的氧。因此，需氧量采用式(4-27) 来计算：

$$O_2=a'Q(S_0-S_e)+b'VX_v \tag{4-27}$$

式中 O_2——曝气池混合液的需氧量，kg O_2/d；

a'——代谢每千克 BOD_5 所需的氧量，kg O_2/(kg BOD_5·d)；

b'——每千克 VSS 每天进行自身氧化所需的氧量，kg O_2/(kg VSS·d)。

S_0 和 S_e 含义同上。

供气量 G_s(m^3/h) 的计算见式(4-23)。

4.1.5 活性污泥培养与常见问题

4.1.5.1 活性污泥的培养和驯化

在处理系统准备投产运行前，首先需要进行的是培养活性污泥。对于其他工业废水，除培养活性污泥外，还需要使活性污泥适应所处理废水的特点，对其进行驯化。

活性污泥的培养和驯化可归纳为异步培驯法、同步培驯法和接种培驯法三种。异步法即先培养后驯化；同步法则培养和驯化同时进行或交替进行；接种法是利用其他污水处理厂的剩余污泥进行适当驯化。在有条件的地方，采用接种法可缩短培养时间。

实际上，培养和驯化这两个阶段不能截然分开，具体培养驯化时应依据净化机理和实际情况灵活进行。

成熟的活性污泥，具有良好的凝聚沉淀性能，污泥内含有大量的菌胶团和纤毛虫原生动物，如钟虫、累枝虫、盖纤虫等，并可使 BOD_5 的去除率达 90%左右。

4.1.5.2 活性污泥法常见问题

当运行不佳时，采用活性污泥法会出现下述问题。

(1) 污泥解体

处理水质浑浊、污泥絮凝体微细化、处理效果变差等，都是污泥解体现象。若运行不当，如曝气过量，会使活性污泥生物营养的平衡遭到破坏，导致微生物量减少并失去活性、吸附能力降低、絮凝体缩小、处理水质浑浊，以及污泥沉降性能变差。当污水中存在有毒物质时，微生物会受到抑制或伤害，污泥失去活性。

发生污泥解体后，应对污水量、回流污泥量、空气量和排泥状态以及 SVI、MLSS、DO 值等多项指标进行检查，加以调整。

（2）污泥腐化

污泥腐化是二次沉淀池中的污泥因长期滞留而经厌氧发酵生成 H_2S、CH_4 等气体，导致污泥上浮的现象。污泥腐败变黑，产生恶臭。通常沉积在死角、长期滞留的污泥容易发生污泥腐化现象。因此，需要采取消除死角、加大池底坡度、改进池底刮泥设备等措施，不使污泥滞留于池底。

（3）污泥脱氮上浮

污泥在二次沉淀池中呈块状上浮的现象不是由腐败造成的，而是由于在二沉池内污泥泥龄过长，发生反硝化反应产生氮气所导致。因氮气吸附在污泥上使得污泥密度降低，整块上浮。采取的措施有增加污泥回流量或及时排除剩余污泥，在脱氮之前即将污泥排除。

（4）污泥膨胀

正常的活性污泥沉降性能良好，其污泥容积指数 SVI 在 50～150 之间。当曝气池的混合液在 100mL 量筒中沉淀 30min 后，污泥几乎不沉淀，上层澄清液极少，没有清晰的泥水界面，SVI 值升高超过 200，这种现象称为活性污泥膨胀。活性污泥膨胀是比较棘手的问题，因膨胀的污泥不易沉淀，容易流失，既降低二沉池的出水水质，又造成回流污泥量的不足，破坏曝气池的运行。根据调查，有 70%以上的污水厂都存在不同程度的污泥膨胀问题。

活性污泥膨胀可分为两种：一是污泥中丝状菌大量繁殖导致的丝状菌性膨胀；二是并无大量丝状菌存在的非丝状菌性膨胀。

丝状菌性膨胀是经常发生和更主要的一类膨胀。造成污泥丝状膨胀的主要因素有污水水质、运行条件、工艺方法。若污水中溶解性碳水化合物较高，或污水水质中营养元素和微量元素缺乏等，都容易引起丝状菌性污泥膨胀。在运行过程中，当曝气池中的污泥负荷较高、溶解氧浓度低，或 pH 值低时，也会发生污泥膨胀。

此外，还有非丝状菌性膨胀，出现在污泥负荷过高、温度较低情况下，这时细菌积累起大量高黏性的多糖类物质，导致污泥的 SVI 值很高，形成膨胀污泥。

4.2　生物膜法

生物膜法是附着生物处理方法，分为好氧生物膜法和厌氧生物膜法两种类型。生物膜法实质是使细菌、真菌等低级微生物和原生动物、后生动物一类的微型动物附着在滤料（载体）上生长，形成膜状物，即生物膜，通过生物膜的作用，在好氧或厌氧的条件下，降解污水中的有机物，使污水得以净化。

生物膜法国内均用于中小规模的污水处理，具有抗冲击负荷、易管理、处理效果稳定等特点。

4.2.1　生物膜法原理

生物膜是指附着在惰性载体表面生长的微生物，以及微生物的胞外多聚物、无机物及有机物等物质，是一种稳定的、复杂的微生态系统。

（1）生物膜结构和净化机理

当污水流经载体表面一段时间后，污水中的微生物会附着在载体表面，生长出膜状物质，这就是生物膜。当污水流经载体时，生物膜中微生物吸收有机物，以及空气中的氧，自身得到繁殖，污水得到净化。微生物的代谢产物 CO_2、H_2O、H_2S、NH_3 等随之排放。

当生长膜逐渐加厚，氧不能完全进入后，内侧形成厌氧性膜。随着膜逐渐增厚，膜开始老化，最后脱落。随后，膜脱落的载体表面又开始生长新的生物膜。生物膜的基本结构及污水净化过程见图 4-17。

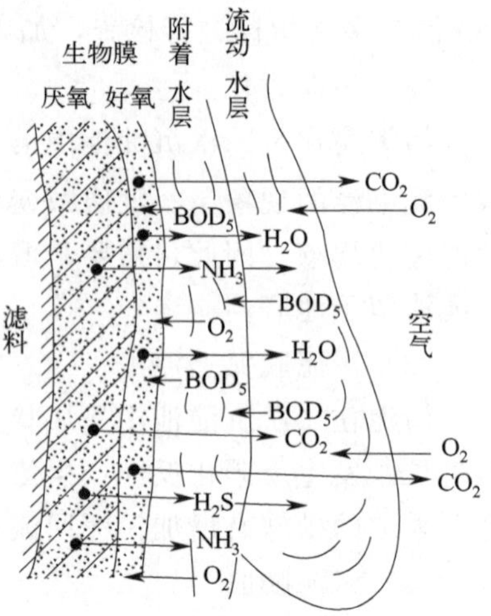

图 4-17 生物膜的基本结构及污水净化过程

（2）生物膜的组成

生物膜中的生物种类相当丰富，一般由细菌（好氧、厌氧、兼性）、真菌、原生动物、后生动物、藻类以及一些肉眼可见的蠕虫、昆虫的幼虫等组成。生物膜中的生物相组成情况为：与活性污泥法一样，原生动物和后生动物可以作为指示生物，来检查和判断工艺运行情况及污水处理效果。当后生动物出现在生物膜中时，表明水中有机物含量很低并已稳定，污水处理效果良好。

4.2.2 生物膜处理工艺的主要特点

与传统活性污泥法相比，生物膜法处理污水技术由于操作方便、剩余污泥少、抗冲击负荷等特点，适用于中小型污水处理厂工程，在工艺上有如下几方面特征。

（1）微生物方面的特征

① 生物膜中的生物相　生物膜中的生物相丰富，食物链长。相对于活性污泥法，因为生物膜载体有利于微生物的生长，所以不会发生污泥膨胀现象，同时还能进一步提升处理效率。表 4-3 列出了生物膜和活性污泥上出现的微生物在类型、种属和数量方面的比较。

表 4-3 生物膜和活性污泥上出现的微生物在类型、种属和数量方面的比较

微生物种类	活性污泥法	生物膜法	微生物种类	活性污泥法	生物膜法
细菌	＋＋＋＋	＋＋＋＋	轮虫	＋	＋＋＋
真菌	＋＋	＋＋＋	线虫	＋	＋＋
藻类	－	＋＋	寡毛虫	－	＋＋
鞭毛虫	＋＋	＋＋＋	其他后生动物	－	＋
肉足虫	＋＋	＋＋＋	昆虫类	－	＋＋
纤毛虫	＋＋＋＋	＋＋＋＋			

注：表中“＋”表示数量，“＋”越多，表明数量越多；“－”表示无，即没有，或接近无。

生物膜中有世代周期较长的微生物，如硝化菌、某些特殊污染物降解专属菌等，为生物处理分段运行及分段运行作用的提高创造了更适宜的条件。

② 具有分层分布的特征　在生物滤池中，随着滤床深度的逐渐下移，生物膜中的微生物逐渐从低级趋向高级，种类逐渐增多。生物膜的上层有机污染物浓度高，以细菌、真菌等

低级微生物为主。越往下层，有机污染物浓度逐渐降低，逐渐以原生动物和后生动物为主。滤床中的这种生物分层现象，是适应不同污水浓度的结果。在塔式生物滤池中这种微生物分层的现象更为明显。

(2) 处理工艺方面的特征

① 对水质、水量变动有较强的适应性，耐冲击负荷　生物膜反应器内有较多的生物量、较长的食物链，对污水水质、水量的变化都具有较强的适应性，对毒性物质也有较好的抵抗性，适用于工业废水及其他水质、水量波动较大的中小规模污水处理。

② 适合低浓度污水的处理　生物膜内微生物种类丰富，与活性污泥法不同，污水浓度长期 BOD_5 低于 50～60mg/L 时，生物膜法也能获得较好的处理效果，出水 BOD_5 值可降至 10mg/L 以下。

③ 剩余污泥产量少　生物膜中较长的食物链使剩余污泥量明显减少。脱落的生物膜相对密度较大，沉降性能较好，易于固液分离。

④ 运行管理方便，更经济节能　生物膜法不必污泥回流，且无污泥膨胀问题，易于运行维护与管理，动力消耗较低，单位污染物去除耗电量较少。

生物膜法的缺点在于滤料堵塞，以及滤池蝇等昆虫多，卫生条件差，占地较大。

4.2.3 生物膜反应器

按照生物膜反应器或生物膜法中滤料的运动形态、水流运动方式、传氧方式，将生物膜反应器分为浸没式（生物接触氧化池、曝气生物滤池）、半浸没式（生物转盘）和非浸没式（普通生物滤池、高负荷生物滤池、塔式生物滤池）三种形式。但这三种生物膜反应器滤料尺度比较大，若采用尺度较小的滤料或载体，如活性炭、细砂等，它们可以在水流和曝气气泡的作用下处于流化状态，因此又出现流化床式生物膜反应器。

浸没式生物膜法具有占地面积小、容积负荷高、运行成本低、处理效率高等特点，近年来在污水二级处理中被较多采用。半浸没式、非浸没式生物膜法的最大特点是运行费用低，为活性污泥法的 1/3～1/2，但卫生条件较差、占地较大，可因地制宜采用。

4.2.3.1 生物滤池

生物滤池的工作原理是污水从滤池顶部向下流经滤料空隙，与生物膜充分接触，有机污染物被吸附降解。

早期的普通生物滤池水力负荷和有机负荷都很低，虽然净化效果好，但占地面积大，易于堵塞。后来开发出高负荷生物滤池，以及有效高度较高的塔式生物滤池。

生物滤池法的基本工艺由初沉池、生物滤池、二沉池组成。

(1) 普通生物滤池

普通生物滤池又称滴滤池，由池体、布水装置（布水器）、滤料和底部排水设施等部分组成。图 4-18 是典型的普通生物滤池示意。池体一般为圆形。滤床由滤料组成，一般为碎石、卵石、炉渣、粉煤灰等。工作层滤料的粒径为 25～40mm，承托层滤料的粒径为 70～100mm。

滤料的主要特性如下。

① 具有较大的比表面积，比表面积越大，则附着的微生物量越多，处理能力越高。比表面积为 65～100m^2/m^3。

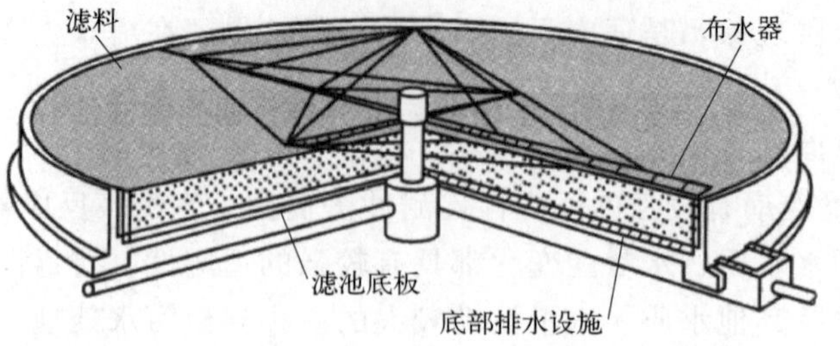

图 4-18 典型的普通生物滤池示意

② 有足够大的孔隙率，在 45%左右，易于生物膜脱落以及保证良好的通风。若孔隙率太低，则滤料层易被生物膜堵塞。

③ 有较好的机械强度，不易变形和破碎。

滤池的布水系统很重要，能起到滤池表面上均匀布水的作用，分为固定布水器和旋转布水器两种。滤池的排水系统起到支承滤料、收集处理水、保证通风的作用。

普通生物滤池的设计与计算一般分为两部分：一是滤料容积的设计计算、滤料的设计计算、排水系统的设计计算；二是布水装置的计算与设计。

普通生物滤池的滤料容积一般按照 BOD_5 容积负荷率或水力负荷率计算。BOD_5 容积负荷是单位容积的滤料在单位时间内所能接受的 BOD_5 量，其表示单位为 g BOD_5/(m^3 滤料 · d)。处理生活污水的 BOD_5 容积负荷可根据表 4-4 选用。

表 4-4 BOD_5 容积负荷

年平均气温/℃	BOD_5 容积负荷/[g BOD_5/(m^3 滤料 · d)]
3～6	100
6.1～10	170
>10	200

水力负荷是在保证处理水达到要求质量的前提下，每平方米滤池表面积在单位时间内所能够接受的污水水量（m^3），其表示单位为 m^3/(m^2 滤料 · d)，对生活污水可取 1～3m^3/(m^2 滤料 · d)。

（2）高负荷生物滤池

高负荷生物滤池在普通生物滤池的基础上，通过采取处理出水回流技术，可将 BOD_5 容积负荷提高 6～8 倍，同时确保 BOD_5 去除率较高。

进入高负荷生物滤池的 BOD_5 值须低于 200mg/L，否则应进行回流稀释。此外，处理水回流还可冲刷过厚和老化的生物膜，加速生物膜更新，使生物膜保持较高的活性，抑制滤池蝇的过度滋长。

高负荷生物滤池的构造与普通生物滤池基本相同，采用旋转布水器布水。滤料粒径相对较大，一般为 40～100mm，孔隙率较高。滤料层厚度为 2～4m，一般应采取人工通风措施；当采用自然通风时，一般不应大于 2m。滤床分为两层，工作层厚 1.2m 左右，粒径 40～70mm；承托层厚 0.2m 左右，粒径 70～100mm。

高负荷生物滤池的设计主要包括池体和旋转布水器的设计计算，其中池体的设计多采用负荷率法。高负荷生物滤池按照平均日污水量设计，容积负荷宜大于 1.8kg BOD_5/(m^3·d)，水力负荷宜为 10～36m^3/(m^2·d)。

(3) 塔式生物滤池

塔式生物滤池简称滤塔，也是一种高负荷滤池，具有负荷高、占地少、不必专设供氧设备等优点，近年来一直受到人们的重视。塔式生物滤池的污水净化机理与普通生物滤池一样，但是与普通生物滤池相比具有负荷高（比普通生物滤池高 2～10 倍）、生物相分层明显、滤床堵塞可能性减小、占地面积小等特点。当塔式生物滤池进水 BOD_5 浓度较高时，由于生物膜生长迅速，容易引起滤料堵塞。所以，塔式生物滤池进水 BOD_5 浓度应控制在 500mg/L 以下，否则必须采取处理水回流稀释措施。

塔式生物滤池一般直径 1～3.5m，径高比介于 (1∶6)～(1∶8)，填料层厚度宜为 8～12m，平面形状多为圆形。塔式生物滤池由塔身、滤料、布水系统、通风及排水装置等组成，其构造如图 4-19 所示。

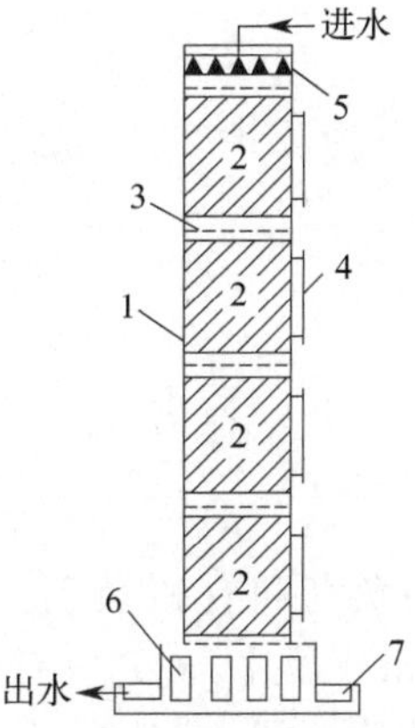

图 4-19　塔式生物滤池的构造示意

1—塔身；2—滤料；3—格栅；4—检修口；5—布水器；6—通风孔；7—集水槽

塔式生物滤池多采用轻质滤料，其特点是质轻、强度高、耐腐蚀、比表面积和孔隙率都较大。塔式生物滤池的布水装置采用旋转布水器。一般都采用自然通风，但对含有毒、易挥发物质的污水，宜采用人工通风，尾气经处理后排放。

塔式生物滤池按照平均日污水量设计，水力负荷和有机容积负荷可分别高达 80～200m^3/(m^2·d) 和 2～3kg BOD_5/(m^3·d)。对于不同污水水质，不同处理要求的容积负荷不一样，应通过实验确定。塔式生物滤池的个数应不少于 2 个，并按照同时工作设计。

4.2.3.2　生物转盘法

生物转盘法是生物膜法的一种，是在生物滤池的基础上发展起来的。其具有净化效果好和能源消耗低等优点，得到广泛研究与应用。

(1) 生物转盘的净化机理与组成

生物转盘处理污水的机理与生物滤池基本相同。不同的是，生物转盘处理装置中的生物膜附着生长在一系列转动的盘片上，转轴以下、转盘面积的约 40%浸没在污水中，如图 4-20 所示。

当圆盘缓慢转动浸没于污水中时，污水中的有机物被盘片上的生物膜吸附；当圆盘离开污水时，盘片表面形成薄薄一层水膜。水膜从空气中吸收氧气，同时生物膜分解被吸附的有机物。随着圆盘转动，即进行吸附-氧化分解过程。老化的生物膜通过剪切力作用脱落。

生物转盘主要由旋转圆盘、转动横轴、动力及减速装置和氧化槽等几部分组成。生物转盘的盘体材料应质轻、强度高、耐腐蚀、抗老化、易挂膜、比表面积大，且方便安装、养护和运输。

(2) 工艺流程和设计计算

生物转盘可分为单轴单级式、单轴多级式和多轴多级式，级数多少主要取决于污水水量与水质、处理水应达到的处理程度和现场条件等因素。

生物转盘工艺设计的主要内容是计算转盘的总面积。表示生物转盘处理能力的指标是水

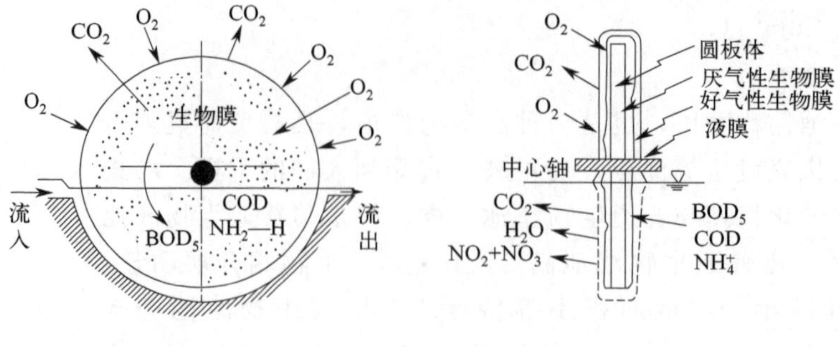

图 4-20 生物转盘工作情况示意

力负荷和有机负荷。其中，水力负荷表示为单位面积转盘每天处理的水量，即 m^3（水）/[m^2（盘片）· d]。有机容积负荷的单位是 kg BOD_5/[m^3（槽）· d]。生物转盘的负荷与污水性质、污水浓度、气候条件、构造及运行等多种因素有关。

4.2.3.3 生物接触氧化法

（1）概述

生物接触氧化法是一种兼有活性污泥法和生物滤池两种特点的技术，又称浸没式曝气生物滤池，于 1971 年在日本首创。该技术在城市污水处理和工业废水生物处理中得到广泛应用，成为污水处理的主流工艺之一。

生物接触氧化池内设置填料，填料淹没在污水中，填料上长满生物膜，污水中有活性污泥。在生物膜和活性污泥作用下，水中的有机物被微生物吸附、氧化分解。从填料上脱落的生物膜，与活性污泥一起进入二沉池后被沉淀分离，污水得到净化。空气通过设在池底的布气装置进入污水，向微生物提供氧气。生物接触氧化池的主要优点如下：

① 生物接触氧化池内的生物量高于活性污泥法曝气池和生物滤池，具有较高的容积负荷［可达 3.0～6.0kg BOD_5/(m^3 · d)］；

② 不需要污泥回流，无污泥膨胀问题，运行管理简单；

③ 对水量、水质的波动有较强的适应能力；

④ 污泥产量略低于活性污泥法。

生物接触氧化池的主要缺点：滤床易堵塞；更换与运行费用较高。

（2）生物接触氧化池的构造

生物接触氧化池的平面形状一般采用矩形，主要由池体、填料、进水和曝气装置等组成。图 4-21 为生物接触氧化池构造示意。

填料要求无毒害、易挂膜、质轻、强度高、抗老化、比表面积大和孔隙率高。目前常采用的填料主要有聚氯乙烯、聚丙烯、环氧玻璃钢等制成的蜂窝状和波纹板状填料、纤维组合填料、立体弹性填料等。

生物接触氧化池中的曝气装置与填料的相对位置可分为两类：曝气装置设在填料底部和曝气装置与填料隔离设置。填料全池布置、全池曝气的形式，是目前生物接触氧化法采用的主要形式，主要是具有曝气均匀、填料不易堵塞、氧化池容积利用率高等优点。

（3）生物接触氧化法的设计计算

生物接触氧化池工艺设计的主要内容包括：池子的尺寸、填料的有效容积、空气量和空

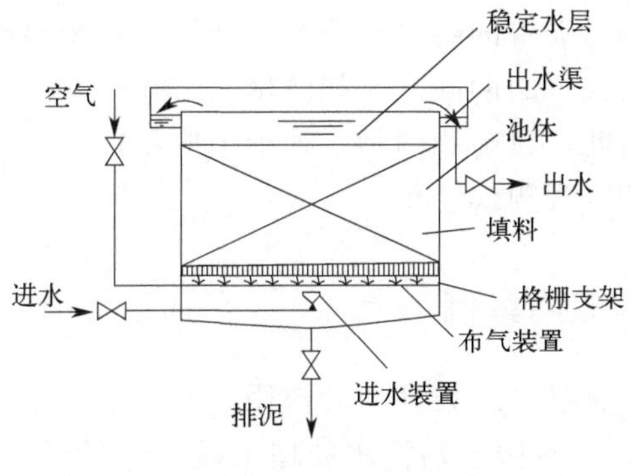

图 4-21　生物接触氧化池构造示意

气管道系统。一般以有机容积负荷（简称“容积负荷”）为主要设计参数进行设计计算。对于工业废水，最好通过实验确定有机负荷。

采用容积负荷为设计参数时，生物接触氧化池的有效容积的计算如下：

$$V=\frac{Q(S_0-S_e)}{N_V} \tag{4-28}$$

式中　Q——设计污水处理量，m^3/d；

S_0,S_e——进水、出水 BOD_5 浓度，mg/L；

N_V——容积负荷，kg BOD_5/[m^3(填料)·d]。

生物接触氧化法的供气量以及空气管道系统的计算方法，可参照活性污泥法计算。

4.2.3.4　生物流化床

生物流化床于 20 世纪 70 年代诞生在美国。生物流化床的载体（填料）是可以流态化的固体颗粒，其表面长有生物膜，可对污水中的有机物进行降解，污水从而得到净化。载体颗粒（生物颗粒）呈流态化是借助了上升的流体（液体和气体）经过颗粒层产生的压力差。生物流化床是一种强化生物处理、提高微生物降解有机物能力的高效工艺。

生物流化床由床体、载体、布水装置和脱膜装置等部分组成。生物流化床多呈圆柱形。载体是生物流化床的核心部件，通常采用细小的、密度大于 $1g/cm^3$ 的惰性颗粒，如细石英石、颗粒活性炭、焦炭、无烟煤球等。一般颗粒直径为 0.6～1.0mm，所提供的表面积很大。例如，直径为 1mm 的砂粒，其表面积是一般生物滤池的 50 倍。生物流化床的主要优点如下。

① 容积负荷高，抗冲击负荷能力强　由于生物流化床的生物量很高（10～14g/L），污水进入床内，很快地被混合和稀释。因此，生物流化床的抗冲击负荷能力较强，容积负荷也较其他生物处理法高。

② 微生物活性高　由于生物颗粒在床体内不断相互碰撞和摩擦，其生物膜厚度较薄，一般在 0.4mm 以下。生物膜的呼吸率约为活性污泥的两倍，可见微生物的活性较强，其反应速度快。这也是生物流化床负荷较高的原因之一。

③ 传质效果好　由于载体颗粒在床体内处于剧烈运动状态，气-固-液界面得以不断更新，因此传质效果显著。这种更新有利于微生物对污染物的吸附和降解，从而加快了生化反

应速度。

生物流化床的主要缺点是设备的磨损较严重，载体颗粒在湍流过程中会被磨损变小。此外，设计时还存在着生产放大方面的问题，如防堵塞、曝气方法、进水系统、配水系统的选用以及生物颗粒流失等。因此，目前我国污水处理中应用较少，一旦上述问题解决，生物流化床有可能会获得较广泛的工程规模应用。

4.2.4 生物膜法的工程应用案例

以下实例为生物滤池在食品废水处理中的应用。

① 工程名称 上海某食品有限公司污水处理工程。

② 工程概况 上海某食品有限公司是一家合资企业，公司的原有污水处理工艺采用ABF（自动反冲洗滤池）工艺，再经二级生化（辅助曝气）处理后排入黄浦江。原有污水处理站经过了近20年的运转，设施日显陈旧，主要存在以下问题：处理设施容量不足，无法接纳新生产线排放的水量，导致负荷严重超标；二沉池污泥沉降性能差，经常出现跑泥现象；生物塔滤木板腐烂，布水不均匀，挂膜效率低；大部分设备损坏严重，基本属于淘汰产品。此外，工人劳动强度较大。

③ 设计要点 设计水量：$Q=3500\text{m}^3/\text{d}$。设计进水水质：COD=400mg/L，$BOD_5=250\text{mg/L}$，$NH_3\text{-}N=5\sim30\text{mg/L}$，pH值为6～9。设计出水水质：COD≤100mg/L，$BOD_5\leqslant30\text{mg/L}$，$NH_3\text{-}N\leqslant15\text{mg/L}$，pH值为6～9。

原污水站处理能力为$2000\text{m}^3/\text{d}$，改造要求污水站处理能力提高到$3500\text{m}^3/\text{d}$。所有改造项目要求必须在原设施场地内进行，无扩大用地的可能。将原生化处理的ABF塔和辅助曝气池改造为一级生物滤池和二级生物滤池，两座滤池均为普通生物滤池。其余部分不变。

④ 工艺流程与说明 改造后的工艺流程如图4-22所示。

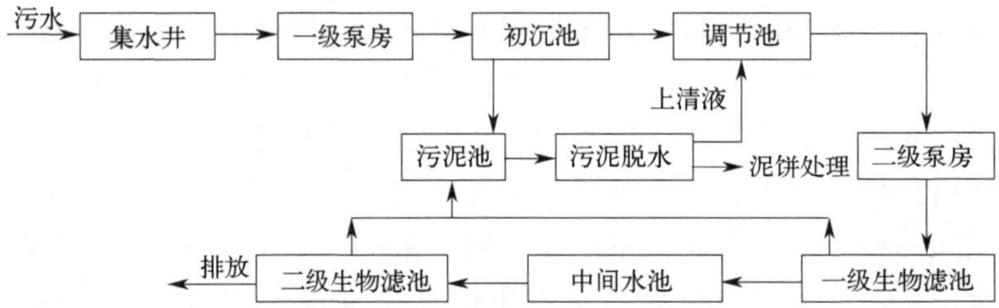

图4-22 改造后的工艺流程

工艺流程说明：污水收集后直流进入集水井，经一级提升泵提升进入初沉池，去除较大的有机颗粒；然后，污水进入调节池，调节水量和水质。均质后的污水经二级提升泵送入一级生物滤池进行生物降解；降解后的水自流进入中间水池，再泵入二级生物滤池进一步生物降解，达标后排放。滤池的反冲洗水和初沉池的底泥排入污泥池后，经过沉淀脱水处理，污泥外运；污水则回流到调节池进行循环利用。

⑤ 运行效果 当年1～4月，对污水处理站的主要污染物指标进行了监测，污水处理系统出水水质分析见表4-5。由于条件所限，对污染物指标中COD进行了全流程测定，BOD_5只进行少量测定，污水特性为氨氮偏低，进水$NH_3\text{-}N\leqslant10\text{mg/L}$，故日常运行时未测定出水

NH_3-N。

表 4-5　污水处理系统出水水质分析

测定时间	进水 COD /(mg/L)	滤池进水 COD/(mg/L)	滤池平均负荷 /[kg COD/(m^3·d)]	出水 COD /(mg/L)	COD 去除率 /%	进水 SS /(mg/L)	出水 SS /(mg/L)	SS 去除率 /%
1 月	330.1	257.0	2.5	57.6	82.5	136.9	32	76.6
2 月	396.2	320.7	3.1	62.8	84.1	160.2	32	80.0
3 月	399.5	327.0	3.1	61.5	84.6	130.2	33	74.6
4 月	338.1	306.9	2.9	60.6	82.1	120.8	28	76.8
均值	366.0	302.9	2.9	60.6	83.3	137.0	31	77.4

⑥ 经济指标　由于生物滤池的滤层厚度可以提高氧在水中的停留时间，因此氧转移效率较高。据厂方统计，改造后每立方米污水的处理能耗为 0.18kW·h，比原来节约 20%。

该工程充分利用原有构筑物进行改建，成功地将处理能力从 $2000m^3/d$ 提高至 $3500m^3/d$，处理负荷增加 70%，处理效果更好，节约了大量投资。污泥的产泥率也比原来少一半以上，节约了污泥处理处置费用。改造工程的总投资为 220 万元。

第 5 章

厌氧生物处理单元

污水厌氧生物处理是利用厌氧微生物来分解污水中有机物的污水处理方法。由于厌氧处理存在水力停留时间长、有机负荷低等缺点，较长时期限制了其在污水处理中的应用。随着世界能源短缺问题日益突出，具有能源回收功能的污水厌氧处理技术受到重视，相关研究不断深入，开发了各种新型工艺和设备，大幅度提高了厌氧反应器内活性污泥的浓度，使处理时间大大缩短，效率提高。

在污水的厌氧生物处理过程中，污水中的有机物在大量厌氧微生物的共同作用下，被最终转化为甲烷、二氧化碳、水、硫化氢和氨等。该过程需要大量不同种类的微生物，这些微生物的代谢过程相互影响、相互制约，形成复杂的生态系统，因此总体上说，污水的厌氧生物处理过程比好氧过程要复杂得多。本章主要介绍污水厌氧处理的基本原理、厌氧构筑物的结构、厌氧处理的影响因素以及常用处理工艺。

5.1 厌氧生物处理的基本原理

污水中有机物的厌氧生物降解过程可以分为水解酸化、产氢产乙酸和产甲烷三个阶段。

(1) 水解酸化阶段

复杂有机物需要先被细菌胞外酶分解为小分子，才能透过细胞膜进入细胞供细菌利用。在这一阶段，主要产物有挥发性脂肪酸（VFA）、醇类、葡萄糖、氨基酸等。水解酸化过程就是将溶解性有机物转化为以挥发性脂肪酸为主的末端产物，因此这一过程也称为水解酸化。

水解酸化过程是由大量的、多种多样的水解酸化细菌完成的，其中重要的有梭状芽孢杆菌（*Clostridium*）和拟杆菌（*Bacteroides*）。梭状芽孢杆菌是厌氧的、产芽孢的细菌，能够在恶劣的环境条件下存活。而拟杆菌虽然主要是厌氧菌，但在某些特定条件下也可能表现出兼性特性。因此，在上述细菌中，我们至少可以确认存在厌氧菌（如梭状芽孢杆菌），而拟杆菌的特性则可能因种类和环境而异。

在水解酸化过程中，酸化细菌对酸的耐受力很强，甚至在 pH 值下降到 4 时仍可以进行水解酸化。但是，产甲烷过程的最佳 pH 值为 6.5～7.5，因此 pH 值的下降将会减少甲烷生成；若 pH 值进一步下降，可使甲烷的产生完全中止。

(2) 产氢产乙酸阶段

在此阶段，水解酸化阶段的产物（如乙酸、丙酸、丁酸、戊酸等简单脂肪酸）不仅脱氢产生氢气，同时部分有机酸还释放 CO_2。随后，这些脂肪酸以及第一阶段产生的醇类会被产乙酸菌进一步转化为乙酸、氢气和二氧化碳，并在此过程中生成新的细胞物质。

产乙酸过程的某些反应如下：

$$CH_3CHOHCOO^-(\text{乳酸})+2H_2O \longrightarrow CH_3COO^- + HCO_3^- + H^+ + 2H_2 \tag{5-1}$$

$$CH_3CH_2OH(\text{乙醇})+H_2O \longrightarrow CH_3COO^- + H^+ + 2H_2 \tag{5-2}$$

$$CH_3CH_2CH_2COO^-(\text{丁酸})+2H_2O \longrightarrow 2CH_3COO^- + H^+ + 2H_2 \tag{5-3}$$

$$CH_3CH_2COO^-(\text{丙酸})+3H_2O \longrightarrow CH_3COO^- + HCO_3^- + H^+ + 3H_2 \tag{5-4}$$

氢含量的降低可以使反应向生成更多产物的方向进行，因此只有当产生的氢被产甲烷菌有效利用时，系统中的氢分压才能维持在很低的水平。

除了许多产甲烷菌可以利用氢以外，硫酸盐还原菌和脱氮菌也能消耗氢。此外，少量的产乙酸菌也具备利用氢的能力。这类产乙酸菌能使用氢作为电子供体，将二氧化碳和甲醇还原为乙酸，这一过程即同型产乙酸（homo-acetogenesis）过程，是生物体内一种重要的能量代谢途径。

(3) 产甲烷阶段

在产甲烷阶段，乙酸、氢气、碳酸、甲酸和甲醇等被转化为甲烷、二氧化碳和新的细胞物质。

产甲烷菌有两种，一种是利用乙酸的，另外一种是利用氢气和二氧化碳的，但都是严格厌氧菌。此阶段的反应速度缓慢，是厌氧工艺的控制阶段。大约 70%的甲烷是由乙酸分解产生的。乙酸中的羧基从乙酸分子中分离出来，转化为二氧化碳，甲基最终转化为甲烷。

产甲烷菌利用乙酸、碳酸生成甲烷的反应按照下式进行：

$$CH_3COO^- + H_2O \longrightarrow CH_4 + HCO_3^- \tag{5-5}$$

$$HCO_3^- + H^+ + 4H_2 \longrightarrow CH_4 + 3H_2O \tag{5-6}$$

上述三阶段理论的厌氧降解过程示意见图 5-1。

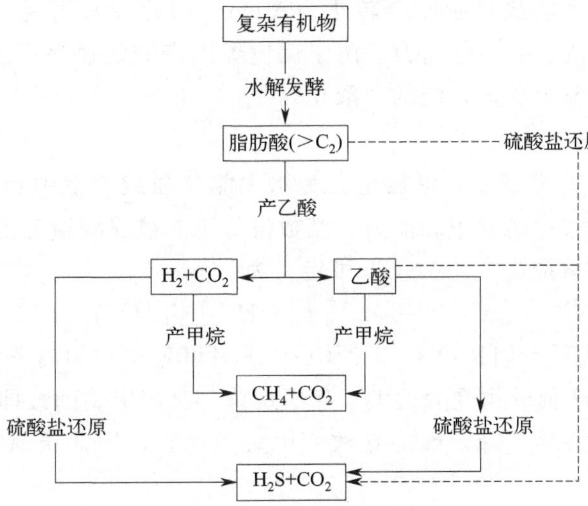

图 5-1　厌氧降解过程示意

5.2 厌氧过程产甲烷菌的影响因素

产甲烷菌是严格专性厌氧菌，对环境条件的变化特别敏感。在整个厌氧生物处理过程中，产甲烷发酵过程是限速步骤。因此，要提高整个厌氧生物反应的效率，必须促进并优化产甲烷阶段的效率，产甲烷菌的影响因素主要如下。

5.2.1 温度

厌氧污水处理中的产甲烷菌分为中温和高温两类。中温产甲烷菌适应温度为30～36℃；高温产甲烷菌（或嗜热产甲烷菌）适应温度为50～55℃。

高温厌氧工艺相较于中温厌氧工艺，反应速度要快得多，其相应的污泥活力和反应器负荷也高得多。高温厌氧工艺对COD的去除率通常比中温时高25%～50%，但高温厌氧的潜在问题是高温产甲烷菌的内源呼吸消耗较大，细菌的老化与死亡率较高，导致细菌的产率降低，挥发性脂肪酸（VFA）大量积累，可能达到1000mg/L左右。

5.2.2 pH值和碱度

（1）pH值

pH值是污水厌氧处理的一个重要影响因素。水解菌与产酸菌在厌氧处理中对pH值有较大范围的适应性，大多数这类细菌可以在pH值为5.0～8.5的范围内良好生长，一些产酸菌甚至在pH值小于5.0时仍能生长。产甲烷菌适宜的生长pH值为6.5～7.8，这通常是厌氧处理所应控制的范围。

通常情况下，当pH值过低时，会导致产甲烷菌活力丧失，而产乙酸菌大量繁殖，导致反应器系统的“酸化”。严重酸化发生后，反应器系统难以恢复至原有状态。

由于碳水化合物在水解酸化阶段会转化为VFA，因此废水需要具有一定的缓冲能力，以维持反应器内的pH值在中性范围内。由于反应器内产酸的速率可能超过酸消耗的速率，因此不可避免地会引起整个反应系统的“酸化”。

（2）碱度

酸中和能力([ANC])即碱度，可被定义为水中能与强酸发生中和反应的所有碱性物质的总量，也就是碱性物质对酸的中和能力。其数值等于能被强酸滴定到等当点的所消耗的酸的当量数。在水溶液酸碱系统中［ANC］可定义为：

$$[ANC]=[A^-]+[OH^-]-[H^+] \tag{5-7}$$

$$[A^-]=[HCO^{3-}]+2[CO_3^{2-}]+[\text{其他弱碱阴离子}] \tag{5-8}$$

水解酸化菌对低pH值的耐受力远大于产甲烷菌。当产甲烷菌被抑制时，产酸过程仍然在继续，会导致pH值持续下降，最终导致产甲烷菌死亡，因此厌氧系统中应保持一定的碱度。

5.2.3 营养物与碳氮比

厌氧系统中细菌必须维持在良好的生长状态，产甲烷菌的化学组成中含有氮、磷、钾和硫等，以及其他生长所必需的微量元素；否则，会导致产气效率下降。

与好氧法相比，厌氧生物处理对系统中N、P的含量要求低。通常情况下要求BOD_5∶N∶P=200∶5∶1。一般碳氮比（C/N）以达到（10～20）∶1为宜。

5.2.4 搅拌与混合

厌氧生物反应需要微生物与有机底物进行充分接触才能完成，这样微生物才能有效利用底物进行代谢。因此，适度搅拌有利于微生物接触到有机底物进行代谢，但过度搅拌则是不利的。有研究表明，产乙酸菌与产甲烷菌之间存在严格的共生关系，但过度搅拌会破坏这种共生关系。德国污水处理厂的厌氧装置的运行结果表明，当采用低速循环泵代替高速泵进行搅拌时，处理效率会提高。

工程上通常采用的搅拌方法有沼气循环搅拌、机械搅拌和水射器搅拌。

5.2.5 有毒物质

（1）重金属

重金属离子通常会对生物处理系统产生毒害作用。重金属对微生物的抑制作用体现在重金属能与酶结合，使酶变性，导致酶的作用消失。与常规的水解酸化菌相比，产甲烷菌对有毒有害物质更为敏感。因此，当重金属浓度过高时，系统产甲烷效率会下降，甚至不产气。

（2）含硫化合物

当有机废水中含有硫酸盐等含硫化合物时，厌氧条件下的硫酸盐还原菌会利用 SO_4^{2-} 和 SO_3^{2-} 作为最终电子受体，以有机酸等基质为电子供体，还原 SO_4^{2-} 和 SO_3^{2-} 产生 H_2S。一方面，硫酸盐还原菌与产甲烷菌竞争乙酸和 H_2 等基质；另一方面，产生的 H_2S 对产甲烷菌有毒害作用，因此当厌氧处理系统中 SO_4^{2-} 和 SO_3^{2-} 浓度过高时，产甲烷过程就会受到抑制。此外，H_2S 还会腐蚀金属设备（如管道、锅炉等），因此含硫化合物会对厌氧产甲烷菌产生负面作用。

（3）氨

在厌氧条件下，含氮有机物中的氮会转化成氨气。当有机酸积累时，pH 值降低，此时 NH_3 主要以 NH_4^+ 的形式存在。若厌氧系统中 NH_4^+ 浓度超过 150mg/L，厌氧反应中的微生物会受到抑制，因此系统中氨的浓度不宜过高。

5.2.6 有机负荷

有机负荷是厌氧生物处理中主要的控制参数。对于厌氧生物处理有机废水，通常以容积负荷 [kg COD/(m^3 · d)] 为参数。对于厌氧活性污泥法，也可用污泥负荷 [kg COD/(kg VSS · d)] 作为控制参数。

在厌氧处理污泥时，通常以投配率为设计参数，即每日投加的新鲜污泥占厌氧反应器容积的百分比。投配率的倒数则相当于污泥在反应器中的平均停留时间。

有机废水厌氧生物处理中，合适的有机负荷能够维持底物与微生物量之间的平衡，维持产酸发酵与产甲烷发酵阶段的平衡。

5.3 厌氧法的特点

在了解了厌氧处理的原理、工艺和影响因素后，通过对比厌氧处理过程和好氧处理过程，可总结出厌氧处理具有如下优点：

① 应用范围广 厌氧处理应用范围广，表现在以下两个方面。一是厌氧法适用于高浓度有机废水的处理，因为这类废水无法用好氧法处理。这主要是由于用好氧法处理时，因需氧量过高而无法满足导致呈现缺氧或厌氧状态。二是厌氧法适用于难降解有机物的处理，因为这类有机物用好氧生物处理时去除效率低，但用厌氧生物处理，经水解酸化阶段后，可转化为可降解的小分子有机物，这时再用好氧生物法进一步处理。

② 能耗低 好氧法因供氧需要消耗大量能量，而厌氧法不需要充氧，而且产生的沼气可作为能源。当污水中有机物达到一定浓度后，沼气所产生的能量可以抵偿消耗能量。一般厌氧法的动力消耗为好氧法的 1/10～1/3。

③ 负荷高、占地少 通常好氧法的有机容积负荷为 2～4kg COD/(m^3 · d)，而厌氧法为 2～10kg COD/(m^3 · d)，高的可达 50kg COD/(m^3 · d)。由此可以看出，厌氧池的容积负荷要比好氧法高得多，所以厌氧池的体积可以大大缩小。

④ 剩余污泥量少，且易于处理 厌氧法的剩余污泥量只有好氧法的 10%～20%，而且厌氧法的剩余污泥脱水性能较好氧污泥好，易于处理和处置。

⑤ 营养物质需要量较少 好氧法一般要求 BOD_5 ∶N∶P 为 100∶5∶1，而厌氧法的 BOD_5 ∶N∶P 为 200∶5∶1，在处理氮、磷缺乏的工业废水时所需投加的营养盐量较少。

但是，厌氧生物处理法也存在下列缺点：

① 厌氧微生物增殖缓慢，因而厌氧生化系统的启动和处理所需时间比好氧工艺所需的时间要长。

② 出水往往达不到排放标准，主要是因为厌氧生物代谢的产物不是最终产物，需要进一步处理，故一般在厌氧处理后串联好氧处理。

③ 厌氧会产生硫化氢等恶臭气体，同时部分 H_2S 转移到沼气中，会引起管道及设备的腐蚀。此外，硫酸盐和亚硫酸盐还原消耗了有机物，H_2S 会抑制产甲烷从而减少了产气量和产甲烷量。

④ 对运行环境要求高，厌氧处理系统操作控制因素较多，操作管理复杂。

5.4 厌氧生物处理的工艺

污水厌氧生物处理技术自 20 世纪 50 年代发展至今已获得了很大的进展。按照厌氧微生物在反应器内的生长情况不同，可分为悬浮生长厌氧生物反应池和附着生长厌氧生物反应池，包括厌氧活性污泥法和厌氧生物膜法。若按照厌氧生物反应器的流态不同，可分为推流型、完全混合型厌氧生物反应池，以及介于推流和完全混合之间的厌氧生物反应池。若按照厌氧消化阶段不同，可分为一步厌氧生物反应池和两步厌氧生物反应池。

5.4.1 厌氧活性污泥处理工艺

5.4.1.1 厌氧接触法

(1) 工艺流程

厌氧接触法是在普通厌氧污泥消化池的基础上，受活性污泥系统启发而开发的，其流程如图 5-2 所示。在厌氧反应器（消化池）后设置沉淀池，进行污泥回流，从而维持厌氧反应器内一定的污泥浓度，确保处理效果稳定。

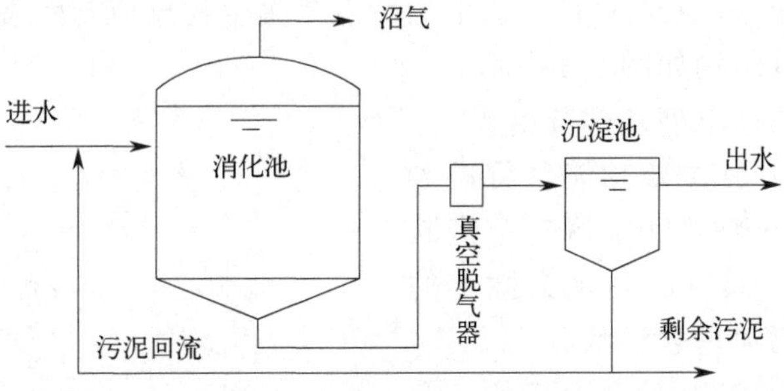

图 5-2　厌氧接触法的工艺流程

由于从厌氧反应器排出的混合液中的污泥附着大量气泡，在沉淀池中易于上浮到水面被出水带走，因此在反应器与沉淀池之间设有真空脱气器，尽可能地将混合液中的沼气脱除。

（2）工艺特点

① 消化池内污泥浓度较高，一般为 10～15g/L，耐冲击能力强。

② 消化池的容积负荷较普通消化池高，中温消化时为 2～10kg COD/(m^3 · d)，水力停留时间比普通消化池大大缩短，为 15～30d；而厌氧接触法的水力停留时间小于 10d。

③ 在沉淀池前应增加脱气设备，以脱除进入沉淀池混合液污泥中的气泡。

厌氧接触工艺目前的主要问题是沉淀池中污泥容易上浮。其原因：一是混合液中污泥表面附着大量的微小沼气泡，易于引起污泥上浮；二是混合液中的污泥仍具有产甲烷活性，在沉淀过程中仍继续产气，进一步妨碍了污泥的正常沉降。

（3）工艺设计

厌氧接触法主要由消化池和沉淀池组成，设计时可参考消化池和沉淀池有关设计数据。无资料时，对 COD 为 1000mg/L 以上的工业废水，可参考表 5-1 所列参数进行设计。

表 5-1　厌氧接触法的常用设计参数

设计参数	参考数值范围
容积负荷	6kg COD/(m^3 · d)以下
污泥负荷	0.6kg COD/(kg VSS · d)以下
混合液污泥浓度	10kg VSS/m^3 左右
污泥回流比	0.8～1.0
搅拌功率	沼气搅拌 5～10W/m^3；机械搅拌 2～5W/m^3
沉淀池表面水力负荷	沉淀性能良好时为 0.20～0.25m^3/(m^2 · h)； 沉淀性能较差时为 0.10～0.15m^3/(m^2 · h)

（4）应用领域

厌氧接触工艺已经在生产中被普遍采用。在国外，该工艺最初主要用于肉类加工废水处理，后来逐渐扩展到食品加工和其他行业的高浓度有机废水处理。目前，厌氧接触工艺不仅在高浓度有机废水处理方面得到广泛应用，还逐渐扩展到污泥等固体废弃物处理领域；同时，其处理低浓度城市污水的实验研究也在进行中。

5.4.1.2 升流式厌氧污泥床

（1）升流式厌氧污泥床的构造

升流式厌氧污泥床（UASB）在构造上的特点是集生物反应与沉淀于一体，是一种结构紧凑的厌氧反应器，其结构如图 5-3 所示。

UASB 反应器主要由下列几部分组成。

① 进水配水系统 其主要功能是将进入反应器的废水均匀地分配到反应器整个横断面，并使其均匀上升，同时起到水力搅拌的作用，使形成的颗粒污泥呈悬浮状态。

② 反应区 这是 UASB 的主要部位，它又分为颗粒污泥区和悬浮污泥区。在反应区内存留大量厌氧污泥，具有良好凝聚和沉淀性能的污泥在池底部形成颗粒污泥层。废水从厌氧污泥床底部流入，与颗粒污泥层中的污泥进行混合接触，污泥中的微生物分解有机物，同时产生的微小沼气气泡不断地放出。气泡在上升过程中不断合并，逐渐形成较大的气泡。由于沼气的搅动，在颗粒污泥层上部形成一个污泥浓度较小的悬浮污泥层。

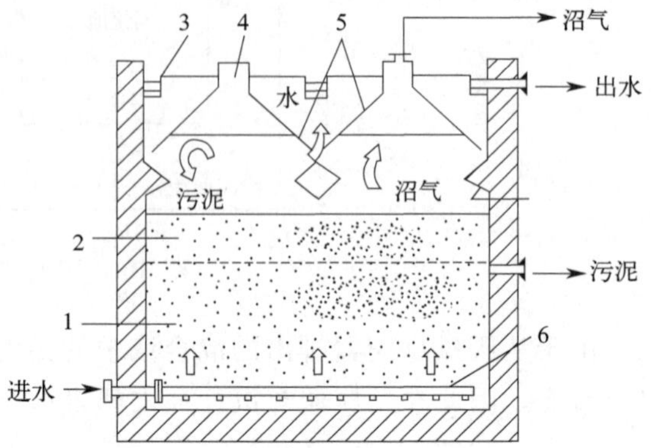

图 5-3 升流式厌氧污泥床结构示意

1—颗粒污泥区；2—悬浮污泥区；3—出水堰；4—气室；5—三相分离器；6—配水系统

③ 三相分离器 其功能是将气体（沼气）、固体（污泥）和液体（废水）三相进行分离。它由沉淀区、回流缝和气封组成。沼气进入集气罩，污泥在沉淀区进行沉降，并经回流缝回流到反应区。经沉降澄清后的废水作为处理水排出反应器。三相分离器的分离效果将直接影响反应器的处理效果。

④ 集气罩 其功能是收集产生的沼气，并将其导出气室。

⑤ 处理水排出系统 其功能是将沉淀区水面上的处理水排出反应器。

此外，根据需要在反应器内还要设置排泥系统和浮渣清除系统。

（2）升流式厌氧污泥床的优缺点

与其他类型的厌氧反应器相比，UASB 具有以下优点：

① 污泥床内生物量多，折合浓度计算可达 20～30g/L；若有颗粒污泥形成，尤其是反应区下部的污泥床中，颗粒污泥浓度可达 40～80g/L。

② 容积负荷率高，在中温发酵条件下，一般可达 10kg COD/(m^3 · d)，甚至高达 15～40kg COD/(m^3 · d)，废水在反应器内的水力停留时间较短，因此所需池容大大缩小。

③ 设备简单，运行方便，不必设沉淀池和污泥回流装置，不需要充填填料，也不需要在反应区内设机械搅拌装置，造价相对较低，便于管理，而且不存在堵塞问题。

然而，UASB 也有如下缺点：

① 反应器内有短流现象，影响处理能力；

② 对进水中悬浮物浓度要求较高，进水中的悬浮物应比普通消化池低得多，特别是难消化的有机物固体浓度不宜太高，以免对污泥颗粒化不利或减少反应区的有效容积，甚至引起堵塞；

③ 启动所需时间长；

④ 对水质和负荷的突然变化比较敏感。

（3）升流式厌氧污泥床的特点——颗粒污泥

G. Lettinga 在研究中发现，随着污泥床运行时间的增长，在床底部的污泥逐渐变为颗粒状，成为颗粒污泥。所谓污泥颗粒化是指 UASB 中的污泥形态发生了变化，由絮状污泥变为密实且边缘圆滑的颗粒。颗粒污泥的粒径一般为 0.5～4mm，这样污泥床内可维持很高的污泥浓度。

关于颗粒污泥形成的机理目前还处于研究阶段。研究者们提出了多种假说，大多数是根据观察颗粒污泥在培养过程中所出现的现象提出的。

其中，Lettinga 等提出了“晶核假说”。该假说认为颗粒污泥的形成类似于结晶过程，在晶核的基础上，颗粒不断发育，直到最后形成成熟的颗粒污泥。晶核来源于接种污泥或在运行过程中产生的无机盐，如 $CaCO_3$ 等颗粒物质。该假说为一些实验所证实。例如，测得一些成熟颗粒污泥中确有 $CaCO_3$ 颗粒存在。另外，研究也发现，在颗粒污泥的培养过程中投加颗粒物质能促进颗粒污泥的形成。

（4）升流式厌氧污泥床的设计

升流式厌氧污泥床设计的主要内容如下：

① 选定池型，确定主要尺寸；

② 设计进水、配水和出水系统；

③ 选定三相分离器的形式。

设计参数应尽可能通过实验确定，没有实验条件时可参考 5-2 参数进行设计。

表 5-2　UASB 允许容积负荷

反应温度/℃	容积负荷/[kg COD/(m³·d)]		
	VFA 废水[①]	无 VFA 废水[②]	SS 占 COD 总量 30%的废水
15	2～4	1.5～3	1.5～2
20	4～6	2～4	2～3
25	6～12	4～8	3～6
30	10～18	8～12	6～9
35	15～24	12～18	9～14
40	20～32	15～24	14～18

① VFA 废水是指有挥发性有机酸的废水。

② 无 VFA 废水是指没有挥发性有机酸的废水。

设计时主要设计参数如下。

① 容积负荷　当反应器内平均污泥浓度为 25g/L 时，容积负荷应根据水质和反应温度，参考表 5-2 确定。

② 水力停留时间　对低浓度有机废水（COD 在 1000mg/L 以下），反应器的容积应根据水力停留时间确定。在反应器高度为 4m 时，最小水力停留时间可参考表 5-3 确定。

③ 沉淀区表面水力负荷　对主要含溶解性有机物的废水，沉淀区表面水力负荷采用 $3m^3/(m^3 \cdot h)$ 或更低；对含悬浮物较多的有机废水，表面水力负荷可采用 $1～1.5m^3/(m^3 \cdot h)$。

④ 配水系统　每个喷嘴的服务面积，高负荷时采用 $2～5m^3$/个，低负荷时可采用 $0.5～2m^3$/个。

表 5-3 升流式厌氧污泥床处理生活污水水力停留时间

反应温度/℃	水力停留时间/h		
	日平均	日最大	高峰时
16～19	10～14	7～9	3～5
22～26	7～9	5～7	3
26 以上	6	4	2.5

三相分离器目前有多种形式，图 5-4 为一种三相分离器结构示意。

(5) 应用领域

UASB 装置多用于高浓度有机废水，如土豆淀粉加工废水、啤酒和酒精蒸馏废水、食品饮料废水、造纸废水的处理，还应用于石油化工废水和垃圾卫生填埋渗透液等的处理，均获得了良好的处理效果。最近有些国家已经把 UASB 成功应用于城市污水处理。

5.4.2 以厌氧生物膜为主的处理工艺

5.4.2.1 厌氧生物滤池

(1) 厌氧生物滤池的构造和形式

厌氧生物滤池是装填滤料的厌氧生物反应器。厌氧微生物以生物膜的形式生长在滤料表面，污水从下方淹没式地通过滤料。在生物膜的吸附、微生物的代谢和滤料的机械截留作用下，污水中有机污染物被去除。产生的沼气则聚集于池顶部的沼气收集室内，沼气从顶部被引出；处理水则由滤池顶部旁侧流出。为了分离处理后的水携带出的生物膜，一般在滤池后应设沉淀池。

根据水流方向，厌氧生物滤池可分为降流式和升流式两种形式（图 5-5）。降流式厌氧生物滤池，污水由顶部进入，向下流动通过滤料层，处理水从滤池底部流出；沼气通过设于滤池顶部最上端的收集管排出。升流式厌氧生物滤池则是污水由底部进入，向上流动通过滤料层，处理水从滤池顶部旁侧流出，沼气通过设于滤池顶部最上端的收集管排出滤池。

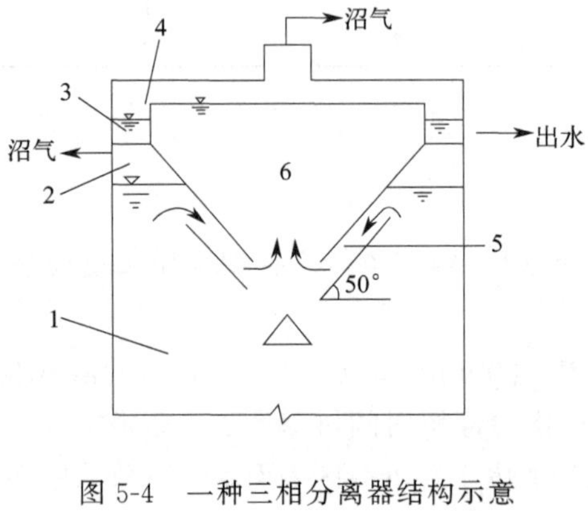

图 5-4 一种三相分离器结构示意

1—反应区；2—气室；3—出水槽；4—溢流堰；5—水流通道；6—沉淀区

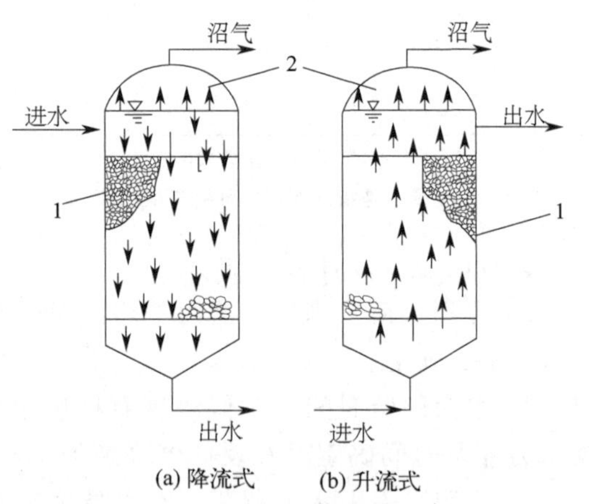

图 5-5 厌氧生物滤池示意

1—滤料；2—沼气室

滤料是厌氧生物滤池的主体部分，滤料应具备比表面积大、孔隙率高、表面粗糙、生物膜易于附着、化学和生物学稳定性强、机械强度高等条件。常用的滤料有碎石、卵石、焦炭和各种形式的塑料滤料。碎石、卵石滤料的比表面积较小（40～50m^2/m^3），孔隙率较低（50%～60%），附着的生物膜较少，生物固体的浓度不高，有机负荷较低，仅为3～6kg COD/(m^3·d)；同时，运行中容易发生堵塞与短流现象。塑料滤料的比表面积和孔隙率都比较大，如波纹板滤料的比表面积达100～200m^2/m^3，孔隙率达80%～90%，因此有机负荷大为提高，在中温条件下，有机负荷可达5～15kg COD/(m^3·d)；同时，塑料滤料滤池也不易堵塞。厌氧生物滤池的滤料层厚度取决于采用的滤料。对于碎石、卵石等块状滤料，滤料层厚度建议不超过1.2m；塑料滤料，则可采用5m以上的滤料层。

在升流式厌氧生物滤池中，生物量大部分以生物膜的形式附着在滤料表面，少部分以厌氧活性污泥的形式存在于滤料的间隙中，它的生物总量比降流式厌氧生物滤池高，因此效率高。

除此以外，厌氧生物滤池还多采用出水回流措施，优点如下：

① 降低原水悬浮固体与有机物的浓度，提高水力负荷，提高池内水流的上升速度，减少滤料空隙间的悬浮物，减少了底部易于堵塞的情况；

② 使滤料层中的生物膜量趋于均匀分布，克服了上部滤料不能充分利用的缺点，充分发挥滤池作用，提高净化功能。

厌氧生物滤池的特点如下：

a. 生物量浓度较高，因此有机负荷较高；

b. 能够承受水量或水质的冲击负荷；

c. 污泥不必回流；

d. 污泥流失少，处理水携带污泥较少；

e. 设备简单、能耗低、运行管理方便，而且运行费用低。

（2）厌氧生物滤池的工艺设计

厌氧生物滤池的工艺设计参数应通过实验，或参考同类污水的运行资料确定。如无资料，当污水中COD在3000mg/L以上、反应温度为30℃时，建议：滤料填充高度不低于2m，滤料比表面积大于100m^2/m^3；滤池高度超过3m；容积负荷控制在12kg COD/(m^3·d）以下；配水系统设计时，每个喷嘴服务面积1～4m^2。至于回流比，需要根据进水COD浓度和pH值来确定。当进水COD为8000～12000mg/L，pH值较低时，需要增加处理水的回流操作。

5.4.2.2 厌氧生物转盘

（1）厌氧生物转盘的构造

厌氧生物转盘构造示意如图5-6所示。其主要构造与好氧生物转盘相似，不同之处在于上部加盖密封，目的是收集沼气并防止液面上的空间存在氧气。厌氧生物转盘由盘片、密封的反应槽、转轴及驱动装置等组成。盘片为固定盘片（挡板）和转动盘片相间排列，以防盘片间生物膜黏结堵塞。固定盘片一般设在起端，转动盘片依次串联，中心穿以转轴，轴安装在反应器两端的支架上。污水处理靠盘片表面生物膜和悬浮在反应槽中的厌氧活性污泥共同完成。当盘片转动时，作用在生物膜上的剪切力使老化的生物膜脱落，在水中呈悬浮状态，随水流出槽外。产生的沼气则从槽顶排出。

（2）厌氧生物转盘的特点

厌氧生物转盘有下列优点：

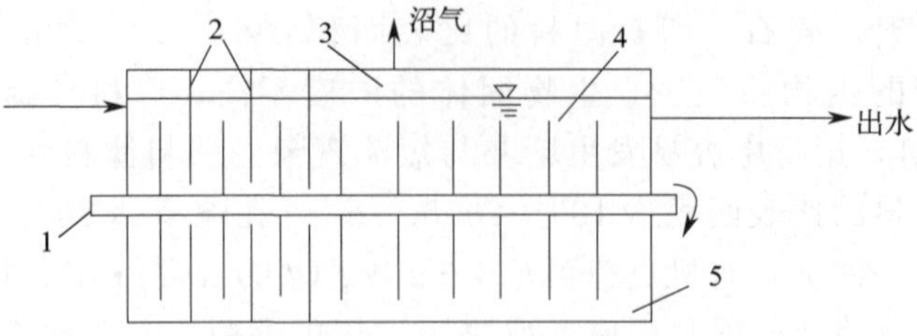

图 5-6　厌氧生物转盘构造示意

1—转轴；2—固定盘片；3—沼气室；4—转动盘片；5—反应槽

① 微生物浓度高，可承受较高的有机负荷。在适宜的中温条件下，盘面的有机负荷可达 0.04kg COD/(m^2・d) 左右，相应的 COD 去除率可达 90%左右；

② 污水在反应器内按照水平方向流动，不需要提升；

③ 不需要处理水回流，既节能又便于操作；

④ 可处理含悬浮固体较高的污水，因此不存在堵塞问题；

⑤ 由于转盘转动，不断使老化生物膜脱落，从而使生物膜经常保持较高的活性；

⑥ 具有耐冲击负荷的能力，处理过程稳定性较好；

⑦ 便于运行管理。

厌氧生物转盘的主要缺点是盘片成本较高，使整个装置造价较高。

(3) 厌氧生物转盘的设计

厌氧生物转盘的设计采用负荷法，即首先根据实验或参考类似污水的处理经验确定盘片的有机负荷，然后通过下式计算所需的盘片总面积：

$$A=\frac{QC_0}{N_a} \tag{5-9}$$

式中，A 为所需盘片总面积，m^2；Q 为流量，m^3/d；N_a 为表面有机负荷，g COD/(m^2・d)；C_0 为进水中的 COD_{Cr} 浓度，mg COD/L。

5.4.2.3　厌氧挡板式反应器

(1) 厌氧挡板式反应器的构造和工艺流程

厌氧挡板式反应器（ABR）是一种在厌氧生物转盘的基础上研究和发展的生物处理装置。通过将生物转盘的转动盘片固定，并引入挡板设计，人们研发出了厌氧挡板式反应器。与厌氧生物转盘相比，ABR 可减少盘片的数量，并省去转动装置。

厌氧挡板式反应器工艺流程如图 5-7 所示。在反应器内，垂直于水流方向设置多块挡板，以更有效地利用水力停留时间，同时保持反应器内较高的污泥浓度。挡板将反应器分为若干个上向流室和下向流室。上向流室设计得较为宽敞，便于污泥聚集；下向流室则相对较窄，其导板下部边缘处加装了 60°的导流板，便于将水送至上向流室的中心区域，使泥水充分混合，从而保持较高的污泥浓度。

当污水 COD 高时，为避免挥发性有机酸浓度过高，可以对处理后的水进行回流，以稀释进水 COD；而当污水 COD 较低时，则不需要进行回流。

(2) 厌氧挡板式反应器的特点

厌氧挡板式反应器有如下特点：能在两个月内形成颗粒污泥并迅速投入稳定运行；避免

了厌氧滤池、厌氧膨胀床（厌氧流化床）的堵塞问题；避免了升流式厌氧污泥床的污泥流失问题；不需要混合、搅拌装置；不需要载体。

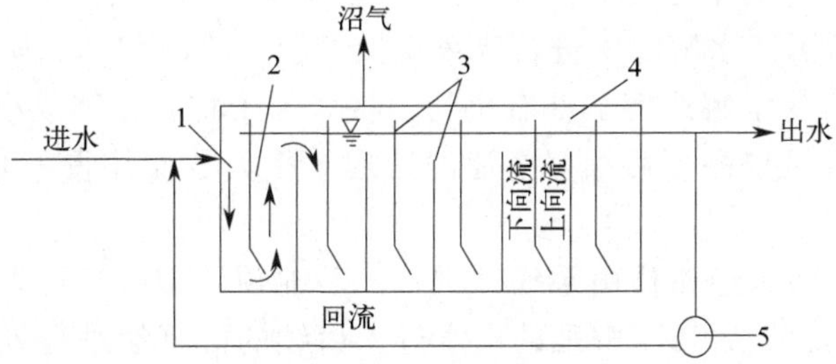

图 5-7　厌氧挡板式反应器工艺流程

1—下向流室；2—上向流室；3—挡板；4—气室；5—循环泵

5.4.3　两步厌氧法

两步厌氧法是一种基于功能分区强化效率的经典厌氧生物处理工艺，它将厌氧反应的水解酸化阶段和产甲烷阶段的反应分别在两个独立的反应器内完成，分别为这两个阶段创造最佳的环境条件，以培养两类不同的微生物，并将这两个反应器串联起来，形成两步厌氧生物处理工艺系统。图 5-8 为包含厌氧氧化池（用于水解酸化阶段）和上流式污泥床（用于产甲烷阶段）的两步厌氧工艺图。

由于酸化和甲烷发酵是在两个独立的反应器内分别进行，从而使该工艺具有一系列特点：

① 能够向产酸菌、产乙酸菌、产甲烷菌分别提供各自最佳的生长繁殖条件，从而使每个反应器都能达到最佳的运行状态，在各自反应器内能够得到更高的反应速度；

② 当进水负荷有大幅度变动时，酸化反应器存在着一定的缓冲作用，对后续的产甲烷反应器起到缓冲作用；

③ 负荷率高，反应器容积小，酸化反应器反应进程快，水力停留时间短，COD 去除率达到 20%～25%，能够大大减轻产甲烷反应器的负荷；

④ 由于反应器容积小，相应的基建费用也较低。

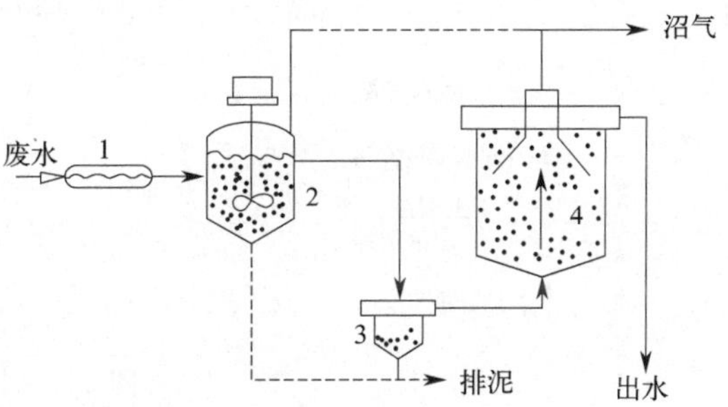

图 5-8　厌氧氧化池和上流式污泥床组成的两步厌氧工艺

1—热交换器；2—水解产酸反应器；3—沉淀分离装置；4—产甲烷反应器

两步厌氧法不仅适用于处理含有大量悬浮物（尤其是含有纤维素）的工业废水，也适用于处理 COD 高、悬浮物浓度低的工业废水，如甜菜糖厂、柠檬酸厂、亚麻厂、淀粉厂和葡萄糖厂等工业废水。对含有毒化合物的复杂可溶性废水，如硝酸盐、硫酸盐、亚硫酸盐和其他含氮化合物等浓度较高时，两步厌氧法是一种去除毒物、提高厌氧发酵效率的有效手段。

5.4.4 厌氧法与好氧法相结合

厌氧法与好氧法结合的工艺包括水解-好氧工艺，即将水解池与好氧池串联的工艺。该工艺的流程如图5-9所示。水解池中进行厌氧反应的第一阶段和第二阶段，利用水解产酸菌的作用，将不溶性有机物水解成溶解性有机物，将大分子物质分解成小分子物质，大大提高了污水的可生化性，并且提高了后续好氧池的处理效率，从而使得整套工艺处理效率提高，出水达标。

从图5-9中可见，污水经格栅由泵提升进入沉砂池预处理后，首先进入水解池，水解池停留时间为2.0～4.0h。然后，水解池的出水进入后续的好氧池进行处理。好氧池包括传统活性污泥曝气池、氧化沟和SBR等方式。经好氧池处理后的水进入二沉池，二沉池的出水即可达标排放；二沉池的污泥可回流到水解池。整个工艺流程的剩余污泥从水解池排出，进入集泥池，经浓缩、脱水后泥饼外运。

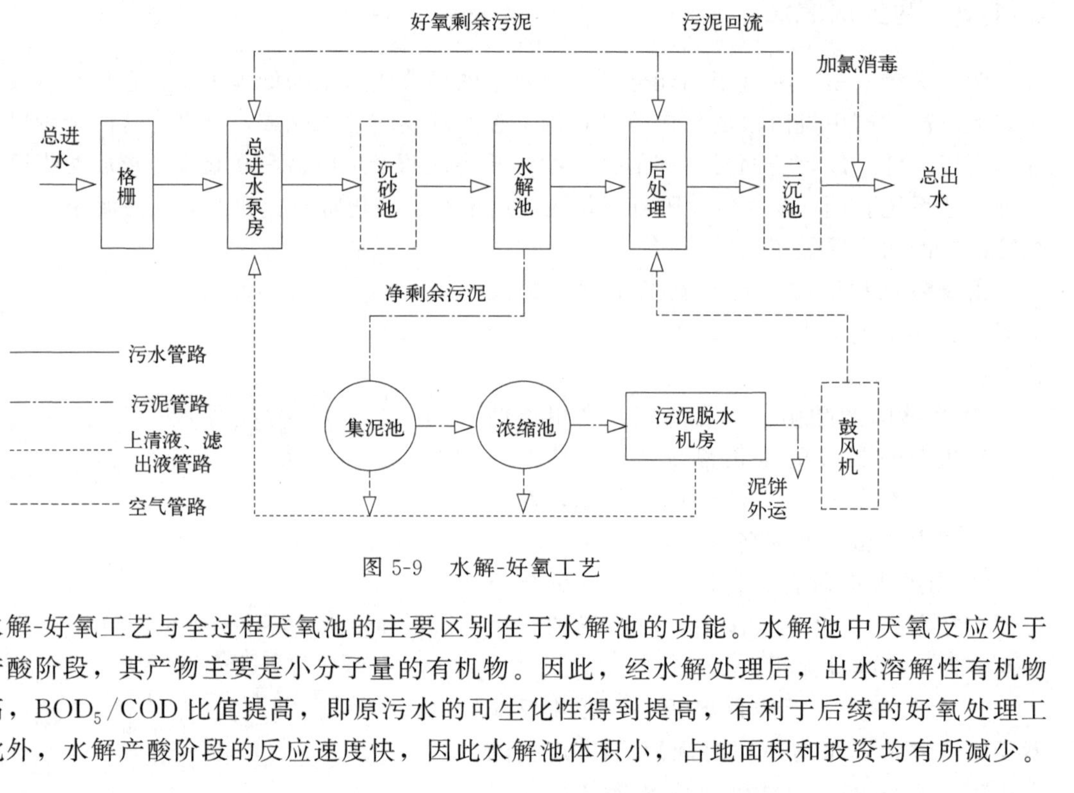

图5-9 水解-好氧工艺

水解-好氧工艺与全过程厌氧池的主要区别在于水解池的功能。水解池中厌氧反应处于水解产酸阶段，其产物主要是小分子量的有机物。因此，经水解处理后，出水溶解性有机物占比高，BOD_5/COD比值提高，即原污水的可生化性得到提高，有利于后续的好氧处理工艺。此外，水解产酸阶段的反应速度快，因此水解池体积小，占地面积和投资均有所减少。

5.5 工程应用案例

(1) 升流式厌氧污泥床（UASB）在淀粉生产废水处理中的应用实例

某工厂以生产玉米淀粉为主，废水中COD高达10000～15000mg/L。废水处理工艺如图5-10所示。

废水先通过初次沉淀池，目的是通过沉降去除其中的悬浮物，沉降后COD降低到10000mg/L左右，沉渣可用作饲料。初次沉淀池的出水进入UASB反应器进行厌氧处理，

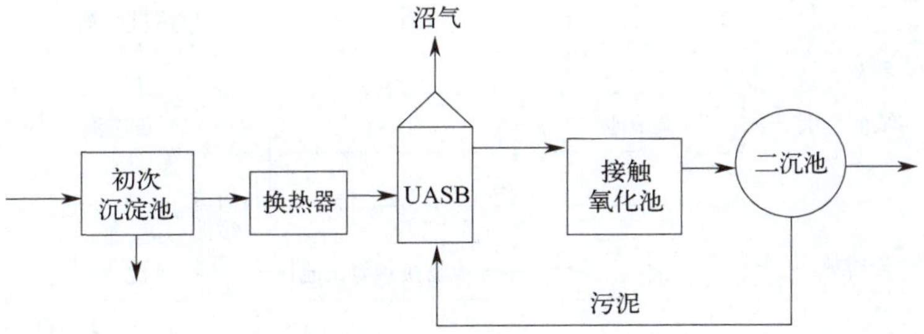

图5-10　用UASB处理淀粉生产废水的工艺流程

反应器内温度要保持在35℃左右，所以冬季应对废水加温。UASB的容积负荷为13kg COD/(m^3·d)，停留时间为24h，出水COD降低到3000mg/L。然后，经好氧生物接触氧化法处理，出水COD降低到小于300mg/L，达到排放标准。二沉池产生的污泥被回流至UASB反应器进行厌氧消化，所以基本不产生剩余污泥。UASB所产生的沼气经净化后作为燃料。

(2) 升流式厌氧污泥床在柠檬酸生产废水处理中的应用实例

某柠檬酸生产企业排放的废水包括高浓度有机废水和低浓度有机废水两部分，高浓度有机废水主要包括废糖水、原液和洗糖水。处理后的废水要求达到味精工业二级标准。废水水质、水量及排放标准见表5-4。

表5-4　废水水质、水量及排放标准

废水种类	水量/(m^3/d)	pH值	COD/(mg/L)	BOD_5/(mg/L)	SS/(mg/L)	氨氮含量/(mg/L)
高浓度废水	700	5～5.5	16000	6500	450	60
低浓度废水	700	5.5～6	1500	650	400	10
平均值		5.5	8750	3750	425	35
排放标准		6～9	300	150	200	25

该工艺流程起始于车间排放的高浓度有机废水，这些废水自流至浓水调节池，用石灰调节pH值后，由污水泵提升至UASB反应器。部分出水回流至浓水调节池，与UASB反应器共同形成了一个集调节、厌氧降解于一体的处理系统。UASB出水的一部分自流至曝气调节池与低浓度有机废水混合，经曝气后由污水泵提升至沉淀池，形成一级好氧系统。沉淀池出水已基本接近排放标准，再自流至生物接触氧化池、气浮池进行好氧生化和物化处理。相关详细工艺流程如图5-11所示。

在工程设计中，特别着重于强化厌氧处理单元的效果，同时好氧工段采用较低的负荷以稳定剩余污泥，减少污泥排放量，改善污泥脱水性能。由于工程在设计时较好地解决了均匀布水、三相分离等问题，UASB反应器启动周期短、调试迅速，出水水质澄清、呈青灰色，感官与城市生活污水相似。COD去除率高，平均达到94.9%。污泥床内形成了粒径在0.5～1.5mm之间的颗粒污泥，且具有质软、有韧性的特点。污泥沉降性能好。此外，该工程还具有以下特点。

① 生化处理（厌氧、好氧单元）始终处于较高的处理水平，固液分离效果明显，总排水口COD去除率达98.5%，BOD_5去除率达99.6%，SS去除率达97.3%，氨氮去除率达99.0%。

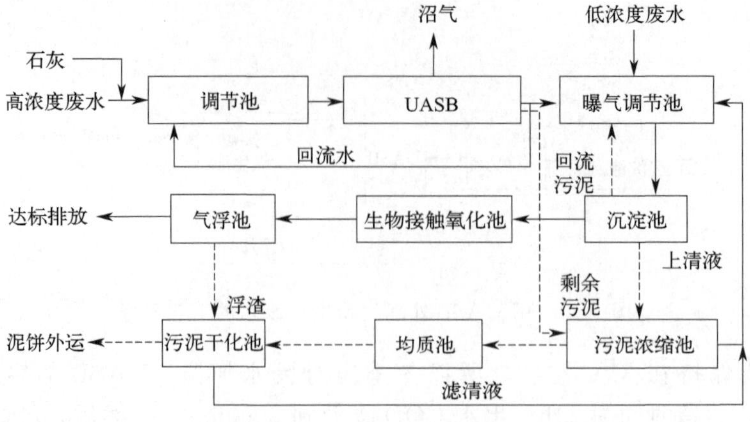

图 5-11 废水处理工艺流程

② 工程厌氧处理系统对温度变化适应性强。整个调试期间水温在 25～55℃范围变化，厌氧处理单元都能达到满意的处理效果。由于废水水温较高（80℃），可通过调节低浓度有机废水水量，将厌氧反应池内的水温控制在适宜的范围内，不需要再添加热交换设施。

③ 工程厌氧处理系统抗冲击负荷能力强。生产过程中排放的废水量大，呈周期性变化，废水中 COD 从 4000mg/L 到 5000mg/L 不等，每班（8h）为一变化周期，瞬时 COD 容积负荷从 3kg/(m^3 · d) 到 35kg/(m^3 · d) 变化，但只要日平均容积负荷约为 8kg/(m^3 · d)，厌氧出水水质就能稳定在 1000mg/L 左右。因此，总排水口出水水质波动不大。

④ 气浮法不能去除溶解性 COD，故企业实际运行中气浮设施基本不开。只有当接触氧化池出水 COD≥200mg/L 时才启动气浮设施，实际运行费用较低。

⑤ 由于进水 COD 以溶解状态存在，且绝大多数 COD 是通过厌氧反应去除的，而好氧阶段采用较低的负荷。虽然曝气池容积负荷较高 [3.2kg/(m^3 · d)]，但因活性污泥浓度较高，可以达到 6500mg/L，所以污泥负荷并不高，只有 0.49kg COD/(kg MLSS · d)，故剩余污泥排放量较低。

第 6 章

脱氮除磷处理技术

长期以来，城市污水的处理均以去除有机物和悬浮固体为目标，并不考虑对氮、磷等无机营养物质的去除。随着污水排放总量的不断增加，以及化肥、合成洗涤剂和农药的广泛应用，污水中氮、磷等营养物质对环境造成的影响也逐渐引起了人们的注意。氮、磷对水体环境的影响最为突出的是封闭水体（如湖泊、池塘等）的富营养化，表现为藻类的过量繁殖，从而引发水质恶化和水体黑臭。水环境污染和水质富营养化问题的日益严重迫使越来越多的国家和地区制定严格的氮、磷排放标准，因此有效地降低污水中氮、磷的含量已成为现代污水处理技术的一项新课题。

6.1 生物脱氮原理及工艺

6.1.1 生物脱氮原理

污水中的氮包括无机氮和有机氮两种。无机氮以氨氮（NH_3-N）、硝态氮（NO_3^--N）和亚硝态氮（NO_2^--N）三种形式存在。污水中的氮主要来源于微生物对有机氮的分解、农田排水以及某些工业废水。有机氮主要来源于生活污水、农业排放（或农业废弃物）和食品加工、制革等工业废水。对城市污水，传统的活性污泥法对氮的去除率只有 40%左右。当污水中氮含量较高或者对出水水质要求较高时，需要对污水采用脱氮工艺。

污水生物脱氮处理过程中氮的转化主要分为三个反应过程：氨化过程、硝化过程和反硝化过程，其中氨化反应可在好氧或厌氧条件下进行，硝化反应是在好氧条件下进行，反硝化反应在缺氧条件下进行。生物脱氮是含氮化合物经过氨化、硝化、反硝化后，转变为氮气而被去除的过程。污水中氮的反应过程见图 6-1。

(1) 氨化反应

微生物分解有机氮化合物产生氨的过程称为氨化反应。可发生氨化反应的微生物包括细菌、真菌和放线菌。以氨基酸为例，氨化反应式见式(6-1)。

$$RCHNH_2COOH + O_2 \longrightarrow RCOOH + CO_2 + NH_3 \tag{6-1}$$

(2) 硝化反应

① 硝化反应原理　在亚硝化菌和硝化菌的作用下，将氨态氮转化为亚硝酸盐氮（NO_2^-）和硝酸盐氮（NO_3^-）的过程称为硝化反应。硝化反应分为两步：第一步 NH_4^+ 转化为 NO_2^-，第二步 NO_2^- 转化为 NO_3^-，分别由亚硝酸盐细菌、硝酸盐细菌这两组自养型硝化菌分步完成。它们都是好氧菌，以无机碳（即 CO_2 或 HCO_3^-）为碳源，氧化 NH_3 生成 NO_2^- 和 NO_3^- 获得能量进行生长，但亚硝化菌和硝化菌世代周期长，生长缓慢。硝化反

应过程及反应方程式如下。

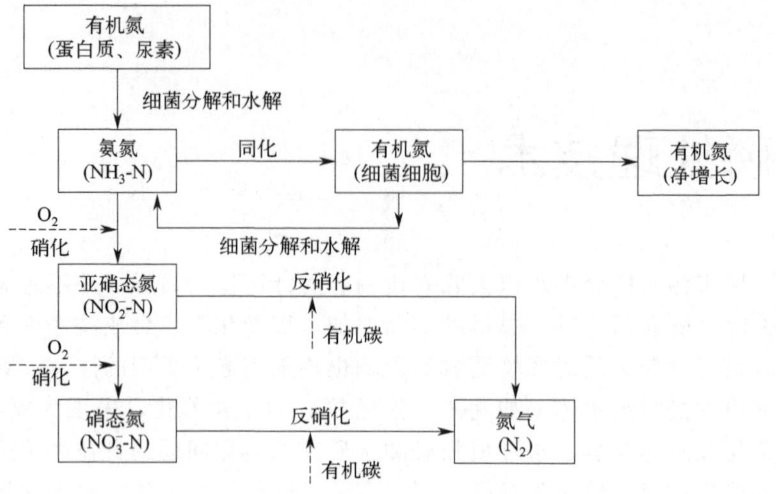

图 6-1 污水中氮的反应过程

亚硝化反应：

$$NH_4^+ + 1.5O_2 \longrightarrow NO_2^- + H_2O + 2H^+ \tag{6-2}$$

硝化反应：

$$NO_2^- + 0.5O_2 \longrightarrow NO_3^- \tag{6-3}$$

总反应：

$$NH_4^+ + 2O_2 \longrightarrow NO_3^- + H_2O + 2H^+ \tag{6-4}$$

如果不考虑合成，则氧化 1g NH_4^+-N 为 NO_3^--N，需氧 4.57g，其中亚硝化反应 3.43g，硝化反应 1.14g，同时需消耗碱度 7.14g（以 $CaCO_3$ 计）。污水中必须有足够的碱度，否则硝化反应会导致 pH 值下降，使反应速度减缓或停滞。

② 硝化反应的环境条件 硝化菌是化能自养菌，生长率低，对环境条件变化较为敏感。温度、溶解氧、污泥龄、pH 值、有机负荷等都会对它产生影响。与硝化菌有关的环境条件主要如下。

a. 充足的溶解氧。硝化菌为了获得足够的能量用于生长，必须氧化大量的 NH_3 和 NO_2^-，氧气是硝化反应的电子受体，若反应器内溶解氧含量过低，必将影响硝化反应的进程。在硝化反应的曝气池内，溶解氧含量不得低于 1mg/L。多数学者建议溶解氧应保持在 1.2～2.0mg/L。

b. 保持一定的碱度。对硝化菌最适宜的 pH 值为 8.0～8.4。在硝化反应过程中，释放 H^+，使 pH 值下降。硝化菌对 pH 值的变化十分敏感，为保持适宜的 pH 值，应当在污水中保持足够的碱度。1g 氨态氮（以 N 计）完全硝化，需碱度（以 $CaCO_3$ 计）7.14g。

c. 混合液中有机物含量不宜过高。硝化菌是自养菌，不需要有机基质。若 BOD_5 值过高，混合液中异养型细菌会迅速增长，从而使硝化菌不能成为优势种属。BOD_5 应低于 15～20mg/L。

d. 适宜的温度。硝化反应的适宜温度为 20～30℃。15℃以下时，硝化反应速度下降；5℃时，完全停止。

e. 不能存在有毒有害等抑制物质。有毒有害物质除了重金属和有毒有害的有机物、无机物以外，还包括对硝化反应产生抑制作用的高浓度 NH_3-N 和 NO_x^--N。

（3）反硝化反应

① 反硝化反应原理　在缺氧条件下，亚硝酸盐（NO_2^-）和硝酸盐（NO_3^-）在反硝化菌的作用下被还原为氮气的过程称为反硝化反应，如图 6-2 所示。

$$NO_3^- \xrightarrow{\text{硝酸盐还原酶}} NO_2^- \xrightarrow{\text{亚硝酸盐还原酶}} NO \xrightarrow{\text{氧化氮还原酶}} N_2O \xrightarrow{\text{氧化亚氮还原酶}} N_2$$

图 6-2　反硝化过程

大多数反硝化菌是异养型兼性厌氧细菌。在污水和污泥中，很多细菌均能进行反硝化作用，如无色杆菌属（*Achromobacter*）、产气杆菌属（*Aerobacter*）、产碱杆菌属（*Alcaligenes*）、黄杆菌属（*Flavobacterium*）、变形杆菌属（*Proteus*）、假单胞菌属（*Pseudomonas*）等。这些反硝化菌在反硝化过程中利用各种有机底物（包括碳水化合物、有机酸类、醇类等）作为电子供体，同时将 NO_3^- 或 NO_2^- 作为电子受体，逐步还原至氮氧化物，最终转化为氮气。在硝酸盐或亚硝酸盐的还原过程中，会产生一定的碱度，每还原 1g 的 NO_3^--N 可产生 3.57g 碱度（以 $CaCO_3$ 计）。

② 反硝化反应的影响因素

a. 碳源。能被反硝化菌所利用的碳源包括原污水中所含碳源。对于城市污水，当原污水 BOD_5/TKN（总凯氏氮）大于 3 且小于 5 时，即可认为碳源充足。此外，还有外加碳源，多采用甲醇（CH_3OH），因为甲醇易被分解，分解后产物为 CO_2 和 H_2O。

b. pH 值。对反硝化反应，最适宜的 pH 值是 6.5～7.5。pH 值高于 8 或低于 6，反硝化速率将大幅度下降。

c. 溶解氧浓度。反硝化菌属异养兼性厌氧菌，可在无氧条件下，利用硝酸根离子和亚硝酸根离子中的氧进行呼吸，使硝酸盐还原。另外，反硝化菌体内的某些酶系统组分，只有在有氧条件下才能够合成。这样，反硝化反应宜在缺氧、好氧交替的条件下进行，溶解氧应控制在 0.5mg/L 以下。

d. 温度。反硝化反应的最适宜温度为 20～40℃，当温度低于 15℃时，反硝化反应速率会显著降低。为了保持一定的反硝化速率，在冬季低温季节，可采用提高生物固体平均停留时间、降低负荷率、提高污水的水力停留时间等措施。

6.1.2　生物脱氮工艺

（1）缺氧-好氧生物脱氮工艺

20 世纪 80 年代初开创了缺氧-好氧（A/O）生物脱氮工艺。缺氧-好氧活性污泥脱氮工艺如图 6-3 所示。

在好氧池中，主要进行有机物的氧化、有机氮的氨化和氨氮的硝化，硝化液大部分回流至反硝化池，称为硝化液内回流。在缺氧池中，反硝化菌利用污水中的有机物为碳源，回流混合液中的 NO_x^--N 为电子受体，将硝态氮还原为氮气，从而达到脱氮的目的。A/O 工艺的优点如下：

① 能同时去除有机物和氮，流程简单，构筑物少，基建费用省；

② 反硝化池不需要外加碳源；

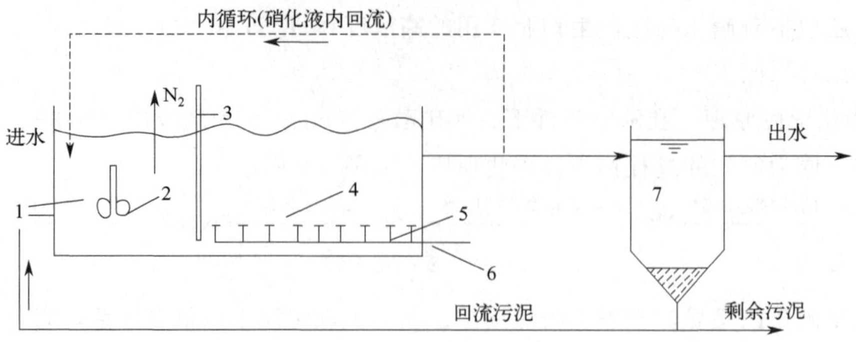

图 6-3 缺氧-好氧活性污泥脱氮工艺

1—缺氧池；2—水下搅拌器；3—隔墙；4—好氧池；5—曝气器；6—空气管；7—沉淀池

③ 好氧池可将池内混合液中的有机物彻底降解；

④ 污水中的有机物在缺氧池被反硝化菌所利用，减轻了好氧池的有机物负荷，同时缺氧池反硝化产生的碱度可补偿好氧池硝化所需碱度的一半。

（2）A/O 生物脱氮过程影响因素

① 水力停留时间 硝化反应的水力停留时间（HRT）不应小于 6h，而反硝化反应的 HRT 在 2h 之内即可。

② 进入硝化池的有机物浓度 硝化菌是一种化能自养菌。为了充分硝化，进入硝化好氧池中的 BOD_5 应小于 80mg/L，否则异养菌迅速繁殖而占尽优势，硝化菌不易成为优势菌种，不利于硝化反应的进行。

③ 溶解氧 硝化池中的溶解氧（DO）值应控制在 2.0mg/L 左右，以满足生化需氧量和硝化需氧量的要求。缺氧池 DO 值应小于 0.5mg/L，一般为 0.2～0.3mg/L。如果 DO 值较高，反硝化菌就会利用分子氧进行呼吸，使氧成为电子受体，阻碍 NO_3^--N 成为电子受体，从而难以还原成 N_2。但是，反硝化菌体内的某些酶需要在有氧条件下合成，所以 DO 值不能太低。因此，反硝化菌需要在缺氧、好氧交替的环境中生活。

④ BOD_5/NO_3^--N 缺氧池中溶解性 BOD_5 与 NO_3^--N 的比值应大于 4，以保证反硝化过程中有充足的碳源。

⑤ 污泥浓度 一般应大于 3000mg/L，否则脱氮效率明显降低。

⑥ 污泥龄 硝化菌的世代周期长。20℃时，硝化菌的平均世代周期约为 3.3d。为保证硝化池内有足够的硝化菌，污泥龄应至少为硝化菌世代周期的 3 倍，否则硝化菌不能得到大量繁殖，导致硝化不彻底。例如，冬季水温为 10℃，硝化菌的世代周期为 10d，则设计污泥龄应为 30d。硝化菌的世代周期与污水温度关系密切，见表 6-1。

表 6-1 硝化菌的世代周期与污水温度关系

污水温度/℃	5	10	15	20
硝化菌世代周期/d	18	10	5	3.5

⑦ 温度 硝化反应最适温度为 20～30℃。在 15℃以下时，反硝化菌的增长速率和代谢速率随之降低。因此，在低温季节，应采取提高污泥龄、降低负荷率、延长水力停留时间等措施来保持脱氮率。

⑧ pH 值　硝化菌对 pH 值的变化十分敏感，最佳 pH 值为 8.0～8.4。反硝化反应最适宜的 pH 值为 6.5～7.5，此时反硝化速率最高。当 pH 值大于 8 或低于 6 时，反硝化速率大幅下降。

(3) 生物脱氮工艺设计

缺氧-好氧法生物脱氮的主要设计参数应根据实验资料进行确定。无实验资料时，可采用经验数据或按照表 6-2 的规定取值。

表 6-2　缺氧-好氧法（A/O 法）生物脱氮的主要设计参数

项目		单位	参数值
BOD_5 污泥负荷 L_s		kg BOD_5/(kg MLSS · d)	0.05～0.15
总氮负荷率		kg TN/(kg MLSS · d)	≤0.05
污泥浓度(MLSS) X		g/L	2.5～4.5
污泥龄 θ_c		d	11～23
污泥产率系数 Y		kg VSS/kg BOD_5	0.3～0.6
需氧量 O_2		kg O_2/kg BOD_5	1.1～2.0
水力停留时间		h	8～16
			其中缺氧段 0.5～3.0
污泥回流比 R		%	50～100
混合液回流比 R_N		%	100～400
总处理效率 η	BOD_5	%	90～95
	TN	%	60～85

6.1.3 新型生物脱氮技术

6.1.3.1 厌氧氨氧化

厌氧氨氧化（anammox）指在厌氧或缺氧条件下，氨氮以亚硝酸盐氮作为电子受体直接被氧化为氮气的过程：

$$NH_4^+ + NO_2^- \longrightarrow N_2\uparrow + 2H_2O \tag{6-5}$$

厌氧氨氧化仅需一半氨氮浓度即可实现反硝化，与传统全程硝化工艺相比，可以节省需氧量 62.5%，节省碱度 50%；脱氮时直接以亚硝酸盐作为电子受体，不需要提供任何碳源，与传统反硝化相比节省 100%碳源。所以，厌氧氨氧化常被称为绿色的生物脱氮工艺。

厌氧氨氧化工艺的实现主要有两个难点：一是如何通过控制反应过程的温度、pH 值、溶解氧、污泥龄、碱度，以及反应物氨氮的浓度等参数，实现氨氮的亚硝化；二是厌氧氨氧化菌世代周期长，反应环境条件要求高，应考虑如何控制溶解氧、温度等条件以保证厌氧氨氧化菌的健康生长、增殖。

目前厌氧氨氧化已经从实验室研究阶段进入工程实际应用阶段，特别是在食品加工废水、污泥厌氧消化液等高含氨氮废水处理中获得了成功应用。

6.1.3.2 短程硝化-反硝化

在脱氮过程中，氨氮先氧化为亚硝酸盐，再氧化成硝酸盐；反硝化是将硝酸盐还原为亚硝酸盐，再还原成氮气。对生物反应过程而言，亚硝酸盐氧化为硝酸盐，再在反硝化过程中被还原为亚硝酸盐，是一段多余的过程。如果能够通过工艺条件的控制，把硝化过程控制在亚硝酸盐阶段，则在硝化-反硝化过程中就缩短了一段行程，这种工艺被称为短程硝化-反硝化。

短程硝化-反硝化具有低成本的优势，根据式(6-6) 和式(6-7)，氨氮氧化为亚硝酸盐阶段比传统硝化工艺降低耗氧量 25%，供氧设备也可相应压缩。同时，硝酸盐作为基质的反硝化过程，比亚硝酸盐反硝化需要更多的碳源作为电子供体。以甲醇为例，亚硝酸盐反硝化比硝酸盐反硝化可以节省 40%的甲醇消耗量，具体见式(6-8) 和式(6-9)。

$$NH_4^+ + 1.5O_2 \longrightarrow NO_2^- + H_2O + 2H^+ \tag{6-6}$$

$$NH_4^+ + 2O_2 \longrightarrow NO_3^- + H_2O + 2H^+ \tag{6-7}$$

$$6NO_3^- + 5CH_3OH \longrightarrow 3N_2 + 5CO_2 + 7H_2O + 6OH^- \tag{6-8}$$

$$2NO_2^- + CH_3OH \longrightarrow N_2 + CO_2 + H_2O + 2OH^- \tag{6-9}$$

短程硝化-反硝化工艺的关键在于促进氨氮氧化的同时使硝化过程终止于亚硝酸盐阶段，有效的控制方法包括：温度控制、pH 值控制、溶解氧浓度控制、污泥龄控制等。

近些年来，还出现了其他新型生物脱氮技术，如短程硝化-厌氧氨氧化、同步硝化反硝化、好氧反硝化等技术，可适应低碳源污水的脱氮除磷需求。其中，有的处于研究阶段，尚未实现工程化应用。

6.2 除磷原理及工艺

6.2.1 生物除磷

6.2.1.1 生物除磷原理

(1) 生物除磷原理介绍

生物除磷的基本原理是在厌氧-好氧交替运行的系统中，利用聚磷微生物（PAOs）具有厌氧释磷及好氧超量吸磷的特性，使好氧段中混合液磷的浓度大为降低，最终通过排放富磷污泥从而达到从污水中除磷的目的。

通常磷是以磷酸盐（$H_2PO_4^-$、HPO_4^{2-}、PO_4^{3-}）、聚磷酸盐和有机磷等的形式存在于污水中。生物除磷主要由聚磷菌完成，它储存聚磷（聚 P）的能力最强。在厌氧状态下，兼性菌将溶解性有机物转化成挥发性脂肪酸（VFA）；聚磷菌把细胞内聚磷水解为正磷酸盐，并从中获得能量，吸收污水中可降解的 COD（如 VFA），并同化成胞内碳能源存储物聚 β-羟基丁酸酯（PHB）。在好氧或缺氧条件下，聚磷菌以分子氧或化合态氧作为电子受体，氧化代谢胞内存储物 PHB，并产生能量；过量地从污水中摄取磷酸盐，能量以高能物质三磷酸腺苷（ATP）的形式存储。其中，一部分又转化为聚磷，作为能量储于胞内，通过剩余污泥的排放实现高效生物除磷目的。

污水生物除磷基本原理如图 6-4 所示。

(2) 生物除磷过程的影响因素

① 溶解氧　在聚磷菌释放磷的厌氧反应器内，应保持绝对的厌氧条件，即使是 NO_3^- 等化合态氧也不允许存在；在聚磷菌吸收磷的好氧反应器内，则应保持充足的溶解氧。

② 污泥龄　生物除磷主要是通过排除剩余污泥而去除磷的，因此剩余污泥的多少对除磷效果有很大影响，一般污泥龄短的系统产生的剩余污泥多，可以获得较好的除磷效果。经研究发现，污泥龄为 30d 时，除磷率为 40%；污泥龄为 17d 时，除磷率为 50%；而污泥龄

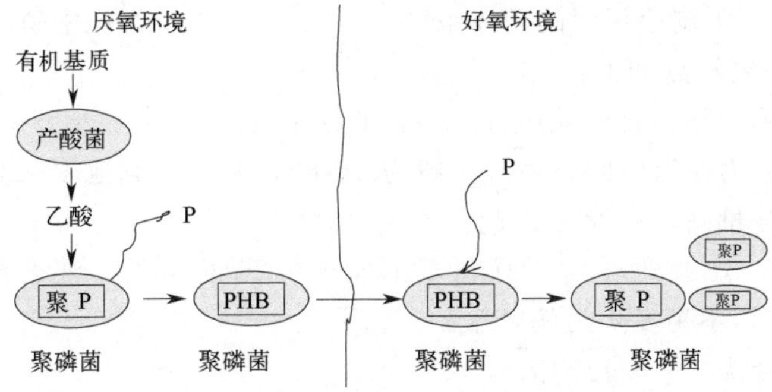

图 6-4　污水生物除磷基本原理

为 5d 时，除磷率高达 87%。

③ 温度　在 5～30℃的范围内，都可以获得较好的除磷效果。

④ pH 值　除磷过程的适宜 pH 值为 6～8。

⑤ BOD_5 负荷　一般认为，较高的 BOD_5 负荷可获得较好的除磷效果，进行生物除磷的下限值是 $BOD_5/TP=20$；有机基质的不同也会对除磷有影响，小分子易降解的有机物诱导磷释放的能力更强；磷的释放越充分，磷的摄取量也越大。

⑥ 硝酸盐氮和亚硝酸盐氮　硝酸盐的浓度应小于 2mg/L。当 COD/TKN＞10 时，硝酸盐对生物除磷的影响就减弱了。

⑦ 氧化还原电位　好氧区的氧化还原电位（ORP）应维持在 40～50mV 之间；缺氧区的最佳 ORP 为（－160±5）mV。

6.2.1.2　生物除磷工艺

（1）生物除磷工艺介绍

生物除磷工艺（又称 A/O 生物除磷工艺）由厌氧池和好氧池串联组成，如图 6-5 所示。

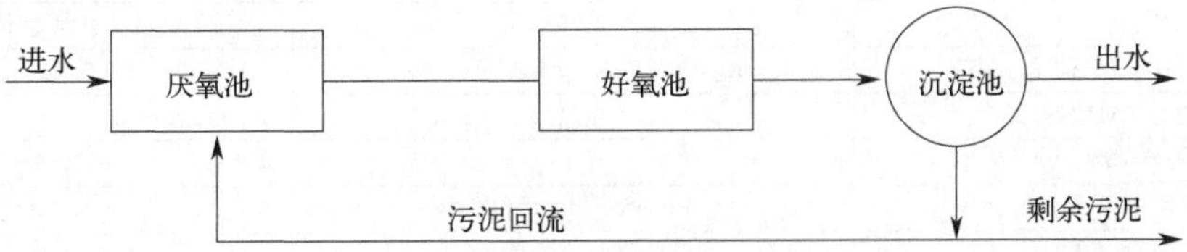

图 6-5　A/O 生物除磷工艺

经过预处理的污水和回流污泥进入厌氧池，聚磷菌在厌氧池吸收有机物，同时释放出大量磷。混合液随后流入后段好氧池，污水中的有机物得到氧化分解，同时聚磷菌将超量摄取污水中的磷，通过排放剩余高磷污泥而使污水中的磷得到有效去除。如果聚磷菌在厌氧池充分释磷，在好氧池则也充分吸收磷，那么磷的去除率较高。需要注意的是，沉淀池应及时排泥以及进行污泥回流，否则聚磷菌在厌氧状态下容易发生磷的释放，降低除磷效率。

从污水中去除的磷总量等于排放剩余污泥所带出的磷量，即：

$$Q(C_0-C_1)=qC_2A \tag{6-10}$$

式中，C_0、C_1 分别为进水、出水中磷的浓度，g/m^3；Q 为处理水量，m^3/d；q 为剩余污泥量，m^3/d；C_2 为剩余污泥的固体浓度，g/m^3；A 为干污泥中磷的质量分数，%。A/O 生物除磷工艺的主要特点如下：

① 工艺流程简单，基建费用和运行费用较低；

② 在反应池内水力停留时间较短，一般为 3～6h，其中厌氧池 1～2h，好氧池 2～4h；

③ 剩余污泥磷含量高，一般为 2.5%～4%；

④ 厌氧池在前，好氧池在后，有利于抑制丝状菌的生长，混合液的污泥容积指数 (SVI) 一般小于 100，不易发生污泥膨胀。

(2) A/O 生物除磷工艺的影响因素

① DO 值　要达到较好的除磷效果，厌氧池 DO 值应小于 0.2mg/L，硝态氮含量应接近零。而在好氧池，DO 值一般应大于 2mg/L，以保持好氧状态，维持微生物菌体对有机物的好氧生物降解。

② 进水中的 BOD_5/TP　进水中的 BOD_5/TP 宜大于 17，否则除磷效果将大大下降。

③ NO_x^--N 浓度　当硝态氮存在时，反硝化反应会优先消耗易降解有机物，从而抑制聚磷菌对磷的释放，从而影响聚磷菌在好氧条件下对磷的吸收。

④ 污泥龄　当污泥龄短时，产生的剩余污泥量较多，可获得较高的除磷效果，反之亦然。一般来说，A/O 工艺的污泥龄以 5～10d 为宜，污泥回流比一般为 50%～100%。

⑤ 污泥负荷　污泥负荷一般应大于 0.10kg BOD_5/(kg MLSS·d)，否则除磷效果将急剧下降。

⑥ 温度与 pH 值　在温度 5～30℃时，除磷效果较稳定；在 13～30℃时，聚磷菌释放磷和摄取磷与温度关系不大。当 pH 值=6～8 时，聚磷菌对磷的释放和摄取都比较稳定。

(3) 生物除磷工艺设计计算

对于厌氧/好氧法（A/O 法）生物除磷，其主要设计参数宜根据实验资料确定；无实验资料时，可采用经验数据或按照表 6-3 的规定取值。

表 6-3　厌氧/好氧法（A/O 法）生物除磷的主要设计参数

项目		单位	参数值
BOD_5 污泥负荷 L_s		kg BOD_5/(kg MLSS·d)	0.4～0.7
污泥浓度(MLSS)X		g/L	2～4
污泥龄θ_c		d	3.5～7
污泥产率系数 Y		kg VSS/kg BOD_5	0.4～0.8
污泥含磷率		kg TP/kg VSS	0.03～0.07
水力停留时间		h	3～8
			厌氧段 1～2
			A 段：O 段=(1：2)～(1：3)
污泥回流比 R		%	40～100
总处理效率 η	BOD_5	%	80～90
	TN	%	75～85

6.2.2 化学除磷

生物除磷技术是利用聚磷菌过量吸收外部环境中的磷，并以聚合的形态储藏在体内，通过污泥沉淀达到从污水中除磷的目的。然而，生物除磷的能力有限，且如果聚磷菌因环境影响，其生长受到抑制，会导致除磷效率降低，总磷排放达不到要求。

化学除磷是通过添加化学试剂形成化学沉淀的方式除磷。它可以作为生物除磷的辅助，或用于含磷量较高的工业废水除磷预处理。

6.2.2.1 化学除磷原理

与氮不同，多数磷的磷酸盐化合物溶解度较低，容易在水中沉淀，从而达到除磷目的。所谓的化学沉淀除磷，就是将污水中溶解性的磷通过化学反应转化为不溶性的固体沉淀物，进而从污水中分离出去。

将污水中的可溶性磷通过化学沉淀法从水体中去除，目前经常应用的沉淀剂是高价金属化合物，如铝盐、铁盐及石灰等，在实际应用时需要根据具体情况作出适当的选择。

(1) 石灰除磷

和其他化学除磷方法相比，石灰除磷的成本最低。向含磷污水中投加石灰，污水中的磷与石灰中的钙发生反应，形成 $Ca_5(OH)(PO_4)_3$（羟磷灰石），其反应式如下：

$$5Ca^{2+}+4OH^-+3HPO_4^{2-} \longrightarrow Ca_5(OH)(PO_4)_3+3H_2O \quad (6\text{-}11)$$

实践证明，处理水中的磷含量，随 pH 值上升而呈对数降低之势。

在与钙的沉淀反应中，磷可能形成的多元磷的沉淀物的形式还有 $Ca_3(PO_4)_2$、$Ca_{10}(OH)_2(PO_4)_6$、$CaHPO_4$，以及副产物 $CaCO_3$ 等。

(2) 铁盐除磷

铁混凝剂有二价铁的混凝剂和三价铁的混凝剂。二价铁的混凝剂有氯化亚铁、硫酸亚铁，三价铁的混凝剂有氯化铁和硫酸铁。生成物主要是 $FePO_4$、$Fe(OH)_3$。此外，生成的产物还可能有 $Fe_3(PO_4)_2$、$Fe_x(OH)_y(PO_4)_3$、$Fe(OH)_2$、$Fe(OH)_3$ 和 $Fe_x(OH)_y(PO_4)_z$ 等。

二价铁离子与磷的反应较三价铁离子的反应要复杂些。此外，铁盐除磷效率还与水中 pH 值有关。当 pH 值为 5 时，$FePO_4$ 的最小溶解度为 0.1mg/L。

(3) 铝盐除磷

铝离子与正磷酸根离子化合，形成难溶的磷酸铝，通过沉淀加以去除，可发生如下反应：

$$Al^{3+}+PO_4^{3-} \longrightarrow AlPO_4 \quad (6\text{-}12)$$

常用的铝盐为硫酸铝，用硫酸铝作为混凝剂沉淀正磷酸根时，可发生如下反应：

$$Al_2(SO_4)_3+2PO_4^{3-} \longrightarrow 2AlPO_4+3SO_4^{2-} \quad (6\text{-}13)$$

磷酸铝（$AlPO_4$）的溶解度与 pH 值有关。当 pH 值为 6 时，溶解度最小，为 0.01mg/L；pH 值为 5 时，为 0.03mg/L；pH 值为 7 时，为 0.3mg/L。因此，为了提高除磷效率，低 pH 值有利于除磷。

硫酸铝除能发生上述反应外，还和污水中的碱度发生如下反应：

$$Al_2(SO_4)_3+6HCO_3^- \longrightarrow 2Al(OH)_3+6CO_2+3SO_4^{2-} \quad (6\text{-}14)$$

硫酸铝对碱度进行中和，导致 pH 值下降，游离出 CO_2，并形成氢氧化铝絮凝体。胶体粒子被絮凝体吸附而去除，在这一过程中，磷化合物也得到去除。

除硫酸铝外，除磷使用的铝盐还有聚合氯化铝（PAC）和偏铝酸钠（$NaAlO_2$）。聚合氯化铝与磷发生的反应与偏硫酸铝相同，但 pH 值不下降。偏铝酸钠与正磷酸离子的反应过程中放出 OH^-，导致 pH 值上升。

6.2.2.2 化学除磷的影响因素

影响化学沉淀法除磷效果的主要因素是水的 pH 值。不同的沉淀剂所要求的 pH 值范围显著不同。用石灰作为沉淀剂沉淀磷的工艺中，水的 pH 值须达到 10～11；而当选用三价铁盐或铝盐时，pH 值一般控制在 6.5～8.0 之间。

磷的形态以正磷酸盐与聚磷酸盐两种形式为主。聚磷酸盐的去除率一般低于正磷酸盐，这是因为聚磷酸盐的结构更为复杂，更难以被去除。在常见的聚磷酸盐形态中，去除难度可能因条件而异，但一般而言，结构较为简单的聚磷酸盐（如焦磷酸盐）可能比结构更复杂的（如高聚磷酸盐）更容易去除。需要注意的是，如果聚磷酸盐与正磷酸盐共存于同一体系中，它们的去除效果可能会受到相互影响，但并不能简单地认为聚磷酸盐的去除效果就等同于正磷酸盐。

反应形成的絮凝体宜通过重力沉淀加以去除。沉淀池一般采用面积负荷进行设计计算，当处理水中悬浮物含量要求在 10mg/L 以下时，面积负荷取值在 $20m^3/(m^2 \cdot d)$ 以下。如果处理水中悬浮物含量要求在 20mg/L 以下时，面积负荷则可取值在 $50m^3/(m^2 \cdot d)$ 以下。

6.2.2.3 化学除磷辅助工艺

在典型的城镇污水处理系统的工艺流程中，作为辅助可以引入化学法除磷工艺。由于污水厂无法再增加构筑物用于化学除磷，因此可以通过在已有构筑物中直接投加药剂的方式进行化学除磷，具体可分为以下几种情况：

① 在污水进入初沉池前投加除磷化学试剂；

② 在初沉池出水中投加除磷化学试剂；

③ 在生物处理池出水中投加除磷化学试剂；

④ 在二沉池出水中投加除磷化学试剂；

⑤ 同时在多点投加除磷化学试剂。

6.3 同步生物脱氮除磷工艺

6.3.1 AAO 生物脱氮除磷工艺

厌氧-缺氧-好氧（anaerobic-anoxic-oxic，AAO）工艺，即厌氧-缺氧-好氧生物脱氮除磷工艺，或简称为 A^2/O 工艺。该工艺通过结合厌氧、缺氧和好氧三种条件，实现了生物脱氮和除磷的效果。

AAO 生物脱氮除磷工艺流程如图 6-6 所示。

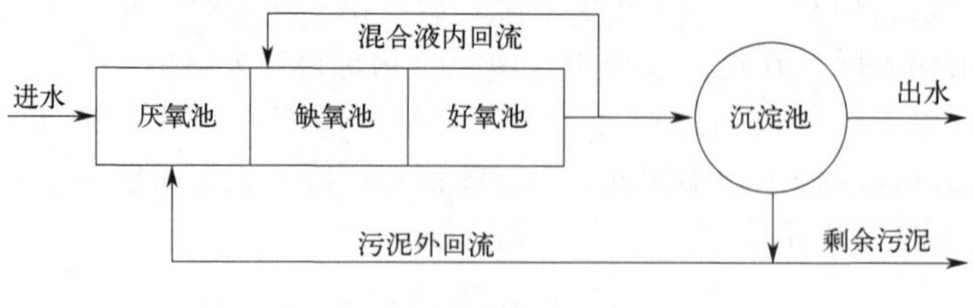

图 6-6 AAO 生物脱氮除磷工艺流程

AAO 生物脱氮除磷工艺设有硝化液内回流系统和污泥的外回流系统。生物反应池总的 HRT 一般为 6～8h，其中厌氧、缺氧、好氧三段的 HRT 比例为 1∶1∶（3～4）。

（1）AAO 生物脱氮除磷原理

污水经过预处理和一级处理后进入 AAO 生物反应池。在厌氧池主要是进行磷的释放，污水中的磷含量升高，溶解性有机物被聚磷菌大量吸收而使污水中 BOD_5 下降。另外，氨氮因细胞的合成而被去除一部分，使污水中氨氮含量下降，但硝酸氮含量没有变化。

在缺氧池中，反硝化菌利用污水中的有机物作碳源，将回流混合液带入的硝酸氮和亚硝酸氮还原。因此，BOD_5 继续下降，硝酸氮含量大幅度下降，而磷的变化很小。

在好氧池中，有机物进一步生化降解，BOD_5 继续下降。同时，有机氮被氨化继而被硝化，导致氨氮含量显著下降，硝酸氮的含量增加。而磷随着聚磷菌的过量摄取，也以较快的速度下降。

厌氧、缺氧、好氧三种不同的环境条件和不同种类微生物菌群的有机配合，使该工艺能同时具有去除有机物、脱氮和除磷的功能。污泥中的磷含量高，一般为 2.5%以上。由于厌氧-缺氧-好氧交替运行，丝状菌不会大量繁殖，SVI 一般小于 100，有效抑制了污泥丝状膨胀。

（2）AAO 生物脱氮除磷过程影响因素

在同时生物脱氮除磷的过程中，脱氮与除磷存在诸多矛盾，要达到较好的脱氮除磷效果需要尽量克服这一矛盾。

① 污水中可生物降解有机物　污水中可生物降解的有机物对氮、磷的去除效果影响很大，一般用污水中 COD 与总氮（TN）和总磷（TP）之比表示。通常 COD 与 TN 之比（C/N）太低，在缺氧段反硝化效果差；若 COD 与 TP 之比（C/P）太低，厌氧段除磷效果较差。因此，应维持进水中的 C/N 比和 C/P 比较高。对于有机物含量低的城市污水，可取消初沉池，使原污水经沉砂池后直接进入厌氧段，以便保持较高的 C/N 比与 C/P 比，有利于脱氮除磷。

② 污泥龄　AAO 工艺系统的污泥龄（θ_c）受两方面影响。一方面，硝化菌世代周期长，要保证一定的脱氮效率需要较长的污泥龄，θ_c 比普通活性污泥法的要长一些。另一方面，由于除磷主要通过剩余污泥排除系统实现，要求 AAO 工艺中的 θ_c 又不宜过长。权衡两个方面，AAO 工艺中的 θ_c 一般为 15～20d。

③ 溶解氧量（DO 值）　在好氧段需要维持一定的 DO 值浓度。对于厌氧段和缺氧段，则 DO 值越低越好，但由于回流和进水的影响，很难达到很低的水平。但应保证厌氧段 DO 值小于 0.2mg/L，缺氧段 DO 值小于 0.5mg/L。

④ 污泥回流比和混合液回流比　与 A/O 工艺一样，硝化液的内回流比大，则脱氮效率高，但动力费用增大；反之，硝化液的内回流比小，则脱氮效率低，但动力费用减少。污泥外回流要维持一定比例，如果太高，污泥将 DO 值和硝态氧带入厌氧池太多，这会影响其厌氧状态，从而对磷的释放产生不利影响；如果太低，则维持不了正常的反应池内污泥浓度 2500～3500mg/L，影响生化反应速率。

同步脱氮除磷工艺是改进的 AAO 工艺。通过改变原有工艺的进水和回流污泥布置形式，可以调整为前置缺氧区（池），或者在原有工艺基础上串联增加新的缺氧区（池）和好氧区（池）等方法，以进行工艺改进，从而提高脱氮除磷效率。

对于 AAO 工艺的设计计算，按照前面好氧池、缺氧池、厌氧池的设计计算进行即可。

主要设计参数宜根据实验资料确定。无实验资料时，可采用经验数据或按照表 6-4 的规定取值。

表 6-4 厌氧-缺氧-好氧法（AAO 法）生物脱氮除磷的主要设计参数

项目		单位	参数值
BOD_5 污泥负荷 L_s		kg BOD_5/(kg MLSS·d)	0.1～0.2
污泥浓度(MLSS)X		g/L	2.5～4.5
污泥龄θ_c		d	10～20
污泥产率系数 Y		kg VSS/kg BOD_5	0.3～0.6
污泥含磷率		kg TP/kg VSS	0.03～0.07
需氧量 O^2		kg O_2/kg BOD_5	1.1～1.8
水力停留时间(HRT)		h	7～14
			厌氧段 1～2
			缺氧段 0.5～3
总处理效率 η	BOD_5	%	85～95
	TP	%	50～75
	TN	%	55～80

6.3.2 SBR 生物脱氮除磷工艺

SBR 工艺去除污染物的机理与传统活性污泥工艺相同，只是运行方式不同。SBR 工艺采用间歇运行方式，不设置二沉池和污泥回流系统。初沉池出水流入 SBR 池，SBR 池按照时间顺序进行进水、反应（曝气）、沉淀、出水、排泥或待机状态等基本运行程序。

SBR 脱氮除磷运行工序如图 6-7 所示。该工序能够同时去除污水中有机污染物、脱氮和去除磷。在阶段Ⅰ，污水流入后为厌氧状态（DO 值小于 0.1mg/L），污水与池中的污泥充分混合，聚磷菌释放磷；阶段Ⅱ为好氧状态（DO 值大于 2.0mg/L），进行有机物生物降解、氨氮硝化和聚磷菌好氧摄磷，一般曝气时间应大于 4h，以保证充分硝化；在阶段Ⅲ，生化反应池处于缺氧状态，进行反硝化脱氮，该阶段一般历时在 2h 以上；在阶段Ⅳ，沉淀排泥，该阶段先进行泥水分离，然后排放剩余高磷污泥。一个运行周期一般为 10～14h。

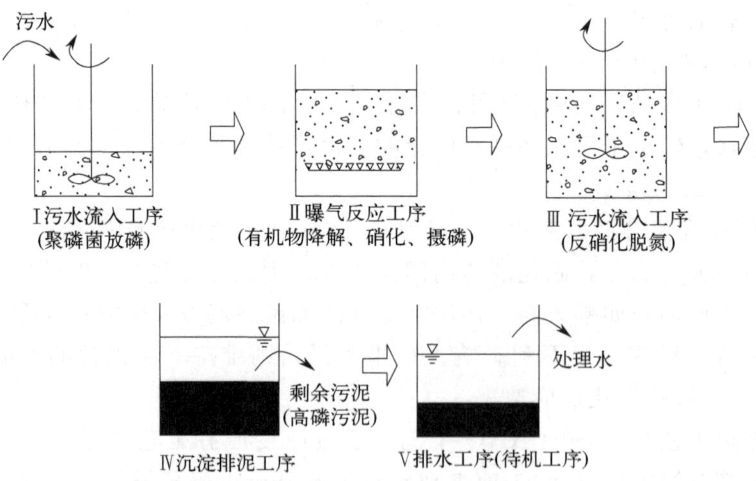

图 6-7 SBR 脱氮除磷运行工序

6.3.3 氧化沟生物脱氮除磷工艺

氧化沟属于活性污泥法的一种改进手段，运行成本低，构造简单，易于维护管理，且出水水质稳定，同时具有脱氮除磷的功能，因此日益受到人们重视并逐步得到广泛应用。通过控制曝气设备的供氧量，氧化沟内可以形成好氧区、缺氧区和厌氧区，从而实现脱氮除磷的功能。该工艺由荷兰的帕斯维尔在20世纪50年代开发。

氧化沟按照运行方式分为连续工作式、交替工作式和半交替工作式等。连续工作式氧化沟的进水、出水流向不变，主要作为曝气池使用，系统设有二沉池，常见的有卡鲁塞尔氧化沟、奥贝尔氧化沟和帕斯维尔氧化沟。交替工作式氧化沟不单独设二沉池，在不同时段，氧化沟的一部分交替作为沉淀池，如三沟式氧化沟（T型氧化沟）。半交替工作式氧化沟系统设有二沉池，能连续进水、出水。同时，可根据要求，氧化沟又可分段处于不同的工作状态，具有交替工作运行的特点，特别利于脱氮，常见的如DE型氧化沟。

近年来，三沟式氧化沟和DE型氧化沟脱氮除磷工艺得到了广泛应用。

（1）三沟式氧化沟

三沟式氧化沟的结构如图6-8所示，它由三条相同容积的沟槽相互连通串联组成。两侧沟槽的转刷间歇运行，使污水交替处于好氧和缺氧状态；中间沟槽的转刷连续运行，一直作为曝气池。污水交替进入两侧沟槽进行处理，而出水则相应地从作为沉淀池的另一沟槽流出。曝气和沉淀在两侧沟槽内交替进行。该系统既无二沉池，也不必设置污泥回流系统。剩余污泥一般从中间的沟槽排出。

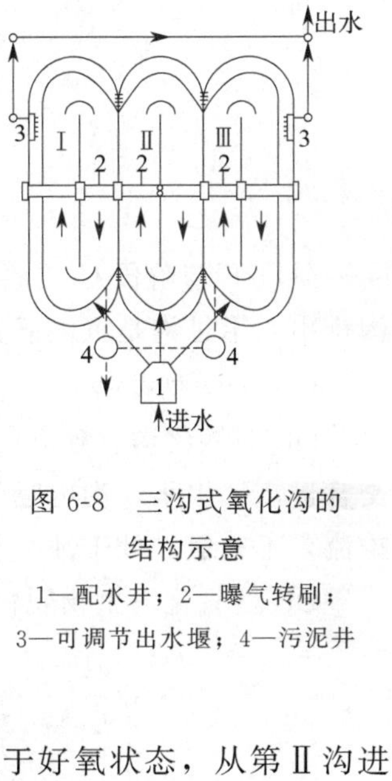

图6-8 三沟式氧化沟的结构示意

1—配水井；2—曝气转刷；3—可调节出水堰；4—污泥井

如图6-9所示，三沟式氧化沟脱氮时分为A、B、C、D、E、F六个运行阶段，工作周期一般为8h。

在阶段A运行2.5h。污水进入第Ⅰ沟，沟内处于缺氧反硝化状态，将NO_x^--N还原成N_2逸出。然后，混合液进入第Ⅱ沟，第Ⅱ沟处于好氧状态，进行有机物的降解和氨氮的硝化。处理后的混合液再进入第Ⅲ沟。此时，第Ⅲ沟内的转刷处于闲置状态，作为沉淀池，使泥水分离。

在阶段B运行0.5h。污水进入第Ⅱ沟，第Ⅱ沟和第Ⅰ沟均处于好氧状态，从第Ⅱ沟进入第Ⅰ沟处理后，第Ⅰ沟混合液再进入第Ⅲ沟，第Ⅲ沟仍为沉淀池。

阶段C为过渡段，运行1.0h，污水进入第Ⅱ沟，仍然是好氧状态，进行硝化反应，然后进入第Ⅲ沟进行排水。第Ⅰ沟转刷停止运转，开始作为沉淀池泥水分离，但不排水，澄清水仍然通过第Ⅲ沟排出。

在阶段D运行2.5h。污水进入第Ⅲ沟，此时沟内转刷低速运转，处于缺氧状态，进行反硝化脱氮。然后，混合液从第Ⅲ沟流入第Ⅱ沟，此时第Ⅱ沟处于好氧状态，进行有机物降解和氨氮硝化。此时，第Ⅰ沟出水堰降低作为沉淀池，排出澄清水。

在阶段E同样运行0.5h，污水进入第Ⅱ沟，再进入第Ⅲ沟，第Ⅱ沟、第Ⅲ沟均为好氧状态，转刷高速运转，从第Ⅲ沟再到第Ⅰ沟沉淀排水。阶段E和阶段B类似。不同的是，第Ⅰ沟和第Ⅲ沟的状态和功能相反。

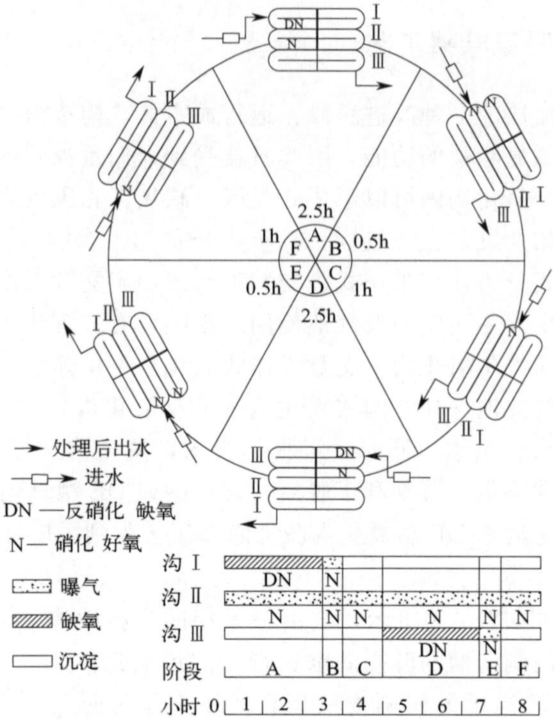

图 6-9 三沟式氧化沟生物脱氮的运行方式

阶段 F 与阶段 C 类似，运行 1.0h。但第Ⅰ沟和第Ⅲ沟的状态和功能相反，出水由第Ⅰ沟排出，第Ⅲ沟是沉淀静置状态。

（2）DE 型氧化沟

DE 型氧化沟有独立的二沉池和污泥回流系统，其中两个氧化沟相互连通，串联运行，交替进水、出水，沟内曝气转刷高速运行时进行曝气并充氧，处于好氧状态；低速运行时只推流，不充氧，处于缺氧状态。通过两沟交替处于缺氧和好氧状态，从而达到脱氮的目的。

DE 型氧化沟生物脱氮的一个运行周期分为四个阶段，运行周期如图 6-10 所示。

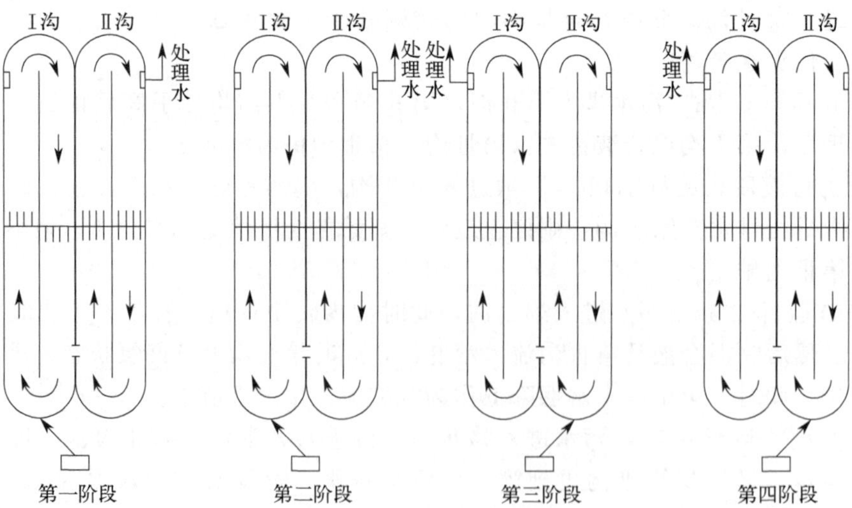

图 6-10 DE 型氧化沟生物脱氮的运行周期

第一阶段历时1.5h，污水进入Ⅰ沟，沟Ⅰ出水堰关闭，转刷低速运转，处于缺氧状态，进行反硝化脱氮。Ⅱ沟转刷高速运转，处于好氧状态，进行有机物的降解和氨氮的硝化；出水堰开启，排水。

第二阶段为过渡期，历时较短，仅为0.5h。污水进入Ⅰ沟，Ⅰ沟与Ⅱ沟内转刷均高速运转。Ⅰ沟出水堰关闭，Ⅱ沟出水堰开启并排水。在该阶段中，Ⅰ沟和Ⅱ沟均为好氧区，进行硝化。

第三阶段与第一阶段相反，Ⅰ沟为好氧硝化区，Ⅱ沟为缺氧反硝化区，Ⅱ沟出水堰关闭，Ⅰ沟出水堰开启并排水。该阶段历时1.5h。

第四阶段历时与第二阶段相同，两沟的转刷运转状态和出水堰的开启状态与第二阶段相反。

根据实际情况，改变运行周期（4～8h）与运行工序，就可以得到不同的脱氮效果。

如图6-11所示，如果在氧化沟前增设厌氧池则可同时达到脱氮除磷的功能，原理与前已述及的脱氮除磷工艺相同。

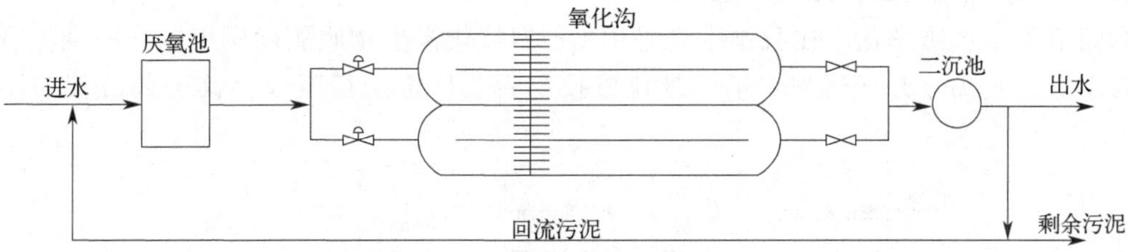

图6-11 DE氧化沟生物脱氮除磷工艺流程

6.4 工程应用案例

（1）AAO脱氮除磷工艺

天津某污水处理厂将原来部分普通活性污泥法工艺（处理规模为$13\times10^4m^3/d$）改造为AAO工艺。

其设计参数如下：BOD污泥负荷为0.15～0.2kg BOD_5/(kg MLSS·d)；TN负荷为0.05～0.08kg TN/(kg MLSS·d)；TP负荷为0.003～0.006kg TP/(kg MLSS·d)；污泥浓度为3000～3500mg/L；厌氧段停留时间为0.65～1.0h；缺氧段停留时间为1.0～1.5h；好氧段停留时间为3.0～8.5h；污泥回流比$R=100\%$；混合液回流比$R_N=180\%\sim200\%$；污泥龄t_s为20d；好氧段气水比为2～3。

改造后运行效果良好，对BOD_5、COD、SS、TN、TP的去除率分别为93%、88%、69%、61%和54%。

（2）AB脱氮除磷工艺

深圳某污水处理厂总处理规模为$35\times10^4m^3/d$，一期工程处理规模为$10\times10^4m^3/d$，采用AB工艺，B级采用AAO脱氮除磷工艺。进水BOD_5、COD、SS分别为130mg/L、220mg/L、260mg/L，TN浓度为23mg/L，TP浓度为3mg/L。该工艺出水COD一直低于30mg/L，BOD_5低于10mg/L，SS一般低于10mg/L，明显优于设计要求。TP浓度低于

1mg/L，出水 TN 浓度略高于设计值，平均为 12.9mg/L。污泥沉淀性能良好，污泥容积指数（SVI）一般为 60～100mL/g。

从运行来看，AB 工艺的 A 级对有机物的去除率很高，对污水厂运行可起到很好的保护作用；若进水有机物含量不高，则超越 A 级。生活污水在曝气池中采用较长的泥龄和较低的污泥负荷处理后，产生的污泥可实现良好稳定化，不需要厌氧消化，可以直接脱水。

（3）三沟式氧化沟脱氮工艺

河北邯郸市某污水处理厂设计规模 $10\times10^4m^3/d$，第一期工程处理规模为 $6.6\times10^4m^3/d$，被国家环保部门列入氧化沟工艺处理城市污水的示范工程。该厂采用丹麦某公司三沟式氧化沟技术，共两组氧化沟。每组氧化沟尺寸为：L(长)$\times B$(宽)$\times H$(高)$=98m\times73m\times3.5m$，由三条同容积的沟槽串联组成，采用水平转刷曝气。

设计进水 BOD_5 为 134mg/L，SS 为 160mg/L，NH_3-N 浓度为 22mg/L。要求出水 BOD_5 为 15mg/L，SS 为 15mg/L，NH_3-N 浓度≤2～3mg/L，TN 浓度≤12mg/L。运行结果表明，每项水质指标均达到了设计要求。

（4）DE 型氧化沟脱氮除磷工艺

东莞市某镇水质净化厂在我国率先采用 DE 型氧化沟生物脱氮除磷工艺。一期工程处理规模为 $1.5\times10^4m^3/d$，于 1996 年 4 月建成投产后，稳定运行至今。其工艺流程如图 6-12 所示。

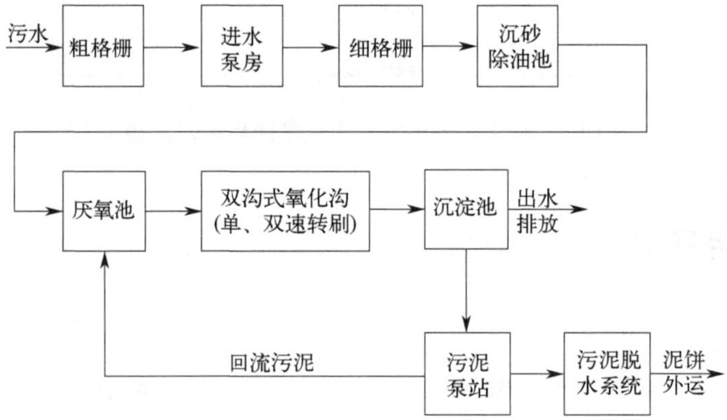

图 6-12 东莞市某镇水质净化厂工艺流程

两个氧化沟交替进行硝化及反硝化，一个周期循环 224min。硝化阶段按照溶解氧的要求来控制转刷的开启（溶解氧设计值为 3mg/L）。反硝化阶段双速转刷慢速运行，并以停 35min、开 5min 的程序交替进行。

主要工艺参数如下：pH 值为 6.5～7.5，$BOD_5/TN>4.8$，$BOD_5/TP>30$，负荷为 0.05～0.15kg BOD_5/(kg MLSS·d)，污泥龄为 15～20d，氧化沟混合液浓度为 4000～5000mg/L，厌氧段 DO 值<0.2mg/L，缺氧段 DO 值为 0.5～0.8mg/L，好氧段 DO 值为 2～3mg/L。

该工艺能承受较大的水质、水量冲击负荷，出水水质好，脱氮、除磷效果显著。出水指标如下：COD<40mg/L，BOD_5<10mg/L，SS<20mg/L，TP 浓度<1mg/L，TN 浓度<10mg/L。该技术随后又成功地用于东莞其他污水处理装置（处理规模 $3\times10^4m^3/d$）和深圳某污水处理装置（处理规模 $6\times10^4m^3/d$）。

第 7 章

城市污泥及污泥的处理与处置

7.1 城市污泥的来源、性质及处置

7.1.1 城市污泥的来源及产生量

7.1.1.1 城市污泥的来源

城市污泥主要来源于采用活性污泥法处理的城镇污水处理厂，是污水处理过程中的副产物。这些城市污泥由无机颗粒、有机残片、细菌菌体及胶体等多种成分组成，形成了一种极其复杂的非均质物质。其特点包括含水率高、有机物含量高，以及含有一定量的有毒有害物质。此外，污泥颗粒较小、密度较低，并且呈胶状，是一种介于液体和固体之间的浓稠物质。

城市污泥的主要分类如下。

(1) 按照来源分类

在城镇污水处理厂中，不同工艺产生不同来源的城市污泥。城市污泥按照来源可分为：初沉池产生的初沉污泥；二沉池产生的剩余污泥，也称为生化污泥或生物固体；污泥浓缩池产生的浓缩污泥或腐殖污泥；厌氧消化池或好氧消化池产生的消化污泥或熟污泥。

城镇污水处理厂的污泥来源见表 7-1。

表 7-1 城镇污水处理厂的污泥来源

污泥类型	来源	污泥特性
初沉污泥	初沉池	成分取决于原污水的成分，含有有机物、无机物、油脂，以及砂粒等大颗粒，含水率通常在 95%～98%
剩余污泥/生化污泥	二沉池	成分以微生物为主，还有吸附的有机物及少量无机盐，含水率通常在 99.2%～99.6%
浓缩污泥/腐殖污泥	污泥浓缩池/污泥消化池	成分与活性污泥基本类似，有一定量的腐殖质，含水率通常在 95%左右
消化污泥/熟污泥	厌氧消化池/好氧消化池	挥发性有机物含量低；含水率较高，在 97%～98%

(2) 按照处理方法和分离过程分类

污泥可分为沉淀污泥（包括物理沉淀污泥、混凝沉淀污泥、化学沉淀污泥）及生物处理污泥（包括剩余污泥、生物膜法污泥）。

(3) 按照污泥的成分和某些性质分类

污泥可分为有机污泥和无机污泥，亲水性污泥和疏水性污泥。

生活污水处理产生的混合污泥是典型的有机污泥，其特性是有机物含量高（60%～80%），颗粒细（0.02～0.2mm），密度小（1002～1006kg/m^3），呈胶体结构，是一种亲水

性污泥，脱水性能差。混凝沉淀污泥、化学沉淀污泥以及沉砂池产生的泥渣大都属于无机污泥，往往称为沉渣。无机污泥的特性是有机物含量少、颗粒粗、密度大、含水率低，一般呈疏水性，容易脱水。

7.1.1.2 城市污泥的产生量

通常生物处理的污泥产率与多种因素有关，如污水水质、处理工艺和处理要求等。在实行二级生化处理的城镇污水厂中，污泥量占污水总量的 0.5‰～1‰，初沉污泥占总污泥量的 60%～70%，生化污泥为 30%～40%。

随着城市化进程的加快、人民生活水平的不断提高，以及污水处理率的持续提升，城镇污水处理厂的数量不断增加，规模持续扩大，污泥量也随之迅猛增长。据统计，2020 年我国含水率为 80%的污泥产量已超过 6500 万吨，而预计至 2025 年年底，我国污泥的年产量将突破 9000 万吨大关。

7.1.2 污泥的性质指标

7.1.2.1 污泥的物理性质

表征污泥物理性质的常用指标主要有含水（固）率、密度、比阻等。

（1）含水率

污泥中所含水分的质量与污泥质量之比称为污泥含水率。含水率是污泥性质的关键指标。初沉污泥的含水率在 95%～97%，剩余活性污泥的含水率在 99.2%～99.6%。

污泥的体积、含水率、质量及固体物浓度之间的关系可表示如下：

$$\frac{V_1}{V_2}=\frac{W_1}{W_2}=\frac{100-P_2}{100-P_1}=\frac{C_2}{C_1} \tag{7-1}$$

式中 V_1，W_1，C_1——污泥含水率为 P_1 时的污泥体积、质量与固体物浓度；

V_2，W_2，C_2——污泥含水率为 P_2 时的污泥体积、质量与固体物浓度。

式(7-1) 适用于含水率大于 65%的污泥。

【例 7-1】 污泥含水率从 99.5%降低到 95%，求污泥体积。

【解】 由式(7-1) 得：

$$V_2=V_1\frac{100-P_1}{100-P_2}=V_1\frac{100-99.5}{100-95}=\frac{1}{10}V_1$$

经计算，当污泥含水率从 99.5%降低到 95%时，含水率仅降低了 4.5 个百分点，但体积减小到原来的 1/10。可见降低污泥含水率对减容的作用很大。

（2）密度

污泥密度指的是单位体积污泥的质量，其数值也常采用相对密度，即污泥与水（标准状态）的密度之比。污泥相对密度与污泥固体密度的关系如下：

$$\gamma=\frac{P(1-\gamma_s)+100\gamma_s}{100} \tag{7-2}$$

式中 γ——污泥的相对密度；

P——污泥含水率；

γ_s——污泥中干固体的平均相对密度。

（3）比阻

污泥比阻是用来衡量污泥脱水的难易程度的指标，它反映了水分通过污泥颗粒所形成泥饼层时所受阻力的大小。

比阻（α_{av}）为单位过滤面积上，滤饼单位干固体质量所受到的阻力，其单位为 m/kg。

$$\alpha_{av}=\frac{2\Delta pA^2k_b}{\mu\omega} \tag{7-3}$$

式中　Δp——过滤压力（为滤饼上下表面间的压力差），N/m^2；

A——过滤面积，m^2；

k_b——过滤时间/滤液体积的斜率，s/m^6；

μ——滤液动力黏度，$N \cdot s/m^2$；

ω——滤液所产生的滤饼的干质量，kg/m^3。

比阻与过滤压力及过滤面积的平方成正比，与滤液的动力黏度及滤饼的干固体质量成反比，并取决于污泥的性质。不同的污泥种类，其比阻差别较大。一般来说，比阻小于 1×10^{11} m/kg 的污泥易于脱水，大于 1×10^{13} m/kg 的污泥难以脱水。

7.1.2.2　城市污泥的化学性质

城市污泥的化学性质一般包含酸碱度、有机质（挥发性悬浮固体）含量、植物养分含量、有毒物质含量等。

（1）基本理化性质

城镇污水处理厂污泥的基本理化性质如表 7-2 所示。

表 7-2　城镇污水处理厂污泥的基本理化性质

项目	初沉污泥	剩余活性污泥	厌氧消化污泥
pH 值	5～6.5	6.5～7.5	6.5～7.5
干固体总量/%	3～8	0.5～1	5～10
挥发性悬浮固体总量(以干重计)/%	60～90	60～80	30～60
固体颗粒密度/(g/cm^3)	1.3～1.5	1.2～1.4	1.3～1.6
碱度(以 $CaCO_3$ 计)/(mg/L)	500～1500	200～500	2500～3500

（2）植物养分含量

污水厂污泥富含氮、磷等植物必需的营养元素，以及钾、钙、铁、铝等金属和其他微量元素，经过稳定化、无害化处理后，可作为土壤调理剂等回用于土地。我国城镇污水处理厂污泥肥分见表 7-3。

表 7-3　我国城镇污水处理厂污泥肥分（以干泥计）

污泥类别	总氮(TN)/%	磷(以 P_2O_5 计)/%	钾(以 K_2O 计)/%	有机物/%
初沉污泥	2.2～3.4	1～3	0.1～0.5	50～60
剩余活性污泥	3.5～7.2	3.3～5	0.2～0.4	60～70
厌氧消化污泥	1.6～3.4	0.6～0.8		25～30

（3）有毒物质含量

城镇污水厂污泥中所含的有毒物质主要指污泥中的少量有毒有机物、重金属、病原微生物（如细菌、病毒、寄生虫卵等）等，其成因跟城市污水水质有关。

当城镇污水厂处理以生活污水为主的城市污水时，污泥中的重金属含量低，基本达到

《城镇污水处理厂污染物排放标准》(GB 18918—2002)限值。参考2022年3月试行的《城镇污水处理厂污泥处理处置技术指南》，我国城镇污水厂污泥中重金属成分及含量见表7-4。

表7-4 我国城镇污水厂污泥中重金属成分及含量 单位：mg/kg 干污泥

名称	Hg(总汞)	Cd(总镉)	Cr(总铬)	Pb(总铅)	As(总砷)	Zn(总锌)	Cu(总铜)	Ni(总镍)
范围	2.13～17.5	2.01～999	93.1～6365	72.3～1022	20.2～269	1058～30098	219～9592	48.7～6206
平均值	0.04	0.04	20	3.6	0.78	217	51	16.4

7.1.3 污泥处理处置原则及基本工艺流程

7.1.3.1 污泥处理处置技术原则

污泥中除含有有毒有害物质外，还含有丰富的N、P、K等有益于植物生长的成分，同时具有一定热值，具有危害性和资源性的双重属性。

污泥的处理处置与其他固体废物的处理处置一样，都应遵循减量化、稳定化、无害化、资源化的原则。

(1) 减量化原则

污泥减量化是指通过物理、生物和化学等方法减少城市污泥的产生量。具体方法包括：物理法，如浓缩法和机械脱水，通过去除污泥中的自由水和间隙水来实现减量化；生物法，主要通过微生物作用将污泥中不稳定的有机物分解，从而间接实现污泥减量化；化学法，则是通过投加化学药剂来减少污泥量。

污泥的含水率高，一般大于95%。图7-1为含水率95%的1m^{3}生活污水的污泥含水率降低与容积减少的关系。

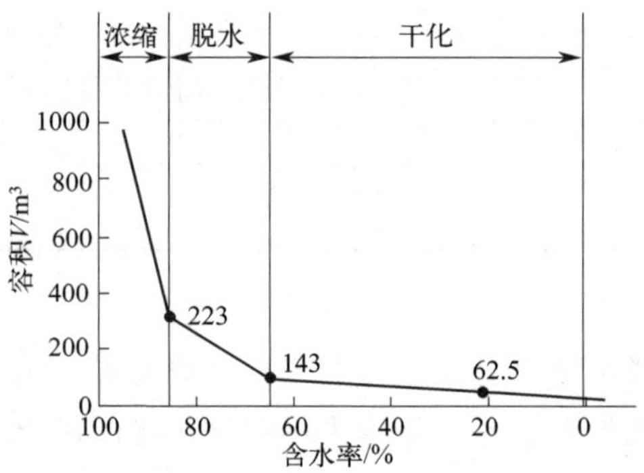

图7-1 含水率95%的1m^{3}生活污水的污泥含水率降低与容积减少的关系

当污泥含水率超过85%时，污泥可通过泵进行输送；含水率为70%～75%的污泥呈柔软状；60%～65%的污泥几乎为固体状态；34%～40%时，污泥已经呈可离散状态；10%～15%的污泥则呈粉末状态。

(2) 稳定化原则

污泥稳定化处理的主要目的有两点：一是降解污泥中易腐败的有机物，最大限度地减少其含量；二是达到污泥最终处置的卫生要求，有效灭活污泥中的病原微生物。《城镇污水处理厂污染物排放标准》(GB 18918—2002)规定了污泥的稳定化控制指标要求。

污泥稳定化方法分为生物稳定法和化学稳定法两种。生物稳定法是通过微生物作用将污泥中不稳定有机物矿化为稳定的物质，包括厌氧消化、好氧消化、好氧堆肥等方法。化学稳定法即石灰稳定法，是通过投加石灰来破坏污泥中不稳定的有机物。

污泥稳定方法的优缺点见表 7-5。

表 7-5　污泥稳定方法的优缺点

工艺	优点	缺点
厌氧消化	厌氧工艺成熟，产生能源气体（沼气），便于资源化利用；能够灭活病原菌，达到无害化；消化后的污泥脱水性能较好；总污泥产生量少	消化池占地面积大，初期投资高。运行管理复杂，且操作条件多，若操作不当，会导致系统过度酸化而崩溃。上清液中 COD 浓度较高，氮、磷含量也较高，需要进一步处理。沼渣难以有效处置，会产生臭气，且有甲烷易燃气体产生，存在甲烷泄漏等安全隐患
好氧消化	适合产生污泥量较少的小型污水厂；初期投资低；上清液中 COD 含量低；操作控制较简单；无甲烷可燃气体产生的风险	长时间曝气导致能耗高；处理后的污泥脱水性能差；受冬季气温低影响，处理效率会降低；会有臭气产生
好氧堆肥	堆肥后的产品可作为肥料回用于土地；初期投资相对较低	需要添加秸秆等原材料，增加了成本；操作管理复杂，要求强力透风和人工翻动；占地面积大；有臭气产生，需要安装臭气收集和处理系统
石灰稳定	处理成本低；操作简单；可作为临时或应急处理方案，见效快	处理后污泥含大量钙，使其资源化再利用的期限受到限制；因投加大量石灰，导致污泥量增加，进而增加了后续处理和处置的难度及成本

对于生物稳定法，污泥达到稳定化的控制标准可按照《城镇污水处理厂污染物排放标准》（GB 18918—2002）中的规定，具体见表 7-6。

表 7-6　污泥稳定化控制指标

稳定化方法	控制项目	控制指标
厌氧消化	有机物降解率/%	＞40
好氧消化	有机物降解率/%	＞40
好氧堆肥	含水率/%	＜65
	有机物降解率/%	＞50
	蠕虫卵死亡率/%	＞95
	粪大肠菌群菌值	＞0.01

（3）无害化原则

污泥无害化的目的在于去除污泥中有毒有害成分，包括铅、镉、铬、镍、铜、砷等重金属，达到污泥处理处置的泥质标准；去除有毒有机物，如多环芳烃、多氯联苯、二噁英、挥发酚、氯酚等，以及去除病原菌、寄生虫卵及病毒等。污泥的无害化处理非常有必要，污泥处理处置过程必须充分考虑无害化原则。

（4）资源化原则

污泥中含有丰富的 N、P、K 等有益于植物生长的养分，可作为有机土或有机肥料，或用于园林绿化；污泥中含有的大量有机物，可与煤、生活垃圾、秸秆等混合焚烧用于热力发电等。随着污泥资源化利用的发展，人们越来越意识到污泥是一种很有利用价值的潜在资源。

7.1.3.2　污泥处理处置基本工艺流程

污泥处理处置方式多样，我国绝大多数城镇污水厂对污泥处理的基本工艺包括：重力浓缩后经机械脱水外运、填埋；经济发达地区采用干化焚烧以及好氧堆肥，作为肥料回用于土地；也有对少量的污泥进行资源化利用的，包括污泥建材化，污泥与水泥窑协同处置后制备水泥，或污泥制砖等。归纳起来，污泥处理处置工艺可分为以下几类：

① 重力浓缩→机械脱水→安全填埋；

② 重力浓缩→机械脱水→干化→焚烧（或热分解）→灰分填埋；

③ 重力浓缩→机械脱水→好氧堆肥→土地利用；

④ 重力浓缩→机械脱水→厌氧消化产甲烷→机械脱水→土地利用；

⑤ 重力浓缩→机械脱水→干化→资源化利用（制成建材、协同处置制备水泥）；

⑥ 重力浓缩→机械脱水→好氧消化→机械脱水→土地利用；

⑦ 重力浓缩→机械脱水→干化→后续最终处置。

7.2 污泥浓缩与脱水

7.2.1 污泥中水分的存在形式及性质

污泥中所含水分大致有四种存在形式，即毛细水、空隙水、污泥颗粒吸附水和内部水，如图 7-2 所示。

毛细水是在固体颗粒表面上由于毛细作用形成的毛细结合水。毛细水需要借助较高的机械作用力或能量才能将其分离出来，如真空过滤、压力过滤和离心分离等。此部分水约占污泥中总水分的 20%。

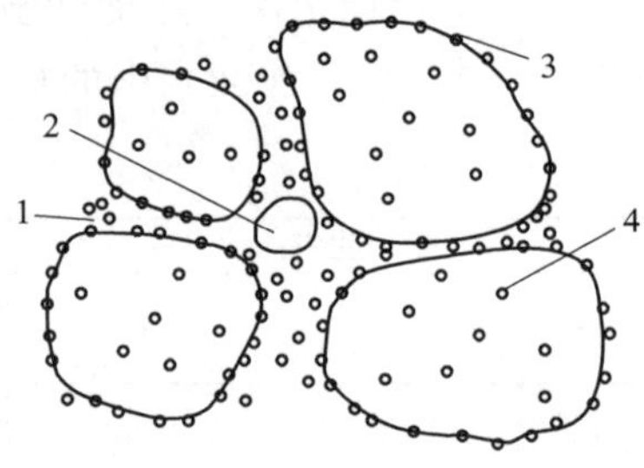

图 7-2 污泥中水分的存在形式示意

1—毛细水；2—空隙水；3—污泥颗粒吸附水；4—内部水

空隙水是指污泥颗粒包围着的游离水分。在重力浓缩池中停留足够的时间，即可通过重力作用轻松地将其分离出来。此部分水约占污泥中总水分的 70%。

污泥颗粒吸附水是由于固体颗粒的表面张力作用吸附在颗粒表面的水分。这类水分难以通过常规的浓缩或脱水方法去除。一般通过添加混凝剂对其进行调理，调理后的污泥颗粒比表面积增大，进而降低了表面张力，部分吸附水得以分离去除。

内部水是指包含在污泥中微生物细胞体内的水分。这类水分难以分离，普通的机械方法无法去除它们。吸附水和内部水约占总水分的 10%。

7.2.2 污泥的浓缩

污泥的含水率很高，初沉污泥含水率为 95%～97%，剩余污泥含水率达 99%以上，这导致污泥体积大，给后续处理带来极大困难。污泥浓缩的主要目的是减少污泥体积、提高污泥固体物浓度。

污泥浓缩方法有重力浓缩法、机械浓缩法、气浮浓缩法等。重力浓缩法因工艺简单、运行成本低廉而成为最常用的方法，其浓缩后的污泥含固率通常为 5%左右。机械浓缩法虽然能提高含固率至 6%～7%，但需要投入额外成本，以及进行后期的维护管理。气浮浓缩法适用于污泥量少且密度低于水的污泥，如剩余污泥。与重力浓缩法相比，气浮浓缩法具有恶臭少，不会有磷的二次释放等优点。尽管气浮浓缩法需要的占地面积较小，但其操作管理比重力浓缩法复杂，需要额外投加药剂和制备溶气水等工序，因此气浮浓缩法整体运行费用较高。而城镇污水厂污泥产生量大，因此一般不采用气浮浓缩法。在国内大多数污水处理厂中，重力浓缩法仍是主流工艺。

由于城镇污水厂通常采用重力浓缩法，因此本章仅介绍重力浓缩法。气浮浓缩法原理参见第 3 章。

(1) 重力浓缩的基本原理

重力浓缩利用污泥的自然沉降进行分离，不需要外加能量且操作、管理简单，是一种节能的浓缩方法。

连续重力浓缩过程如图 7-3 所示。

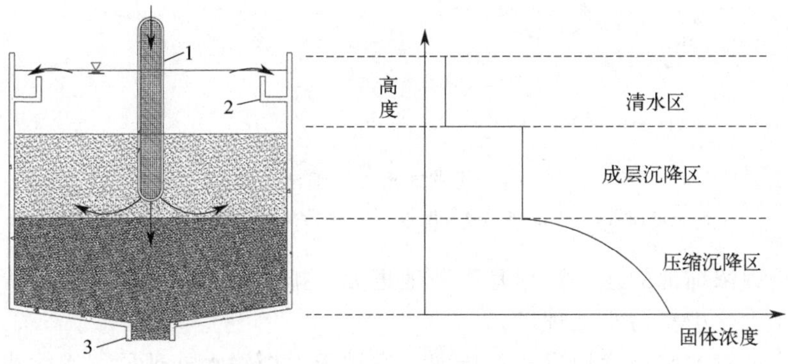

图 7-3　连续重力浓缩过程

1—中心进泥管；2—上清液溢流堰；3—排泥管

污泥进入重力浓缩池后，在浓缩池内形成不同的区域。浓缩池上部是清水区（即污泥浓缩后产生的上清液区），在该区域内固体颗粒或污泥絮体进行自由沉降。要使污泥固体物达到完全沉降，最小污泥颗粒的沉降速度必须大于上清液向上流动的速度。随着池深的增加，污泥颗粒增多，颗粒间的互相碰撞对各自的沉淀产生干扰。此时污泥颗粒从重力作用下的自由沉降过程转变为成层沉降过程。随着池深的进一步增加，污泥（包括絮体和固体颗粒）含量进一步提高，越来越多的污泥互相挤压，并以机械压力的形式将其重量传递给下层的污泥，使污泥被进一步压缩和固化。这一沉降区域称为压缩沉降区。

在重力浓缩池中，污泥沉降的速度取决于污泥的密度、结构以及污泥颗粒（包括絮体和固体颗粒）的大小。密度大、颗粒状的污泥固体物比胶体状、细胞水含量高的生物絮体状污泥受到的水流阻力小，因此这类污泥的沉降浓缩效果更好。

重力浓缩工艺简单高效，但也伴随着明显的缺陷。其最突出的问题是污泥在重力浓缩池中停留时间过长，使得大部分污泥处于缺氧甚至厌氧状态，因此可能导致生物反硝化反应，甚至是厌氧发酵反应。而厌氧发酵会产生 CH_4、CO_2、H_2S、NH_3 等气体，不仅产生恶臭，这些气体的上浮也会影响污泥的沉降和压缩。此外，重力浓缩池中还有厌氧释磷现象，即污泥中的磷重新释放到上清液中，导致上清液中磷含量增加。

(2) 重力浓缩池

按照运行方式，重力浓缩池可分为间歇式、半连续式和连续式三种。

间歇式重力浓缩池的运行流程是：一次进泥至装满后，关闭进泥管，随即开始重力浓缩过程。池数一般在两个以上，特别适用于小型污水处理厂。间歇式重力浓缩池通常不设刮泥机，其池底设计为斗状结构，如图 7-4 所示。上清液可以通过图 7-4 中所示的几个不同高度的排液管进行排除。

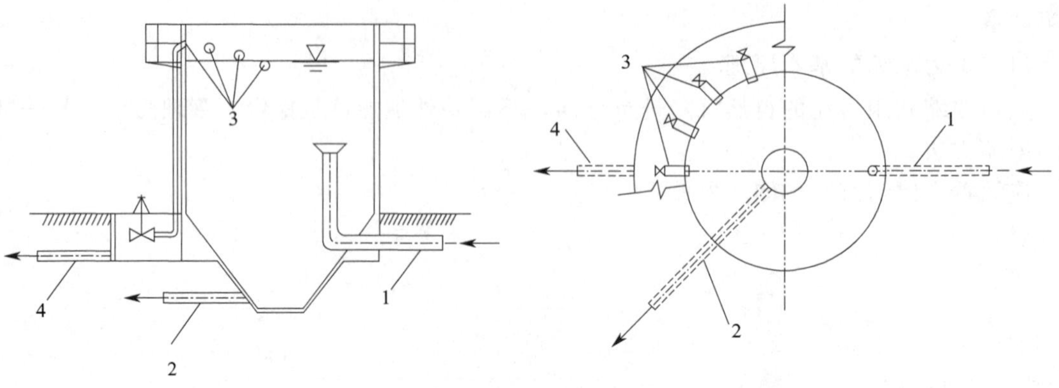

图 7-4 间歇式重力浓缩池示意

1—进泥管；2—浓缩污泥排出管；3—上清液溢流管；4—排液管

半连续式重力浓缩池的运行流程是间断地进泥、排泥，同时浓缩池的上清液也间断地排出，一般适用于大、中型污水处理厂。

连续式重力浓缩池则连续地进泥、排泥，适用于大型污水处理厂。连续式重力浓缩池与半连续式重力浓缩池池型相似，都类似辐流式沉淀池，且都是利用重力作用进行污泥浓缩。它们浓缩后的池底污泥由刮泥机刮至池底中部的污泥斗中排出，而上清液则经过浓缩池上部的排液管排出。

7.2.3 污泥调理和机械脱水

7.2.3.1 污泥脱水前的调理

污泥调理的目的是改善污泥的脱水性能，减小水分与污泥固体颗粒的结合力，从而加速污泥脱水过程。污泥中的水分与污泥固体颗粒的结合力很强，不经调理过程，绝大多数污泥的脱水将非常困难。

污泥调理的方法主要有化学调理法、热处理法和冷冻法，其中常用的是化学调理法。在有热源（如热电厂废蒸汽）的地方可用热处理法。我国三北地区，气温低，可考虑采用冷冻法。

(1) 化学调理法

化学调理是指根据污泥的性质，投加不同类型的混凝剂，进一步可投加助凝剂，使污泥颗粒特别是胶体颗粒凝聚和絮凝，以此改善其脱水性能。常用的混凝剂包括无机混凝剂及其聚合物、有机高分子聚合物电解质及微生物混凝剂。

污泥主要由絮状带电负荷的胶体颗粒组成，由于静电斥力的作用维持着稳定的分散系，因此具有一定的电势。电势是反映污泥颗粒胶体稳定性的一个性能指标，可量度胶体颗粒所带电荷和对电荷的影响作用范围。活性污泥的电势值一般为－20～30mV。加入混凝剂后，电势绝对值可降低约10mV，斥力的减弱导致胶体颗粒之间的相互作用力发生变化，从而使得胶体颗粒脱稳。

常用无机混凝剂按照金属元素分为铝盐和铁盐两类。铝盐包括硫酸铝、明矾、聚合氯化铝（PAC）、聚合硫酸铝（PAS）等；铁盐包括三氯化铁、硫酸亚铁、聚合硫酸铁（PFS）、聚合氯化铁（PFC）等。这部分的具体内容在10.2.3小节中将进行论述。

（2）热处理法

加热污泥可加速污泥中粒子的热运动，提高粒子碰撞和结合的频率，进而促进凝聚效果。同时，污泥中的细胞体受热膨胀而破裂，释放出蛋白质、胶质、矿物质和细胞膜碎片。胶体结构被破坏，大量释放出内部结合水，释放出的有机物在高温下受热水解。污泥的沉降性能和脱水性能因此得到提升。

热调理效果的好坏在很大程度上取决于污泥的性质、温度和处理时间等条件。

（3）冷冻法

冷冻法又称冻融法，指的是将含大量水分的污泥冷冻至其凝固点以下，冻结后加热溶解。在此过程中，温度的大幅度变化使污泥中的胶体颗粒脱稳凝聚，胶体结构被不可逆地破坏；污泥细胞体破裂，细胞内部水变成自由水从而更容易失去，可以提高污泥的沉降性能和脱水性能。

7.2.3.2　污泥的机械脱水

污泥在经浓缩或消化之后含水率依然高达96%，过大的污泥体积不便于运输及后续处理。而对污泥自然晾晒、通风、蒸发去除水分的方法，即自然干化法，受制于占地面积大、效率低、对土壤和空气有污染等缺陷，目前很少采用。为实现综合利用和最终处置，仍需要采用机械设备对污泥进一步脱水。

污泥脱水机械包括过滤式机械和离心式机械两类。过滤式机械又分为正压过滤机械（如带式压滤机、板框压滤机）和负压过滤机械（如真空过滤机）两种。污泥的过滤脱水过程依靠过滤介质（多孔性物质）两面的压力差，使水分通过过滤介质，固体颗粒被截留，达到脱水目的。

离心式脱水机械则是在机械产生的离心力作用下，借助于污泥中固体和液体的密度差实现固液分离。

过滤脱水原理如图7-5所示。

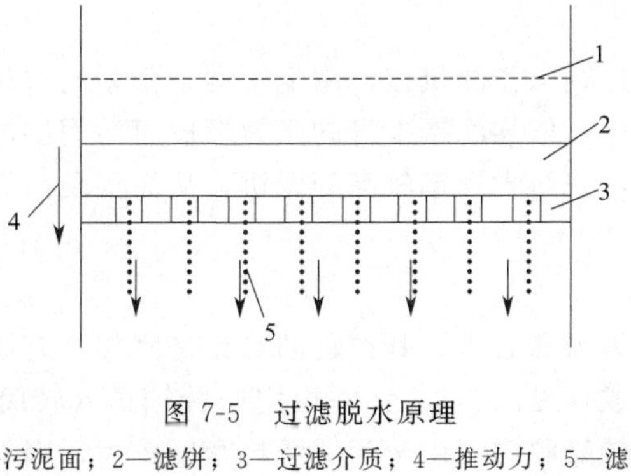

图7-5　过滤脱水原理

1—污泥面；2—滤饼；3—过滤介质；4—推动力；5—滤液

下面主要介绍国内污水处理厂经常选用的板框式压滤机、带式压滤机、离心式脱水机和叠螺浓缩脱水一体机。

(1) 板框式压滤机

板框式压滤机通过滤板和滤框的挤压产生的压力使污泥内的水排出，达到脱水目的。板框式压滤机由滤板、滤框、压紧装置、机架、液压系统、滤板传输系统和电气系统等部分组成。

滤板两面都是凹面，每面四周边缘凸起，如图 7-6(a) 所示。滤板上覆有滤布，两块滤板压紧后构成一压滤室，滤板凸出的边沿是压滤室的密封边沿。经机械或液压装置，将止推板（固定滤板）和压紧板（活动滤板）之间的滤板压在一起，滤板之间形成压滤室。需要脱水的污泥通过污泥泵经中心进泥孔进入板框压滤机，并分配到板与板之间的压滤室内，见图 7-6(b)。

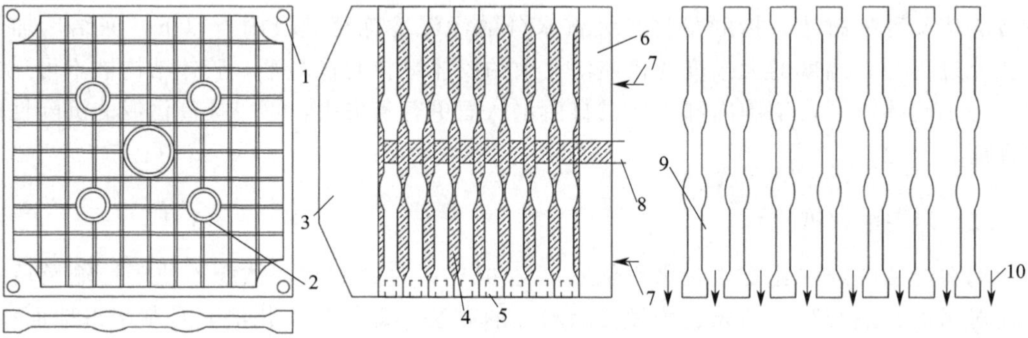

(a) 滤板的结构　(b) 过滤时　(c) 排泥时

图 7-6　板框式压滤机工作示意

1—通气孔；2—支撑凸块；3—止推板；4—泥饼；5—排液孔；6—压紧板；7—挤压力；8—进泥孔；9—滤布；10—泥饼收集

在压滤室内，滤液穿过滤布，经滤板排液孔排出，而污泥中的固体物则在压滤室中逐渐富集。随着污泥的不断进入，固体物含量持续提高，最终形成满足脱水要求的泥饼。通过手工或机械装置，可以逐块移动滤板，使泥饼落入收集斗内或者输送带上，如图 7-6(c) 所示。

用于污水处理厂污泥脱水的板框压滤机，其过滤压力一般为 0.8～1.6MPa。与其他类型的脱水机相比，板框式压滤机的缺点是占地面积较大。

(2) 带式压滤机

带式压滤机是一种可连续工作的机械，由上下两条张紧的滤带夹带着污泥层，从一连串有规律排列的辊压筒间经过，依靠滤带本身的张力形成对污泥层的压榨作用和剪切作用，把污泥层中的水分挤压出来，获得含固率较高的泥饼，从而实现污泥脱水。这种脱水方法目前应用广泛，见图 7-7。

(3) 离心式脱水机

离心式脱水机的推动力为离心力，其推动的对象是固相。离心式脱水机主要由转鼓和带空心转轴的螺旋输送器组成，见图 7-8。污泥由空心转轴送入转筒后，在高速旋转产生的惯性力作用下，立即被甩入转鼓腔内。由于污泥颗粒密度较大，因而离心力也较大，被甩贴在转鼓内壁上，形成固体层。由于水的密度较小，惯性力也小，只在固体层内侧形成液体层。

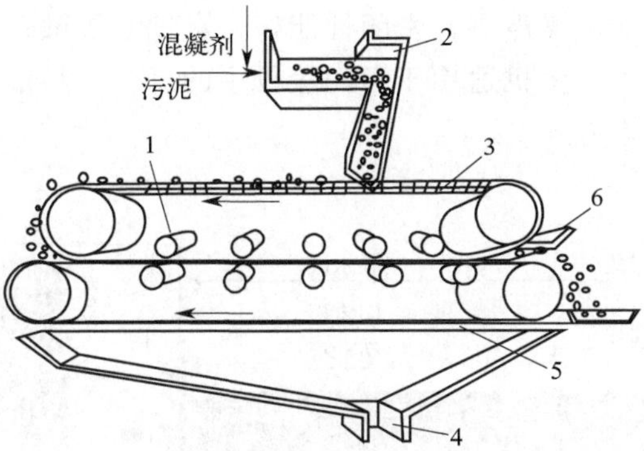

图 7-7　辊压带式脱水机（对置辊压式）

1—辊压轴；2—混合槽；3—金属丝网；4—出液口；5—滤布；6—刮板

固体层的污泥在螺旋输送器的缓慢推动下，被输送到转鼓的锥端，经转鼓周围的出口连续排出；液体则由堰口溢流排至转鼓外，汇集后排出脱水机。

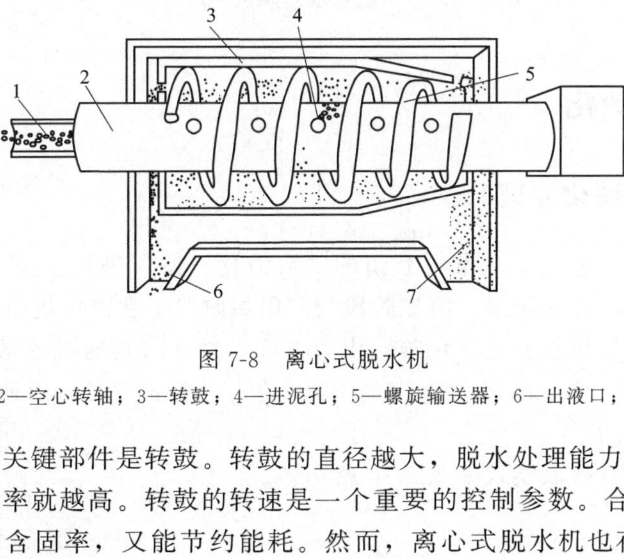

图 7-8　离心式脱水机

1—进泥；2—空心转轴；3—转鼓；4—进泥孔；5—螺旋输送器；6—出液口；7—出泥口

离心式脱水机的关键部件是转鼓。转鼓的直径越大，脱水处理能力越大；转鼓的长度越长，浓缩污泥的含固率就越高。转鼓的转速是一个重要的控制参数。合理控制转鼓的转速，使其既能获得较高的含固率，又能节约能耗。然而，离心式脱水机也存在着噪声大、能耗高、处理能力相对有限等缺点。

（4）叠螺浓缩脱水一体机

叠螺浓缩脱水一体机（图 7-9）的主要部件包括固定板、活动板及螺旋轴。固定板有 4 个耳孔，通过螺杆贯穿活动板相间排列组装成筒体。其浓缩段的环较厚重，脱水段的活动板较轻薄；螺旋轴的叶轮直径与固定板内切，它的作用是输送污泥。

当螺旋轴以 2～3r/min 的缓慢转速转动时，活动板依靠自身重量和螺旋轴叶片的缓慢转动，在各自特定的位置上进行上、下、左、右的游动。这种运动方式导致活动板与固定板之间产生摩擦力和剪切力，从而破除液体的表面张力，使滤液排出筒体，达到浓缩与脱水的目的。

叠螺浓缩脱水一体机适用于初沉污泥、剩余活性污泥、混合污泥及消化污泥。它可使污泥含水率从 99.2%以上降低至 80%以下。

叠螺浓缩脱水一体机的优点包括：机械设备简单，机型紧凑，占地空间小，可实现自动化控制；低速运转，能耗低，噪声小；密闭性能好，臭气不扩散；操作简单，经久耐用，设备磨损率低。叠螺浓缩脱水一体机适用于污泥量较小的场合。目前国家尚无设备标准，市场上的设备质量有时也参差不齐。

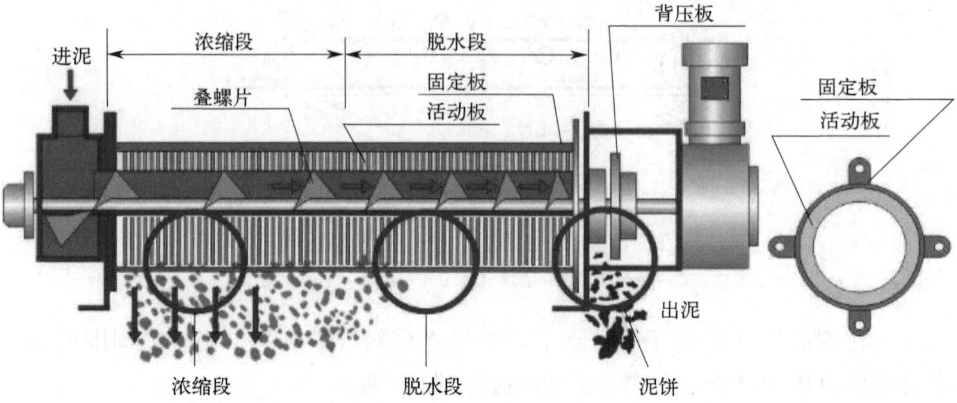

图 7-9 叠螺浓缩脱水一体机

7.3 污泥厌氧消化

7.3.1 污泥厌氧消化原理

污泥厌氧消化同样遵循第 5 章中介绍的厌氧消化三阶段理论。第一阶段为水解酸化阶段，第二阶段为产氢产乙酸阶段，第三阶段为产甲烷阶段。在产甲烷阶段，通过两组不同的产甲烷菌的作用，一组将氢和二氧化碳转化为甲烷，另一组则通过乙酸脱羧作用产生甲烷。在厌氧消化的过程中，由乙酸转化而来的 CH_4 约占总量的 2/3，而通过 CO_2 还原生成的 CH_4 则约占总量的 1/3。

污泥厌氧消化的三阶段模式如图 7-10 所示。

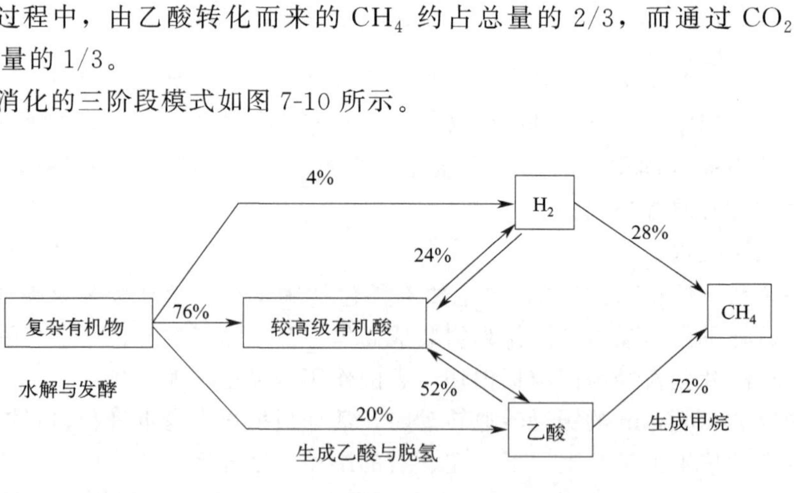

图 7-10 污泥厌氧消化的三阶段模式

污泥中可降解的有机物大致可分为三大类，即碳水化合物、脂肪和蛋白质，平均产气量分别为 790mL/g、1250mL/g、704mL/g。污泥消化过程中 CH_4 的形成过程如图 7-11 所示。

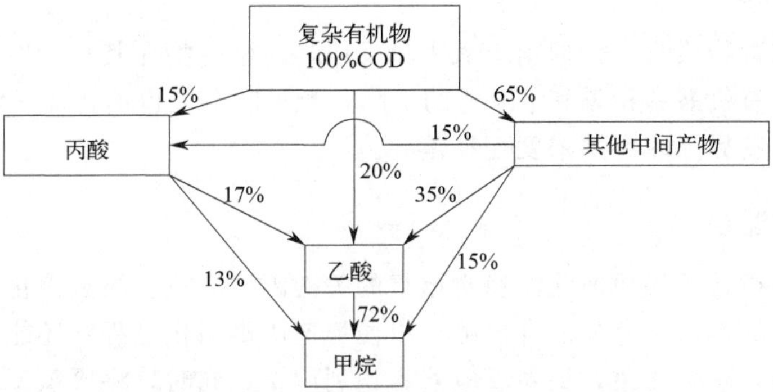

图 7-11　污泥消化过程中 CH_4 的形成过程

厌氧反应过程中，参与第一阶段代谢的水解与发酵细菌中，既有专性厌氧菌，也有兼性厌氧菌，它们可以是细菌、原生动物或真菌。参与厌氧消化第二阶段代谢的微生物是产氢产乙酸菌及同型产乙酸菌，分为专性厌氧菌和兼性厌氧菌两种。参与厌氧消化第三阶段代谢的菌种是产甲烷菌，属严格的厌氧菌。产甲烷菌常见的有以下四类。

a. 甲烷杆菌，杆状细胞，连成链或长丝状或呈短而长的杆状。

b. 甲烷球菌，球形细胞呈正圆形或椭圆形，成对或成链排列。

c. 甲烷八叠球菌，它可繁殖成有规律的、大小一致的细胞，并堆积在一起。

d. 甲烷螺旋菌，呈有规律的弯曲杆状和螺旋丝状。

7.3.2　污泥厌氧消化影响因素

7.3.2.1　温度

厌氧消化根据温度可分为中温消化（适应温度区为 30～36℃）和高温消化（适应温度区为 50～55℃）两种。中温消化的消化时间约为 30d，高温消化为 10～15d。大多数工程化厌氧消化系统为中温厌氧消化。

维持消化池内温度稳定很重要。这是因为产甲烷菌对温度变化非常敏感，中温或高温厌氧消化允许的温度变动范围较小。当温度变化在±3℃以上时，会抑制消化速率；当温度变化超过±5℃时，就会突然停止产气，使有机酸大量积累而破坏厌氧消化。

7.3.2.2　pH 值

厌氧细菌中产甲烷菌对 pH 值非常敏感。甲烷发酵最合适的 pH 值范围在 7.3～8.0。消化池中 pH 值的降低（如消化池负荷过高，导致产酸量增加）将抑制甲烷的形成。还可考虑提供外加化学物质（如石灰、碳酸氢钠或碳酸钠）来中和不正常消化所产生的过量的酸。

7.3.2.3　碳氮比（C/N）

在厌氧消化池中，当被分解物质的碳氮比（C/N）为（12～16）∶1 时，厌氧菌最为活跃，单位质量的有机物产气量也最多。根据研究，污泥中掺杂餐厨垃圾有助于提高污泥的 C/N，达到最佳 C/N 值。因此，将餐厨垃圾与城市污泥协同厌氧消化产沼气，可达到资源化利用目的，也是研究热点。

7.3.2.4 有毒物质

污泥中存在有毒物质时，会抑制厌氧生化反应，对微生物尤其是产甲烷菌有抑制和毒害作用，导致挥发性有机酸的积累和 pH 值的下降，严重时会使得消化池无法正常操作。不同有毒物质的毒性浓度界限即毒阈浓度存在差异。

7.3.2.5 搅拌与混合

均匀且充分的搅拌是污泥消化池稳定运行的关键因素之一。厌氧消化的搅拌不仅能使投入的生污泥与池内的熟污泥充分混合接触，以便加速厌氧消化过程；还能加速热传导，使反应器内的温度均匀，减少死角，提高反应器容积利用率；同时，将厌氧反应过程中产生的沼气迅速释放出来。

通常搅拌的方法有机械搅拌、泵循环搅拌和沼气搅拌等。

7.3.3 污泥厌氧消化工艺设计

7.3.3.1 设计参数的确定

设计参数包括挥发性悬浮固体的有机负荷和投配率两种。

挥发性悬浮固体的有机负荷是指单位体积的消化池每天接纳的挥发性悬浮固体（VSS）量。有机负荷分低负荷和高负荷两种，典型设计参数如表 7-7 所示。过低的 VSS 负荷率会导致建设和运行费用昂贵；过高的 VSS 负荷率则会导致厌氧消化反应不完全，厌氧效率低，产气量少。

表 7-7 低负荷和高负荷消化池典型的设计参数

参数	低负荷	高负荷
固体停留时间/d	30～60	15～20
挥发性悬浮固体负荷/[kg/(m³·d)]	0.5～1.5	1.6～3.2
混合初沉＋剩余生物污泥进料浓度(以干固体百分比表示)/%	2～4	4～6
消化池干固体浓度/%	4～6	1～6

消化池的固体投配率也是主要设计参数。固体投配率指的是每日投加新鲜污泥体积占消化池有效容积的百分比。投配率作为消化池设计的一个重要参数，其设置应谨慎。若投配率过高，可能导致消化池内挥发性有机酸积累，进而引起 pH 值下降，污泥消化不完全，产气率降低；反之，若投配率过低，则污泥消化较为完全，产气率较高。但相应地，消化池容积会增大，导致基建费用增高。根据我国污水处理厂的运行经验，城镇污水处理厂中温消化的投配率以 5%～8%为宜，相应的消化时间为 12.5～20d。

7.3.3.2 工艺设计计算

消化池的容积设计应按照有机负荷、污泥泥龄或消化时间进行设计。消化池的有效容积（V，m^3）可按照固体停留时间或挥发固体有机负荷或污泥的固体投配率进行计算，如式（7-4）所示：

$$V=V'T_{\mathrm{d}}$$

$$V=\frac{V_{\mathrm{c}}'}{L_{\mathrm{VSS}}} \tag{7-4}$$

$$V=\frac{V'}{P}\times 100$$

式中，T_{d} 为消化时间，d；V'为每日投入消化池的污泥量，kg；V_{c}'为污泥的挥发性悬浮固体（VSS）浓度，kg/m^3；L_{VSS} 为消化池挥发性悬浮固体容积负荷，中温消化时为 0.6～1.5kg/(m^3·d)，高温消化时为 2～2.8kg/(m^3·d)；P 为投配率，%。

7.3.3.3　消化池池形设计及设备

（1）池形和构造

消化池分圆柱形、蛋形两种。圆柱形消化池占地面积较大。蛋形消化池占地面积小，比较经济，但其设计、建造时较为复杂。

圆柱形池见图 7-12(a)～图 7-12(c)。传统圆柱形厌氧消化池普遍使用带圆锥底板的低圆柱形，该圆柱形池一般由钢筋混凝土制成。其池径一般为 6～35m，池总高与池径之比取 0.8～1.0，池底、池盖倾角为 15°～20°；底板坡度一般为(1∶3)～(1∶6)。

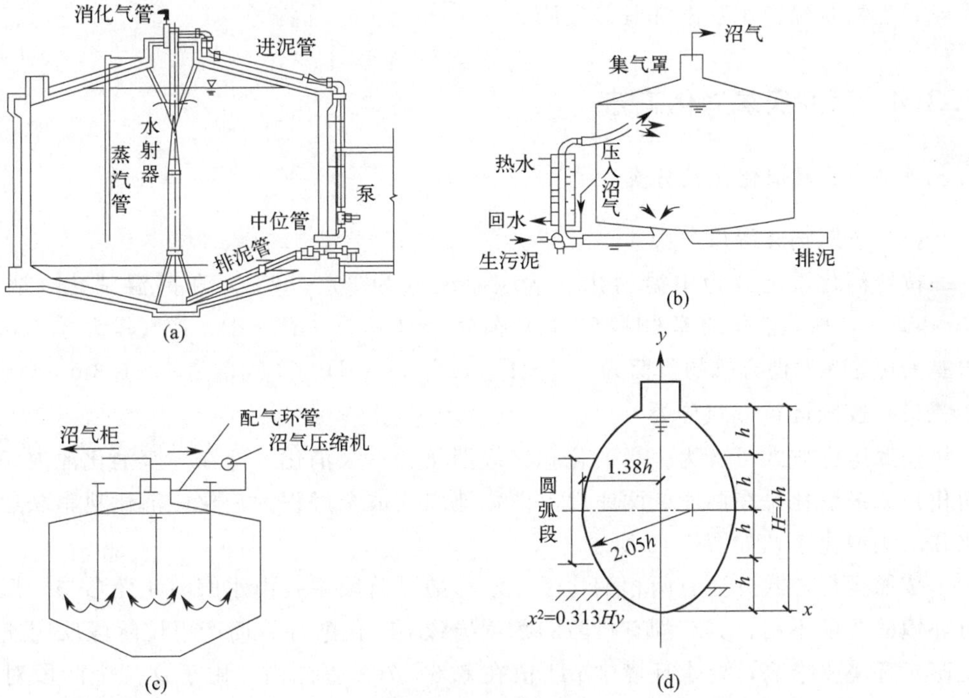

图 7-12　厌氧消化池基本池形

(a)～(c)圆柱形；(d) 蛋形

大型消化池常采用蛋形，如图 7-12(d) 所示，其容积可以达到 10000m^3 以上。它有如下优点：a. 搅拌充分且均匀，无死角；b. 池内污泥层表面积小，即使生成浮渣，也容易清除；c. 在池容相等的条件下，池总表面积比圆柱形小，故散热面积小，易于保温；d. 蛋形的结构受力条件好，可节省材料；e. 防渗水性能好，收集沼气效果好。

（2）搅拌方式

厌氧消化池可以采用水射器搅拌、沼气搅拌、联合搅拌、外置水泵搅拌及螺旋桨机械搅拌等形式。

水射器搅拌是污泥通过厌氧消化池中的水射器高速喷出，与池中污泥混合，达到搅拌目的，见图 7-12(a)。沼气搅拌是将沼气通入池内的搅拌方式，见图 7-12(c)。联合搅拌是把生污泥加温、沼气搅拌联合在一个装置内完成，见图 7-12(b)。

（3）加热设备

加热有内部加热和外部加热。内部加热采用固定在边壁上的内部加热盘管，盘管内部有热水循环。但这些盘管易受损，导致换热效率下降。

（4）沼气收集和储存

沼气通过消化池顶部收集，并输送至储气柜。沼气的收集和传输系统必须维持在正压条件下，以防止爆炸。

污泥厌氧消化产生的沼气可以得到资源化利用，可以用来燃烧以供给厌氧消化池热量，或并网发电。当沼气进行能源利用时，需要脱硫处理，以免腐蚀设备与管道。按照规定，H_2S 含量（$0.188g/m^3$）不得超过 0.015%，而我国污水处理厂的沼气含 H_2S（$1.25 \sim 5.0g/m^3$）浓度达 0.1%～0.4%，因此需进行脱硫处理。脱硫的方法有：干式脱硫、湿式脱硫、生物脱硫及水喷淋洗脱等方法。

7.3.4 污泥厌氧消化工艺

7.3.4.1 厌氧消化工艺分类

（1）按照消化温度分类

按照消化温度分为中温消化（适应温度区为 30～36℃）和高温消化（适应温度区为 50～55℃）。高温消化的挥发性有机物负荷为 $2 \sim 2.8kg/(m^3 \cdot d)$，产气量为 $3 \sim 4m^3/(m^3 \cdot d)$。中温消化的挥发性有机物负荷为 $0.6 \sim 1.5kg/(m^3 \cdot d)$，产气量为 $1 \sim 1.3m^3/(m^3 \cdot d)$。

（2）按照运行方式分类

按照运行方式可分为一级消化和二级消化。一级消化，即在一座消化池内完成全过程的消化。二级消化是在两座或两座以上消化池内完成全过程的消化，消化池串联运行。一级消化和二级消化工艺如图 7-13 所示。

按照运行方式分还有两相消化法。水解酸化阶段主要由水解酸化菌参与，反应速度快且对环境的要求不高，其产物有机酸的积累导致 pH 偏酸性；而产甲烷阶段反应速度慢，产甲烷菌对环境要求高，要求环境中 pH 值在 6.6～7.8 范围内。由于这两个阶段对环境条件的需求差异显著，因此将水解酸化阶段和产甲烷阶段分别置于两个消化池中进行，即为两相消化法，如图 7-14 所示。

在两相消化池中，第一相消化池的容积按照 100%的投配率进行核算，停留时间设定为 1d；而第二相消化池的容积则根据 15%～17%的投配率来进行设计，停留时间相应延长至 6～6.5d。此外，第二相消化池还配备了加温、搅拌设备及集气装置。

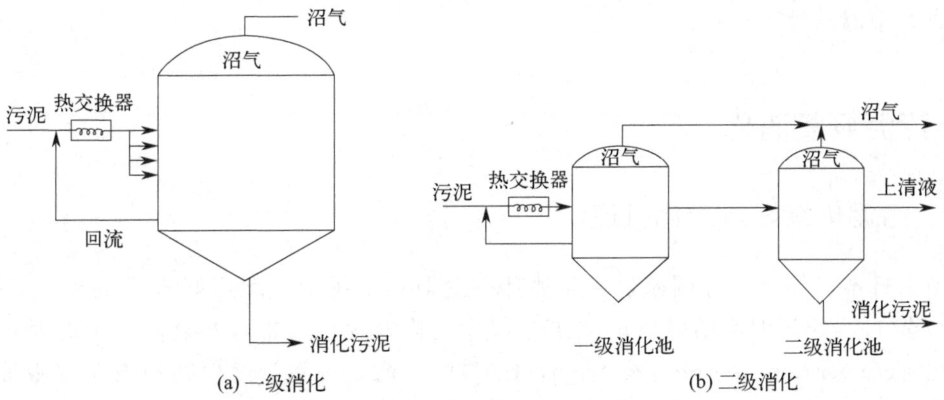

图 7-13　一级消化和二级消化工艺

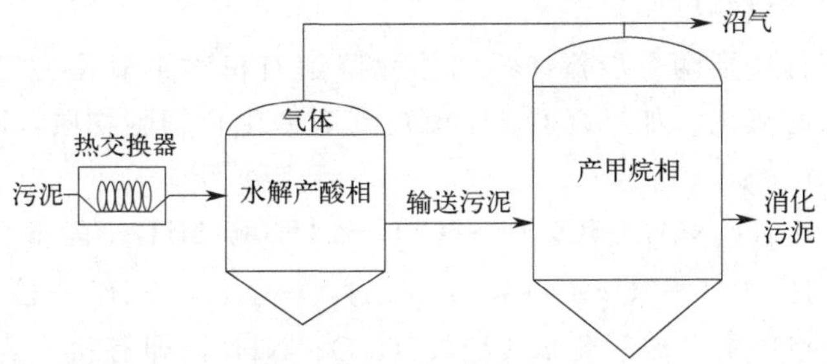

图 7-14　两相消化工艺

7.3.4.2　厌氧消化组合工艺

传统的一相（或一级）厌氧消化池已经很少应用，多采用二相（或两级）或多级的厌氧消化组合工艺。将两级或多级与中、高温相结合，形成的组合类型主要有：中温两级厌氧消化、高温/中温或中温/高温厌氧消化和产酸/产气两相厌氧消化。

（1）中温两级厌氧消化

中温两级厌氧消化是第一级消化池为中温消化并搅拌，第二级不加热也不搅拌，利用第一级的余热进一步消化，起到污泥浓缩和储存的作用。与一级相比，两级中温厌氧消化产生的污泥更稳定，容易脱水。

（2）高温/中温或中温/高温厌氧消化

该组合充分利用高温消化反应速度快的特点，提高消化反应速率并增强系统的稳定性。与单级中温、单级高温厌氧消化相比，该组合抗冲击负荷能力强。对于高温/中温两相厌氧消化，高温相一般设计温度为 55℃，固体平均停留时间为 3～5d；中温相一般设计温度为 35℃，固体平均停留时间为 10d。总固体平均停留时间为 15d。而单级高效中温厌氧消化的典型平均停留时间是 10～20d。

（3）产酸/产气两相厌氧消化

在产酸相，溶解颗粒有机物并进行酸性发酵，产生大量挥发性有机酸，pH 值控制在 6 或者 6 以下，生物固体停留时间控制得很短，以产生更高浓度的有机酸。在产气相，pH 值控制在中性，生物固体停留时间控制得更长一些，从而维持更适于产甲烷菌生长的环境，使产气量最大化。这种组合的特点在于可以得到更高的有机物降解率，同时每一相都可以控制在高温或者中温条件下运行。

7.4 污泥好氧消化

7.4.1 污泥传统好氧消化机理

美国、日本、加拿大等国家，目前都有不少中小型污水厂运用好氧消化技术，特别是，丹麦大约有40%的污泥使用好氧消化法进行稳定化处理。通常，好氧消化指的是传统污泥好氧消化（convention aerobic digestion，CAD）工艺，是基于微生物的内源呼吸原理，即当环境中可利用的基质浓度很低时，微生物将会消耗自身以获取生存能量，最终细胞组织被分解，这些不稳定的有机物被转化为二氧化碳、水、氨氮、硝态氮等无害的小分子无机物。同时，好氧消化是一个放热反应。

污泥好氧消化过程包括两个步骤：a. 可生物降解有机物被氧化为细胞物质；b. 细胞物质被内源呼吸过程彻底氧化。如果以 $C_5H_7NO_2$ 代表微生物细胞物质，即含氮有机物，用式(7-5）和式(7-6）表示为：

$$C_5H_7NO_2+5O_2 \longrightarrow 5CO_2+2H_2O+NH_3+\text{能量} \tag{7-5}$$

$$C_5H_7NO_2+7O_2 \longrightarrow 5CO_2+3H_2O+NO_3^-+H^++\text{能量} \tag{7-6}$$

式(7-5）表示细胞物质先被氧化成 CO_2、H_2O、NH_3，即有机氮先以氨态氮的形式存在；式(7-6）表示进一步氧化后，细胞物质紧接着被氧化成稳定化产物 CO_2、H_2O 和 NO_3^-，氮以硝态氮的形式存在。

式(7-6）是硝化反应，释放 H^+ 消耗了碱度。如果污泥的缓冲能力不足，pH 值会降低。理论上，每千克的微生物活细胞在非消化系统中需要消耗 1.5kg 的氧气，而在消化系统中则需要 2kg 的氧气。实际运行中的需氧量还受其他因素的影响，如操作温度、初沉池污泥的加入、污泥龄（SRT）等。如果 pH 值下降显著，污泥中的碱度不够，也可以投加石灰等碱性药剂加以缓冲。

经好氧消化后，不稳定的有机物被去除，剩下惰性物质和不可生物降解有机物。其能量水平极低，因此生物学上很稳定，适合各种最终处置途径。

7.4.2 污泥好氧消化工艺

7.4.2.1 传统污泥好氧消化工艺

传统污泥好氧消化工艺是通过曝气使微生物在进入内源呼吸期后进行自身氧化，从而使污泥减量。其工艺设计、运行简单，易于操作，基建费用低。

在好氧消化中曝气量的控制尤为关键，既需要为系统提供充足的氧源（DO 值浓度 > 2.0mg/L），又需要满足搅拌要求，同时过大的曝气量将导致电耗过多。运行经验表明，CAD 消化池内的污泥停留时间和污泥浓度与污泥来源有关。在温度为 20℃时，若是剩余污泥，则污泥浓度为（1.25～1.75）$\times 10^4$ mg/L，污泥停留时间以 18～22d 为宜；如果仅是初沉污泥，则污泥浓度为（3～4）$\times 10^4$ mg/L，需要较长的污泥停留时间。

传统好氧消化的不足之处是：连续曝气使得运行费用较高；受气温影响，冬季消化时间延长；对病原菌的消灭能力较低等。此外，由于长期曝气存在硝化反应，可将 NH_3-N 转换为 NO_3^-，消耗了碱度，甚至导致系统酸化，从而降低了处理效果，需要添加碱性药剂提高 pH 至中性，但增加了操作难度和成本。

7.4.2.2 A/AD 工艺

为降低传统好氧消化（CAD）供氧的动力费用，经改造提出了缺氧-好氧消化（A/AD）工艺。A/AD 工艺是在 CAD 工艺的前端加一段缺氧区，利用在该段发生的反硝化反应所产生的碱度来补偿硝化反应中所消耗的碱度，所以不必另行投碱就可使 pH 值保持在 7 左右。另外，在 A/AD 工艺中 NO_3^--N 替代 O_2 作为最终电子受体，使得耗氧量比 CAD 工艺节省了 18%。

A/AD 工艺（连续流）基本流程如图 7-15 所示。在缺氧区对污泥进行搅拌以促进其发生充分反硝化反应，再进入好氧消化池停留，部分回流至缺氧区以提供 NO_3^--N，最后污泥进浓缩池浓缩后排出。

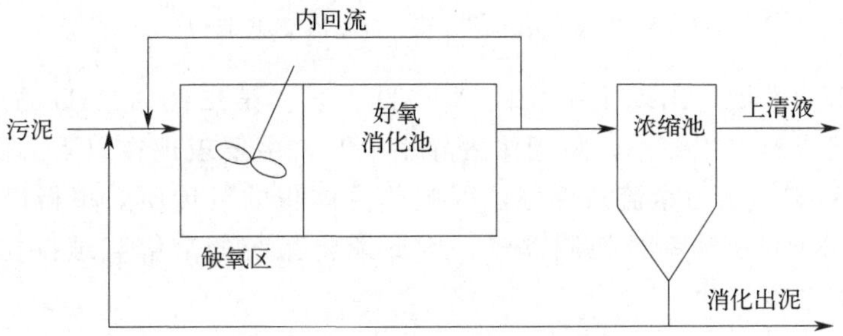

图 7-15　A/AD 工艺基本流程

7.4.2.3 ATAD 工艺

自动升温高温好氧消化（autothermal thermophilic aerobic digestion，ATAD）工艺的研究最早可追溯到 20 世纪 60 年代的美国，其设计思想产生于堆肥工艺，所以又被称为液态堆肥。自从欧美各国对处理后污泥中病原菌的数量有了严格的法律规定后，ATAD 工艺因其较高的灭菌能力而受到重视。

ATAD 工艺的一个主要特点是：污泥中挥发性有机物在好氧消化反应时释放的热量，可使消化池内温度达到高温消化所需的温度范围（45～60℃），从而大幅度增大反应速率。

ATAD 工艺具有以下优点：

① 使好氧消化池的停留时间大幅度缩小，消化池容积减小，占地面积小，投资成本降低；

② 挥发性有机物的去除率高，可在 45%以上，甚至达 70%；

③ 由于系统中不是完全处于好氧状态，因此硝化菌生长受到抑制，几乎没有硝化反应的发生，不需要投加药剂调节 pH 至中性；

④ 对病原菌的灭活效果好，可将粪大肠杆菌、沙门氏菌、蛔虫卵降低到“未检出”水平，同时将粪链球菌降到较低水平。

第一代 ATAD 消化池一般由两个或多个反应器串联而成，其基本工艺流程如图 7-16 所示。反应器内加搅拌设备并设排气孔，可根据进泥负荷灵活选择序批式或半连续流的进泥方式。反应器内的DO值浓度一般在1.0mg/L左右。消化和升温主要发生在第一个反应器内，其温度为35～55℃，pH值≥7.2；第二个反应器温度为50～65℃，pH值约为8.0。

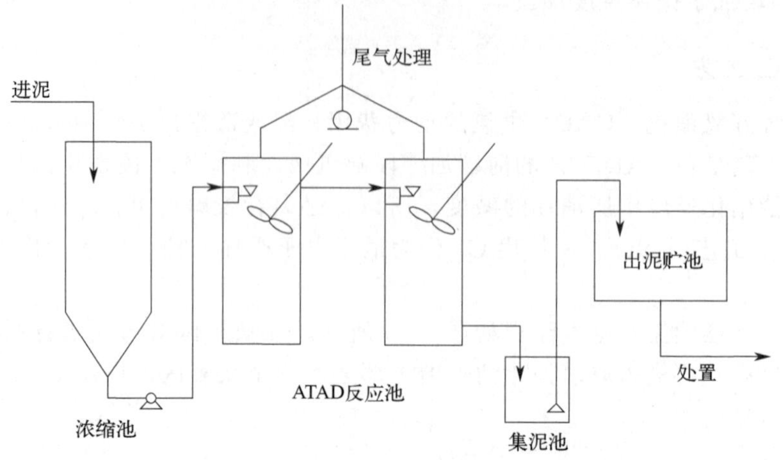

图7-16 第一代ATAD基本工艺流程

随着工艺技术的发展，出现了第二代ATAD工艺。第二代ATAD的反应池只有一座，工艺操作简便，反应池容积缩小，总固体去除率上升，主要表现在以下方面：a.操作简化；b.采用射流曝气系统，水力紊流条件好，因此单位体积的氧传质效率得以最大化；c.采用氧化还原电位（ORP）反馈系统控制曝气，因此能将系统的溶解氧维持在一个较为稳定的水平上，并能控制温度变化。

7.4.3 污泥传统好氧消化操作的控制参数

7.4.3.1 温度

温度对好氧消化的影响很大。温度高时微生物代谢能力强，即生长或代谢速度快，达到要求的有机物去除率所需的SRT短。当温度降低时，则要延长污泥停留时间。此外，SRT与进泥的性质、挥发性悬浮固体（VSS）的含量有关。

美国环境保护署（EPA）提出，当好氧消化的温度（℃）与SRT（d）的乘积为400～500时，即可获得较理想的VSS去除率。如温度为20℃时，达到50%有机物去除率约需两周的时间；而温度为30℃时约需一周的时间；温度为40℃时则约需3d的时间。

7.4.3.2 污泥浓度和污泥成分

进泥浓度对好氧消化设计和操作十分重要。高浓度的污泥单位体积需要输入更多的氧气，但较高的初始污泥浓度会降低氧的传递效率，导致充氧不足，因此必须要加强充氧量或采取机械搅拌等强化措施。

高浓度污泥的有机物总体去除量高于低浓度污泥，同时由于高浓度污泥的氧传递效率更低，因此所需要的消化时间更长，所以充分搅拌和充分曝气的运行费用也更高。

若好氧消化的污泥是初沉污泥和剩余污泥的混合物，进行好氧消化时，由于初沉污泥中含有外源有机碳源，微生物需要将外部营养源消耗完毕，才能进入内源呼吸阶段，故好氧消化所需时间延长。

7.4.3.3　传质、供氧及混合

对剩余活性污泥而言，好氧消化系统的需氧量转化为供气量为 0.25～0.33L/(m^3・s)，当有初沉污泥混入时，因需要先将初沉污泥中的外源有机物好氧分解，增加了氧需求量，因此供气量增加为 0.4～0.5L/(m^3・s)。消化池中的 DO 值宜维持在 2.0mg/L。当氧利用率小于 20mg/(L・h) 时，DO 值可适当降低。若通过曝气供氧的同时，需要利用曝气提供污泥混合作用，则需要加大供气量；否则，也可通过增加机械搅拌达到混合目的。

7.4.4　污泥好氧消化设计

确定消化系统设计的因素包括：VSS 设计去除率、进泥的质和量、操作温度、氧传质和混合要求、池体积、停留时间、运行方式等。按照标准，如果通过好氧消化挥发性悬浮固体（VSS）去除率≥40％，即认为污泥达到稳定。

在好氧消化过程中，微生物处于内源呼吸阶段，反应速率与生物量遵循一级反应模式。污泥中可生物降解的挥发性悬浮固体的分解速度与污泥剩余的挥发性悬浮固体（VSS）浓度成正比关系，参见第 4 章的相关公式。

7.4.5　污泥好氧消化稳定性的评价指标

一种评价指标除了应能正确反映污泥的稳定程度以外，还应具有测定简单、经济、重现性好等特点。评价指标可以分成物理化学指标、微生物指标和酶活性指标三类，这三类指标综合起来才能较精确地反映好氧消化过程中的污泥稳定化程度。较为常用的评价稳定化的指标如下。

（1）氧摄取速率和消化污泥活性参数

氧摄取速率（oxygen utilization rate，OUR）是指单位质量的活性污泥在单位时间内所能消耗的溶解氧量，也可用污泥比好氧速率（SOUR）表示，单位常采用 mg O_2/(g MLVSS・h)。OUR 也称为活性污泥的呼吸速率，是衡量活性污泥生物活性的一个重要指标。根据美国环境保护署规定（1989 年），污泥比好氧速率小于等于 1mg O_2/(g・h) 时则认为达到稳定。

消化污泥活性参数，即脱氢酶活性（DHA），是衡量污泥活性的另一个重要指标。剩余污泥好氧消化是在微生物酶催化下微生物对有机体的氧化分解过程，脱氢酶是作用在代谢物上的第一种酶，生物体的脱氢酶活性在很大程度上反映了微生物的活性，能直接表示生物细胞对其基质（如有机物）降解能力的强弱。因此，脱氢酶的活性强弱能够反映消化污泥活性的高低。

剩余污泥好氧消化过程中的 OUR 与 DHA 的变化有显著相关性，因此常用微生物脱氢酶活性（TTC-DHA）来取代 OUR 作为指标。单位体积污泥在单位时间内所显示的生化活性越高，OUR 或 TTC-DHA 的值也越高，污泥中被降解的 VSS（挥发性悬浮固体）也就越多。因此，可通过测定 OUR 或 TTC-DHA 来进行污泥好氧消化处理的可行性研究。

（2）其他评价指标

传统的好氧消化指标除了污泥的氧摄取速率和脱氢酶活性外，还包括污泥的 BOD_5/COD 值、污泥厌氧堆置实验、污泥油脂含量以及 VSS 降解率等。其他指标及其适用条件见

表 7-8。

表 7-8 污泥好氧消化的其他稳定性评价指标

指标	参数	备注
BOD_5/COD	≤0.15，基本稳定；≤0.10，稳定程度高	是一个较好的评价参数，但需要注意 BOD_5 及 COD 测定的准确性
1g MLSS 的油脂含量	<65mg	一般需要结合其他参数综合考虑
堆置实验（堆置 10d 后 1g MLSS 中乙酸含量）	35mg<HAC10<45mg，基本稳定；HAC10<35mg，稳定程度高	
VSS 降解率	>38%	宜结合其他参数综合考虑

7.4.6 污泥好氧消化与厌氧消化的对比

污泥好氧消化与厌氧消化相比，其最终产物在生物学性质上较为稳定，没有臭味；其作为肥料的利用价值更高，且对土壤或植物的毒性影响较小，环境卫生条件好；反应速度更快，对构筑物结构的要求简单，基建费用比厌氧消化池低；工艺运行方式简单，操作方便，运行稳定。

与厌氧消化相比，污泥好氧消化的劣势表现在：好氧消化池的运行费用较高，这主要是由好氧消化需要持续不断地曝气所导致。若将初沉污泥与剩余污泥进行混合消化处理，此时的供氧量又会进一步增大；好氧消化对挥发性悬浮固体（VSS）的去除率随温度的波动较大，在冬季效率较低；好氧消化后的污泥脱水性能比厌氧消化后的污泥差；好氧消化不具备产生甲烷等能源气体的能力。

好氧消化通常适用于中小型污水处理厂，而大型污水处理厂由于污泥产量高，多采用厌氧消化工艺。

7.5 污泥好氧堆肥

采用堆肥技术处理有机废弃物具有悠久的历史。早在几个世纪前，在世界各地的农村都存在将落叶、杂草、海草和人畜粪尿等混合堆积在一起，使其发酵并制取肥料的行为。这就是原始的堆肥方式。

堆肥是利用微生物（包括污泥中的微生物）在特定条件下进行发酵的过程。堆肥前一般在污泥中加入一定比例的调理剂（如秸秆、稻草、木屑或生活垃圾等），以增加污泥孔隙率以及调节碳氮比。堆肥利用微生物群落在潮湿环境下对多种有机物进行氧化分解，将有机物转化为稳定性较高的类腐殖质。污泥经堆肥处理后，一方面其中养分的形态变得有利于植物吸收；另一方面臭味被基本消除。同时，堆肥处理能够杀死污泥中大部分病原菌和寄生虫（卵），实现无害化目的。堆肥处理后的污泥变得疏松、分散，呈细颗粒状，便于储藏、运输和使用。

目前堆肥技术已从厌氧堆肥发酵转向好氧堆肥发酵。除了剩余污泥、消化污泥均可以堆肥外，堆肥工艺也可用于其他有机固体废弃物的处理处置，如餐厨垃圾、家禽粪便、农林废弃物、食品固体废弃物等。堆肥工艺操作相对简单，为了高效运行，减少臭味，降低成本，现多将堆肥设施置于完全封闭的建筑物内，以实现完全机械化和自动化。

堆肥工艺的突出优点是堆肥产品可以实现资源化利用。堆肥产品中含有丰富的氮、磷、钾及微量元素和腐殖质，可以作为有机肥料，回用于土地；而且，堆肥产品能够保持土壤中的水分，可以用作保水剂；堆肥产品可用于贫瘠土壤，能够增加土壤中的有机质含量，改善土壤板结问题。但堆肥工艺也存在效率低、停留时间长、占地面积大、对机械自动化水平要求高、产生臭气等二次污染等问题。

7.5.1　污泥堆肥基本工艺

堆肥工艺从简易的定期日常搅动到较严格的机械翻堆、臭气控制的反应器系统不等。目前，堆肥工艺有多种分类方式：根据物料的状态，可分为静态和动态两种；根据微生物的生长环境，可分为好氧和厌氧两种；根据堆肥技术的复杂程度，又可分为条垛式、强制通风静态垛式和反应器。

污泥堆肥的基本工艺流程见图 7-17。

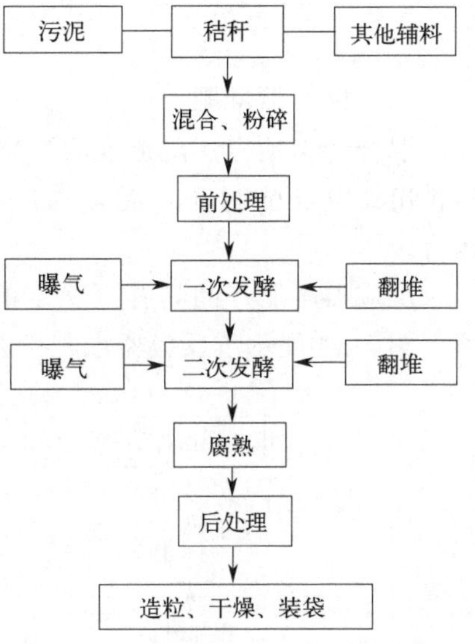

图 7-17　污泥堆肥的基本工艺流程

(1) 好氧静态堆肥

脱水泥饼同多孔介质（如木屑）相混合，混合物堆置在多孔床上，多孔床上配备有连接鼓风机的空气管路。肥堆上方覆盖有成肥层，以隔热并捕捉臭气，空气从下部排出或者向上扩散。图 7-18 展示了好氧静态堆肥的断面图及其平面布置。当处理量大时，连续操作的肥堆被分割为代表每天操作量的不同部分。

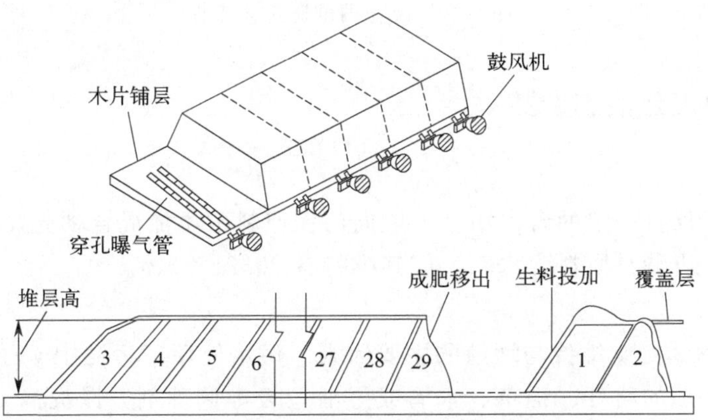

图 7-18　好氧静态堆肥断面图及其平面布置

(2) 条垛工艺

混合物以条垛形（细长条堆）堆置，具有足够大的表面积和体积比，通过自然对流、扩散的方式供气。条垛定期由机械翻堆，添加剂粒径比好氧静态堆肥小，熟肥也可回用作添加剂。在好氧条垛工艺中，空气通过工作面的沟渠供给，也可在底部设置空气管路进行通风。图 7-19 为条垛式堆肥断面图。

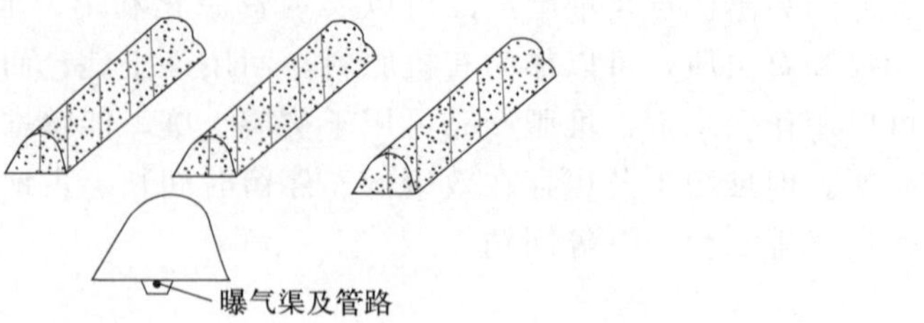

图 7-19 条垛式堆肥断面图

（3）反应器堆肥

混合物由地窖、隧道或敞口渠的一端进入，并朝排放端连续移动，经过一定的停留时间后排出；空气强制通入混合物，混合物可以无扰动地以连续流动式运行，也可定期翻堆运行。

反应器堆肥产品具有更稳定的质量，均匀性好，占据空间小，且对臭气的控制效果显著。图 7-20 展示了反应器堆肥工艺流程。

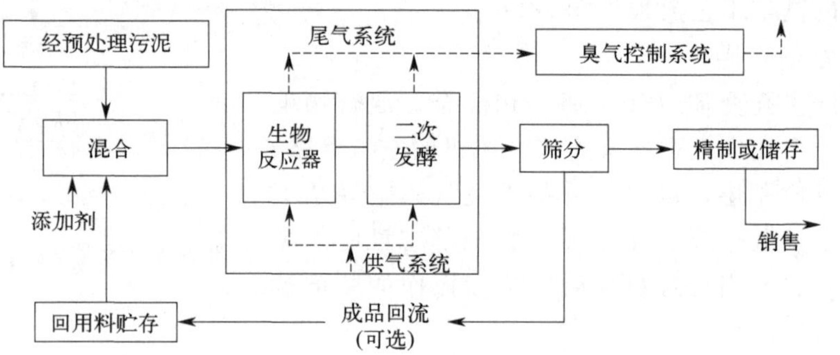

图 7-20 反应器堆肥工艺流程

7.5.2 堆肥的工艺控制参数

（1）含水率

堆肥物料必须保持一定的含水率。一般向污泥原料中添加混合稻壳、植物屑等粗大有机物（又称调理剂）以调整原料含水率，使其维持在 60%～70%。

（2）C/N 比

C/N 是微生物体细胞维持与增殖的主要因素。污水处理厂污泥中 C/N 比偏低，在 6～8 之间，因此需要添加如秸秆、稻草、木屑或生活垃圾等调理剂，以提高 C/N 比。此外，调理剂为物料提供空隙、空气和足够的湿度以维持生物活性。

合适的 C/N 比通常为（25∶1）～（35∶1）。如果 C/N 比低于 25，过量的氮将会以氨态氮形式释放，导致营养物质的损失以及氨臭的释放。如果 C/N 比大于 35，有机物料分解速度将会很慢，即使进入后处理阶段分解活动仍会继续进行。

（3）接种菌种

将发酵完好的部分有机肥料进行返送，并与原料污泥混合，达到接种的目的。堆肥中的有效微生物有三类：细菌、放线菌、真菌。细菌承担主要有机物部分的分解。

（4）发酵时间

对于腐烂、发酵分解的有机物，通常在前发酵阶段即可分解、稳定，称为一次发酵。对于纤维等分解性较差的有机物，一般要在第二阶段发酵分解，又称为二次发酵即后发酵。一次发酵的时间应在 5～14d，随发酵的原料状况、发酵方法的不同而有所差异。二次发酵的时间，则按照堆肥的用途要求来进行确定，通常定在 20d 以上为宜。

（5）温度

在诸多因素中，温度是堆肥过程的核心参数。堆肥过程中的微生物活动可分为三个基本阶段：升温阶段（堆体温度从室温升至 40℃）、高温阶段（温度 40～70℃，最佳温度为 55℃或 60℃，此时微生物分解速率最高）、降温阶段（伴随着微生物活性的降低及堆肥过程的完成）。

温度的调节是通过通气实现的，通气的主要目的是满足供氧需求，使生化反应顺利进行。当堆肥温度升到峰值以后，通气的目的转为以控制温度为主，因为堆体温度可能会超过 70℃，严重影响微生物的生长繁殖。因此，必须通过加大通气量，蒸发水分带走热量，使堆温下降。

（6）通气

良好的通风可以为微生物提供氧气，同时可以去除热量和水分，调节温度至嗜热菌的最适温度范围，一般为 45～65℃。实际应用中的通气量一般为 90～120m^3/h，这一曝气范围适于堆肥的整个过程。在工艺结束时，增加曝气量以去除水分。

7.6 污泥干化与焚烧

污泥本身含有一定的热值（5844～19303kJ/kg），将污泥与城市垃圾混合后焚烧，利用燃烧热发电等方式资源化利用是污泥处理处置的重要途径。采用污泥焚烧的方法，既可使污泥大幅度减量化，又能让污泥中组分全部无机化，同时有效杀灭了病原菌，卫生条件符合要求。

污泥在焚烧前需要进行污泥干化，以大幅度降低含水率。原因是污泥经浓缩和脱水后仍具有较高含水率，即便采用高干脱水设备，其含水率仍然达到 50%左右。此时若直接进入焚烧炉，会降低焚烧炉的使用寿命，还增加焚烧成本。

7.6.1 污泥干化

污泥干化，又称干燥，是利用热能去除污泥中水分的过程，涉及污泥与干燥介质（一般为灼热气体）之间的传热与传质过程。污泥干化主要分为机械干化和自然干化两种。

7.6.1.1 太阳能污泥干化

太阳能污泥干化是近年来新出现的技术，指以太阳能为主要能源对污泥进行干化处理。该工艺在传统温室干燥技术的基础上，结合了当代自动化技术，并应用于污泥处理领域。

太阳能污泥干化的优点是能耗小，运行管理费用低。在无附加除臭系统的条件下，蒸发 1t 水耗电量仅为 20～30kW·h；而同样效果的传统热干化技术需要耗电 800～1060kW·h。

相较之下，太阳能污泥干化在节能减排和缩减成本方面的效果显著。

污泥在干化场内主要存在以下两种干化过程：a. 辐射干化，干化场内的污泥接受外部太阳光线有效辐射后温度升高，使得污泥表面的空气湿度增大，甚至达到饱和；b. 通过自然循环或通风干化，在此过程中，自然风或人为动力将干化场内的湿空气排出，从而促使污泥内部水分进一步向周围空气中蒸发。

太阳能干化污泥的装置主要包括太阳能集热装置、温室、翻泥机、通风设备、电控设备等，可达到以下目的：a. 尽可能多地让太阳辐射能直接到达污泥表面，通过污泥吸附转化成热能；b. 尽可能多地通风。

虽然太阳能污泥干化技术具有能耗少、操作简便、维护费用低等优点，但也存在投资费用高、占地面积大、受气候季节影响，以及效果不稳定、需要除臭装置等缺点。

7.6.1.2 机械干燥

采用机械干燥设备对污泥进行干燥，根据干燥介质与污泥的相对流动方向，可分为并流式、逆流式和错流式三种。

（1）并流干燥器 干燥介质与污泥流动方向一致的干燥器称为并流干燥器。含水率高、温度低的污泥与含水率低、温度高的干燥介质在干燥器进口处接触，干燥推动力大，干燥速度快，出口处污泥温度低，热损失少。但其推动力沿流动方向逐渐减小，影响干燥器的生产率。

（2）逆流干燥器 干燥介质与污泥流动方向相逆的干燥器称为逆流干燥器，推动力较均匀。

（3）错流干燥器 其通过干燥器中固定的干燥板（炒板）的作用，使干燥介质与污泥的流动方向相互垂直，从而克服了并流和逆流的缺点。然而，这种干燥器的构造相对比较复杂。

三种干燥器中最常用的是并流干燥器或逆流干燥器。并流干燥器、逆流干燥器中污泥与干燥介质流及温度的关系见图 7-21。

7.6.2 污泥焚烧

污泥焚烧是指污泥所含水分完全蒸发、有机物完全焚烧，焚烧的最终产物是 CO_2、H_2O、N_2 等气体及焚烧灰的焚烧过程。

完全焚烧设备主要有立式多段焚烧炉、流化床焚烧炉及回转式焚烧炉等。

（1）立式多段焚烧炉

立式多段焚烧炉如图 7-22 所示。

该设备设有干燥区，可接纳未经进一步干燥的脱水污泥。焚烧炉由多层（一般为 6～12 层）炉床组成。各层均配备有同轴的旋转齿耙，转速为 1r/min。空气由底部轴心鼓入，未进一步干燥的污泥从炉的顶部进入炉内，依靠齿耙翻动逐层下落。炉内温度分布呈中间高、两端低的趋势。顶部两层温度为 480～680℃，作为干燥层，污泥在此被干燥至含水率 40% 以下。中部为焚烧层，温度高达 760～980℃，污泥在此与上升的高温气体和侧壁加入的辅助燃料一同燃烧。下部几层为冷却层，主要承担冷却焚烧灰和预热空气的功能，其层内温度为 260～350℃，焚烧灰在此冷却后由排灰口排出。热空气到达炉顶后，一部分回流至炉底，另一部分则经过除尘净化后排放至大气中。

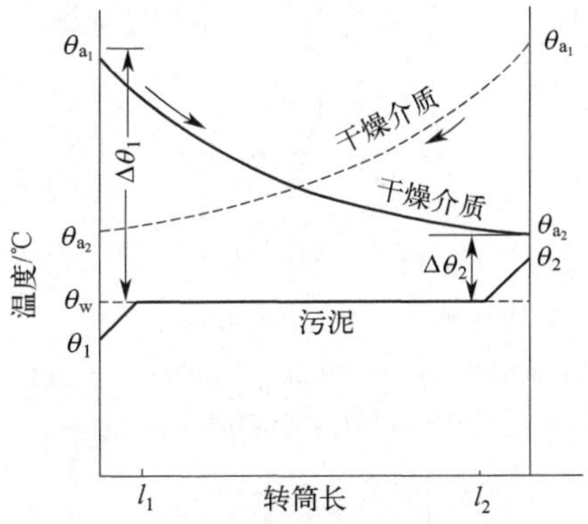

图 7-21　并流干燥器、逆流干燥器中污泥与干燥介质流及温度的关系

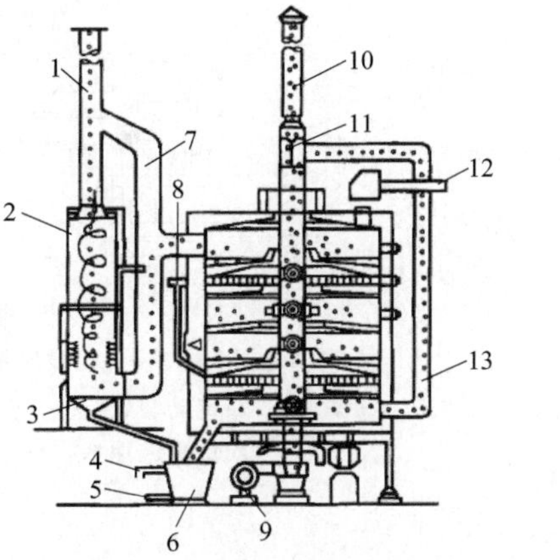

图 7-22　立式多段焚烧炉

1—清洁空气；2—旋风喷射洗涤器；3—灰浆；4—分离水；5—砂浆；6—灰桶；7—无水时旁通风道；8—重油；9—冷却空气鼓风机；10—废冷空气；11—浮动风门；12—泥饼；13—热空气回流管

（2）流化床焚烧炉

流化床焚烧炉也称为沸腾焚烧炉，如图 7-23 所示。炉底部有一层厚约 0.9m 的硅砂层。热空气由下部鼓入，在 815℃使硅砂层呈流化状态。干燥破碎的污泥从炉顶投加到焚烧炉中后与热硅砂混合，污泥中的水分迅速蒸发，然后进行燃烧。废气由炉顶引入空气预热器预热空气，之后经除尘净化后排放。

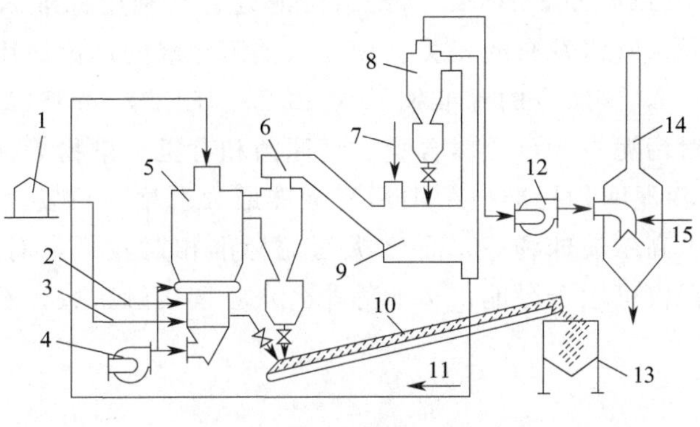

图 7-23　流化床焚烧炉

1—重油池；2—启动用油；3—助燃用油；4—鼓风机；5—流化床焚烧炉；6—一次旋流分离器；7—泥饼；8—二次旋流分离器；9—快速干燥器；10—带式输送机；11—干燥泥饼；12—抽风机；13—灰斗；14—除尘器；15—除尘进水

（3）回转式焚烧炉

回转式焚烧炉如图 7-24 所示。炉筒直径与长度之比为 1∶（10～16）。筒体分为干燥段和燃烧段，干燥段约占总长度的 2/3，燃烧段约占总长度的 1/3，温度可达 700～900℃。回转式焚烧炉构造与回转干燥器基本相同，主要是长径比较大。

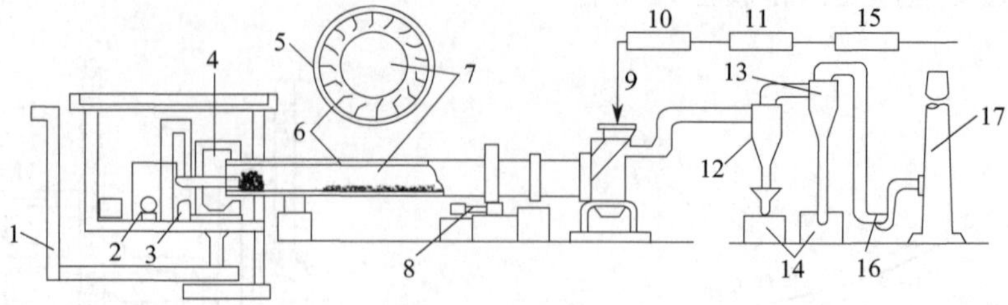

图 7-24 回转式焚烧炉

1—灰渣输送机；2—一次鼓风机；3—二次鼓风机；4—燃烧器；5—炉壳；6—炉板；7—炉膛；8—传动装置；9—泥饼；10—压滤机；11—浓缩池；12—一次旋流分离器；13—二次旋流分离器；14—焚烧灰仓；15—沉淀池；16—引风机；17—烟囱

7.7 国内外污泥处理处置的相关标准

2005 年前，我国关于污泥处理处置的标准主要包括《农用污泥污染物控制标准》（GB 4284—1984）（目前已废止）和《城镇污水处理厂污染物排放标准》（GB 18918—2002）。此后，为推动污泥的科学处理与资源化利用，国家相关部门陆续制定了相关政策、技术指南、规范和标准。其中，包括《城镇污水处理厂污泥处置分类》（GB/T 23484—2009）、《城镇污水处理厂污泥泥质》（GB 24188—2009）、《农用污泥污染物控制标准》（GB 4284—2018），以及涉及混合填埋、园林绿化、单独焚烧、土壤改良和制砖等用途的泥质要求。

美国联邦法规第 40 章第 503 部分是《污水污泥处置与利用标准》，于 1993 年颁布，一般称为 503 条例。同时，欧盟发布的相关法规为《关于污水处理污泥用于农业时保护环境特别是土壤的理事会指令》，该法令的标准编号为 86/278/EEC，并于 2000 年进行了修订。在美国的 503 条例中，对污泥中的重金属含量、病原菌和有机污染物等指标有严格限制，并规定了 A 类污泥和 B 类污泥两种标准。A 类污泥标准最为严格，可安全用于公众频繁接触的场所，如河岸、公园、高尔夫球场等。而 B 类污泥标准相对较低，对病原菌指标的控制要求较为宽松，这类污泥仅可用于绿地、林地等非公众频繁接触区域，不得用于改良粮食作物耕地等用途。

7.8 工程应用案例

7.8.1 工程概况

上海市某污水处理厂位于上海市宝山区长江边的污水总管口处，工程规模为 $40\times10^4 m^3/d$，工程用地为 $28.20hm^2$。服务范围主要为西干线现状服务区域，主要收集市区苏州河两岸普陀、闸北等地区和苏州河支流截流污水工程北片，以及南翔等地区的污水，规划服务面积为 $150km^2$，服务人口约 70 万人。由于接纳桃浦工业区、月浦地区的工业废水，污水中工业废水含量较高，生活污水和工业废水之比约为 1∶1。

污泥处理采用机械浓缩和机械脱水工艺，脱水后污泥进入料仓储存，并进行干化焚烧，实现了污泥减量化和热资源利用。该工程为国内热干化工艺的首次应用，且许多设备也均为国内首次使用。

7.8.2　污泥处理规模

该污水处理工程的剩余活性污泥产生量为 10667m^3/d（含水率为 99.4%），经浓缩后的污泥，由压滤机脱水，最终得到约 213t/d 的污泥（含水率 70%）。污泥参数如表 7-9 所示。

表 7-9　污泥参数

阶段	含水率/%	污泥量/(m^3/d)
脱水污泥	70	213
干化污泥	10	71

7.8.3　方案的论证和决策

该污水处理厂所接受的污水有 50%为工业废水，通过具有脱氮除磷的一体化活性污泥法二级处理后，产生的污泥含有丰富的有机质，特别是磷的含量为一般生化污泥的 2 倍，但同时也富集了有毒有害成分，是典型的具有资源性与有害性双重属性的污泥。由于污泥中含有较高的重金属，不宜进行土地利用。因此，可能的处理处置组合有如下六种。

a. 浓缩、脱水、外运水泥厂处置。

b. 浓缩、脱水、干化、外运水泥厂处置（外来能源）。

c. 浓缩、消化、脱水、外运填埋处置。

d. 浓缩、消化、脱水、干化、外运填埋处置（补充外来能源）。

e. 浓缩、脱水、干化、焚烧、残渣外运填埋处置（利用污泥自身热值）。

f. 浓缩、脱水加石灰、外运填埋处置。

其中，a、b 两种组合的污泥未经稳定化处理，故通常用于水泥厂焚烧处置。其他四种组合处理后的污泥已经稳定化，且填埋的成本较之于水泥厂处置的成本更低，因此都以填埋方式处置。上述六种组合的建设投资和运行成本比较如表 7-10 所示。

表 7-10　六种组合的建设投资和运行成本比较

组合	a	b	c	d	e	f
污水厂投资/万元	7491	11704	112259.12	14381.62	12993.12	8491
出厂污泥状态与污泥(或灰渣)总量	75%(含水率)；256t/d	10%(含水率)；71t/d	75%(含水率)；171t/d	50%(含水率)；88t/d	灰渣；23t/d	40%(含水率)，pH 值为 12；245t/d
单位污泥处理成本(干泥)/(元/t)	617.87	1558.24	956.7	1100.23	1009.03	997.87
污水厂每年总支出/万元	1413.34	3640	2255.87	2570.14	2357.1	2331.02
厂外运输及处置费/(万元/a)	747.52	116.8	390.77	201.1	52.56	559.8

续表

组合	a	b	c	d	e	f
年支出/万元	2190.86；如果改为去填埋，则费用为 2028.24	3756.8；如果仅干化到 45%（含水率）则为 2806.1	2646.64	2771.21；如果作为肥料出售，回收资金后为 2598.64	2409.66	2890.82；如果作为填埋封土出售，回收资金后为 2622.52
备注	运输周转环节多，恶臭控制难，环保通不过；含水量高，填埋操作困难；水运受台风季节性影响大		初步稳定，臭味未根本解决，含水量高，填埋操作困难；水运受台风季节性影响大	重金属含量高，实际上不能作为肥料，还受市场需求的制约	在出厂前彻底稳定化、减量化，不受外界条件制约	加石灰后碱性高，利用有困难，固体总量增加；水运受台风季节性影响大

由表 7-10 可见，组合 a 的费用是最低的，但由于湿污泥体积大，散发恶臭，在运输周转环节上环保问题突出，不宜采用。组合 f 初期投资较少，但由于使用石灰量多，污泥量大，外运处置量较多，因此年总支出反而较高。组合 b～d 也因需要外购能源、建设费用高、污泥量大、运输处置日常费用较高等因素，在年总支出上都不占优势。组合 e 在费用上是最节省的，而且污泥在本厂利用自身热值进行干化、焚烧，污泥稳定、减量彻底，对外界的土地资源和水运季节气候条件的依赖小，尽管初期投资相对较高。

最终确定为组合 e，相关工艺流程见图 7-25。

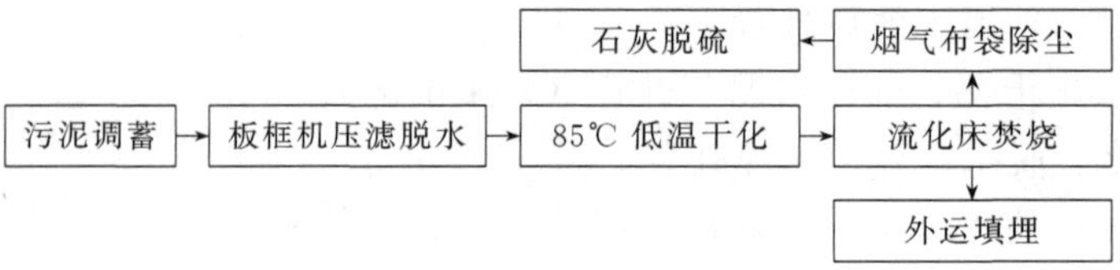

图 7-25 组合 e 工艺流程

经过热平衡计算，污泥焚烧产生的热能基本平衡，除供自身干化外，也为污泥的资源化利用留有条件。

7.8.4 污泥处理工艺设计

（1）污泥调蓄池

一体化反应池的排泥时间和浓缩机的工作时间存在差异。因此，设置了污泥调蓄池。该池采用钢筋混凝土结构，共 1 座，分为 4 格。为防臭气外逸，池顶加盖，同时考虑了污泥产生的臭气对环境的影响。在污泥调蓄过程中，可能伴有沉淀分离作用，因此设置了部分撇水器，撇除的上清液流入除磷池。

污泥调蓄池技术参数具体如下：调蓄时间为 8h；数量为 1 座，共 4 格；每格平面尺寸为 14m×14m；有效池深为 3.4m。

（2）污泥浓缩

脱水机房采用机械的方法进行污泥浓缩和脱水，以减小占地面积以及提高处理效率。浓缩前污泥含水率为 99.2%，浓缩后污泥含水率为 97%。再将污泥送入脱水机房脱水，脱水后污泥含水率为 75%。

污泥浓缩机用于浓缩来自污泥调蓄池的污泥，共 6 台（5 用 1 备）。单台污泥浓缩机的处理规模为 60～100m^3/h，电机功率为 3.0kW，每天工作 16h，也可调整工作时间。污泥板框脱水机共配置 2 台，1 用 1 备，单台处理规模为 105m^3/h。

（3）污泥干化系统

污泥干化系统是对来自污水处理厂机械脱水后的污泥进行干化处理。脱水污泥直接在流化床中进行干化，不必用干泥对脱水污泥和返料在造粒机中进行预处理。这种直接投加污泥的系统，其核心设备是一台自动运行的污泥干化机。

干化系统技术参数如表 7-11 所示。

表 7-11　干化系统技术参数

项目	数值	项目	数值
运行时间	每周 7d,每天 24h 运行	干化前污泥量/(kg/h)	8875
水蒸发量/(kg/h)	5980	干化后污泥含固率/%	＞90
干化前污泥含固率/%	30	干化后污泥量/(kg/h)	2879

（4）污泥焚烧及热源系统

该工程设置 3 台焚烧污泥的流化床锅炉（2 用 1 备）。当污泥处置工厂刚开始启动时，流化床锅炉可用燃煤来提供干化机所需的热量，此时燃料为Ⅱ类烟煤。

示例中的污水处理厂设计了污泥焚烧系统，该系统专为处理每日 213t（含水率为 70%）的脱水污泥量而设计。

污泥焚烧及热源系统的技术参数如表 7-12 所示。

表 7-12　污泥焚烧及热源系统技术参数

项目	数值	项目	数值
污泥处理量(干污泥)/(t/d)	71	炉内运行压力	负压
进焚烧炉污泥含水率/%	＜10	低位发热量(干基)/(kJ/kg)	14880
负荷波动范围/%	60～125	C 含量/%	53.3
污泥热值/(kJ/kg)	14880	H 含量/%	6.8
热能利用方式	加热导热油	O 含量/%	30.3
焚烧炉设计运行温度/℃	＞850	N 含量/%	6
炉内烟气有效停留时间/s	＞2	S 含量/%	1.5

（5）烟气净化系统

烟气净化系统由酸性气体的脱除和颗粒物捕集两大部分组成。该系统通过特定的化学反应与烟气中的酸性物质相互作用，并通过精确控制水分含量来实现“喷雾干化”的效果，产生干固态的脱酸反应生成物，不会产生废水和污泥。烟气中颗粒物捕集措施为采用布袋除尘器。在进入布袋除尘器前，向烟气中喷入一定量活性炭粉粒，吸附烟气中的重金属和二噁英等有害物质，随后在布袋除尘器中捕集去除。

第8章

稳定塘和污水土地处理

8.1 稳定塘

8.1.1 概述

8.1.1.1 稳定塘的发展及应用

稳定塘，又称氧化塘、生物塘，对污水的净化过程与自然水体的自净过程相似，是一种利用天然净化能力对污水进行处理的构筑物的总称。稳定塘作为一种污水处理技术的概念，多用于小型污水处理，可用于一级处理、二级处理、三级处理。20世纪50～60年代，稳定塘技术的发展较快，但占城市污水处理的比例很低。目前，在美国、加拿大、澳大利亚等国家有一定程度的发展。我国颁布的《关于防治水污染技术政策的规定》中曾指出：城市污水处理应推行污水处理厂与氧化塘（指稳定塘）、土地处理系统相结合的政策。

8.1.1.2 稳定塘的净化原理与分类

（1）稳定塘的净化原理

稳定塘的净化过程与自然水体的自净过程相似，主要利用菌和藻的共同作用处理污水中的有机污染物。污水在塘内缓慢地流动，较长时间地储存，通过微生物和包括水生植物在内的多种生物（细菌、藻类、原生动物、后生动物以及高等水生植物）的综合作用，在稳定塘中同时发生着各种物理、化学及生物化学反应，使污水中有机污染物降解，污水得到净化。

稳定塘是一种复杂的半人工生态系统，由生物部分和非生物部分两部分组成。其中，生物部分主要有细菌、藻类、原生动物、后生动物、水生植物以及高等水生动物；非生物部分主要包括光照、风力、温度、有机负荷、pH值、溶解氧、二氧化碳、氮以及磷营养元素等。

（2）稳定塘的分类

根据塘水中微生物反应的类型和供氧方式，稳定塘可以划分为好氧塘、兼性塘、厌氧塘、曝气塘、深度处理塘、综合生物塘等。其他则包括水生植物塘、生态塘、完全储存塘。

稳定塘的优点：在条件合适时，基建投资少，运行管理简单，耗能少，运行费用低（为传统污水处理厂的1/5～1/3）；可进行综合利用，形成复合生态系统；可产生明显的经济效益、环境效益和社会效益。

稳定塘的缺点：占地面积大，处理效果受气候影响较大，春、秋季翻塘问题等；如设计或运行不当，可能形成二次污染（如污染地下水、产生臭气等）。

采用稳定塘的必要条件有土地、气候、气温、日照条件、风力等。

8.1.2　好氧塘

8.1.2.1　好氧塘的净化原理

好氧塘的深度较浅，一般为 0.5～1.5m，阳光能透至塘底，全部塘水内都含有溶解氧，塘内菌藻共生。溶解氧主要由藻类光合作用和大气复氧供给，好氧微生物起净化污水作用。好氧塘的净化功能模式见图 8-1。

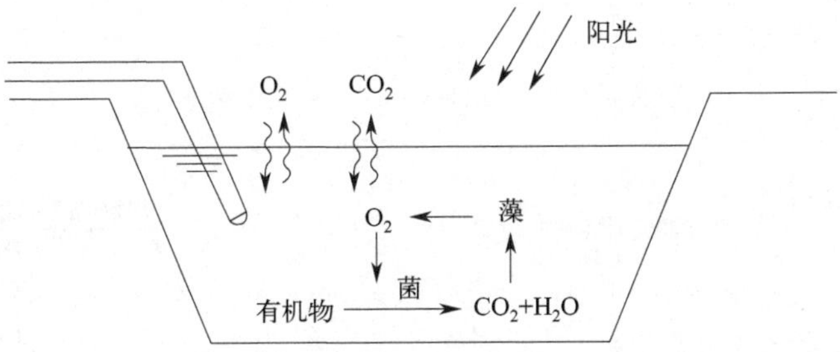

图 8-1　好氧塘的净化功能模式

好氧塘有机负荷值较低，塘内存在着藻类及原生动物的共生系统，藻类光合作用使塘水的溶解氧和 pH 值呈昼夜变化。白天，藻类光合作用使 CO_2 降低，pH 值上升。夜间，藻类停止光合作用，细菌降解有机物的代谢没有终止，CO_2 累积，pH 值下降。

其平衡关系见式(8-1)：

$$\left.\begin{aligned} CO_2+H_2O &\rightleftharpoons H_2CO_3 \rightleftharpoons HCO_3^-+H^+ \\ CO_3^{2-}+H_2O &\rightleftharpoons HCO_3^-+OH^- \\ H_2O &\rightleftharpoons OH^-+H^+ \end{aligned}\right\} \tag{8-1}$$

好氧塘的优点是净化功能较好，有机污染物降解速率高，污水停留时间短。但进水需要进行较彻底的预处理，去除其中可沉悬浮物，以防形成污泥沉积层。

好氧塘多应用于串联在其他稳定塘后做进一步处理，不用于单独处理。

8.1.2.2　好氧塘的设计

好氧塘可串联在城镇污水厂二级处理之后，进行深度处理。

① 长宽比　多采用矩形塘，L(长)∶W(宽)＝(3∶1)～(4∶1)。一般以塘深 1/2 处的水平面面积作为计算塘面的依据。单塘面积不宜大于 $4hm^2$。

② 塘深　高负荷好氧塘为 0.3～0.45m；普通好氧塘为 0.5～1.5m；深度处理好氧塘为 0.5～1.5m；超高为 0.6～1.0m。

③ 堤坡　塘内坡坡度为(1∶2)～(1∶3)；塘外坡坡度为(1∶2)～(1∶5)。

④ 单塘面积　单塘面积介于 0.8～4.0hm^2；好氧塘不得少于 3 座。

8.1.3　兼性塘

8.1.3.1　兼性塘的净化原理

图 8-2 为典型兼性塘的净化功能模式。一般兼性塘深 1.2～2.5m，在塘上层，阳光能够

透射到的部位为好氧层，好氧微生物对有机物进行氧化分解，藻类光合作用旺盛，溶解氧含量充足；在塘底，沉淀污泥、衰亡的藻类和菌类形成了污泥层，溶解氧几乎为零，主要由厌氧微生物代谢不溶性的有机物，从而称为厌氧层。在这两层之间为兼性层，其溶解氧很低，这层生长着兼性微生物。代谢产物有机酸、醇等与塘水混合，也有 CO_2、CH_4 等，后者为气体会逸出水面。

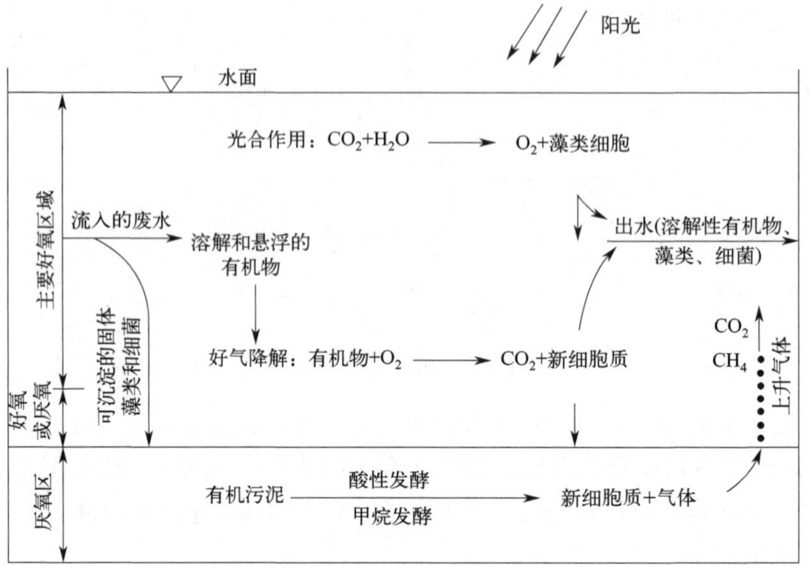

图 8-2 典型兼性塘的净化功能模式

兼性塘对水量、水质的冲击负荷有一定的适应能力，在相同处理效果条件下，其基建费用和维护管理费用低于其他生物处理工艺，可作为好氧塘的前级处理塘。兼性塘适用于 BOD_5 浓度为 200～500mg/L 的污水，去除率可达 70%～85%。除了对冲击负荷的适应能力之外，兼性塘还展现出了广泛的污染物去除能力。兼性塘不仅可去除一般的有机污染物，还可以有效地去除磷、氮等营养物质和某些难降解的有机污染物。

8.1.3.2 兼性塘的设计

① 停留时间 兼性塘的停留时间一般规定为 7～180d 以上，其中较低的数值用于南方地区，较高的数值用于北方寒冷地区。设计水力停留时间的长短应根据当地的气象条件、设计进水和出水水质以及其他客观条件，从技术和经济两方面综合考虑确定。

② BOD_5 负荷 兼性塘的塘表面面积负荷一般为 10～100kg BOD_5/(hm^2 · d)，其中低值用于北方寒冷地区，高值用于南方炎热地区。

③ 长宽比 兼性塘多采用矩形塘，长宽比为(3∶1)～(4∶1)。塘深：有效水深为 1.2～2.5m；储泥厚度≥0.3m；超高 0.6～1.0m。

④ 单塘面积 一般介于 0.8～4.0hm^2。系统中兼性塘一般不少于 3 座，多为串联。其中，第一塘的面积占兼性塘总面积的 30%～60%，单塘面积应小于 4.0hm^2，以避免布水不均匀或波浪较大等问题。

8.1.4　厌氧塘

8.1.4.1　厌氧塘的净化原理

厌氧塘的净化机理遵循厌氧生物的三阶段理论：水解酸化阶段、产氢产乙酸阶段和产甲烷阶段。这些阶段是通过厌氧菌的作用来完成的，如图 8-3 所示。进入厌氧塘的可生物降解有机物先转化为有机酸，然后生成乙酸、H_2、CO_2 等，最终在产甲烷菌的催化作用下转化为甲烷。虽然厌氧降解在机理上是有顺序的，但在厌氧塘处理系统中，这些过程则是同时进行的。

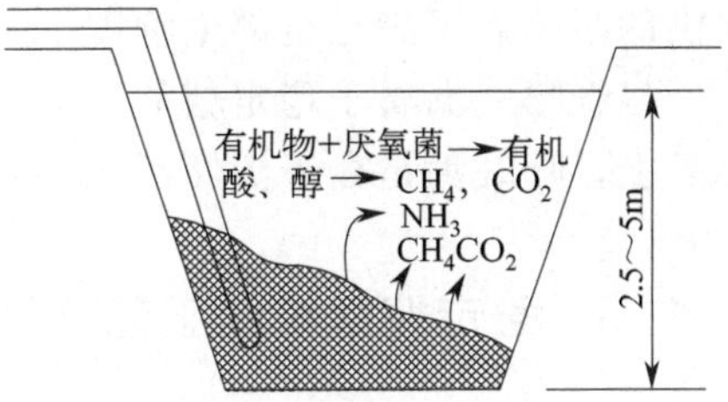

图 8-3　厌氧塘作用机理示意

为确保厌氧塘的正常运行，应严格控制塘内的有机酸浓度在 3000mg/L 以下，同时 pH 值应维持在 6.5～7.5 的范围内；进水 COD∶N∶P 为 500∶5∶1，硫酸盐浓度应控制在 500mg/L 以下。

影响厌氧塘处理效率的因素有气温、水温、进水水质、营养比、污泥浓度、有机负荷、氧化还原电位等。

厌氧生物塘作为预处理单元，与稳定塘组成厌氧-好氧（兼氧）生物稳定塘系统，可较好地应用于水量小、浓度高的有机废水。厌氧塘作为稳定塘的一种形式，通常设置于稳定塘系统的首端，以减少后续处理单元的有机负荷。厌氧塘可用于处理屠宰废水、禽蛋废水、制浆造纸废水、食品工业废水、制药废水、石油化工废水等。然而，厌氧塘也存在一些不足之处，如停留时间较长、降解产物不够彻底，需要后续再进行好氧降解；产生臭味，环境较差。

8.1.4.2　厌氧塘的设计

① 厌氧塘塘内污水的污染度高，塘的深度大，容易污染地下水，因此该塘必须进行防渗设计；厌氧塘一般都有臭气散发出来，该塘应距离居住区 500m 以上。

② 长宽比　厌氧塘一般为矩形，长宽比为（2～2.5）∶1；有效水深为 2.0～4.5m 或 2.5～5.0m；储泥厚度≥0.5m；超高 0.6～1.0m；堤内坡坡度(1∶1)～(1∶3)；堤外坡坡度(1∶2)～(1∶4)。

③ 进水、出水口　厌氧塘进口设在底部，高出塘底 0.6～1.0m；出水管应在水面下，淹没深度不小于 0.6m；应设在浮渣层或冰冻层以下；进口和出口均不得少于 2 个。

④ 塘数及单塘面积　至少应有 2 座，可并联；单塘面积 0.8～4.0hm^2。

⑤ 厌氧塘的最大容许负荷　北方地区为 300kg $BOD_5/(10^4 m^2 \cdot d)$；南方地区为 800kg $BOD_5/(10^4 m^2 \cdot d)$。

8.1.5　曝气塘

曝气塘是一种在塘面上安装了人工曝气设备的稳定塘。塘深通常超过 2.0m，主要依赖表面曝气机或鼓风曝气来供氧。在曝气条件下，藻类的过度生长受到抑制，同时光合作用也受到一定影响。

曝气塘可根据其特性分为好氧曝气塘和兼性曝气塘两类。这种分类主要取决于曝气装置的数量、安装密度以及曝气强度。当曝气装置的功率足够大，能够使塘水中的全部生物污泥保持悬浮状态，并提供足够的溶解氧时，该曝气塘即为好氧曝气塘。相反，如果曝气装置的功率不足以维持所有固体物质的悬浮状态，导致部分固体物质沉积于塘底进行厌氧分解，且提供的溶解氧不满足全部生物需求时，则为兼性曝气塘。

尽管曝气塘属于稳定塘的范畴，但它与其他主要依赖自然净化过程的稳定塘有所不同。实际上，曝气塘是介于活性污泥法中的延时曝气法与稳定塘之间的一种处理工艺。

8.1.6 稳定塘系统的工艺流程

① 污水厂二级处理出水水质不能满足要求时，有条件的可采用土地处理或稳定塘等自然处理技术进一步处理。

② 有可利用的荒地和闲地，且技术经济比较合理时，可采用稳定塘处理污水。用于二级处理的稳定塘系统，其处理规模不宜超过 $5000m^3/d$。

③ 处理城镇污水时，稳定塘的设计数据应根据实验资料确定。无实验资料时，根据污水水质、处理程度、当地气候和日照等条件，稳定塘的五日生化需氧量总平均表面有机负荷可采用 $1.5\sim10g\ BOD_5/(m^2\cdot d)$，总停留时间可采用 20～120d。

④ 污水自然处理必须考虑对周围环境以及水体的影响，不得降低周围环境的质量，应根据区域特点选择适宜的污水自然处理方式。

稳定塘的流程组合依当地条件和处理要求不同而异，下面为几种典型的流程组合：

a. 进水→好氧塘→出水；

b. 进水→兼性塘→好氧塘→出水；

c. 进水→厌氧塘→兼性塘→好氧塘→出水。

8.2 污水土地处理

8.2.1 污水土地处理净化机理

污水土地处理技术是在处理污水并考虑农田灌溉需求的基础上发展起来的。它是在人工调控和系统自我调控的条件下，利用土壤、微生物、植物组成的生态系统对污水中的污染物进行一系列物理的、化学的和生物的净化过程，使污水水质得到净化和改善，并通过系统内营养物质和水分的循环利用，促进绿色植物的生长和繁殖，从而构成污水的资源化、无害化和稳定化的生态系统工程，称为污水土地处理系统。

土壤对污水的净化作用是一个十分复杂的综合过程，污水土地处理的净化机理包括物理过程中的过滤、吸附，化学反应与化学沉淀以及有机物的微生物降解等。

① 物理过滤　土壤颗粒间的孔隙具有截留、滤除水中悬浮颗粒的性能。污水流经土壤时，悬浮物被截留，污水得到净化。影响土壤物理过滤净化效果的因素有：土壤颗粒的大小、颗粒间孔隙的形状和大小、孔隙的分布以及污水中悬浮颗粒的性质等。如果悬浮颗粒过粗、过多，或微生物代谢产物积累过多，都可能导致土壤颗粒间孔隙的堵塞。

② 物理吸附与物理化学吸附　污水中的部分重金属离子可在土壤颗粒表面，与无机胶体和有机胶体发生螯合作用，形成螯合物，并被固定在土壤矿物的晶格中。

③ 化学反应与化学沉淀　重金属离子与土壤的某些组分，可与有机物络合或螯合，或与土壤中的铁、铝、钙等结合形成难溶性化合物而沉淀。例如，通过调整土壤的氧化还原电位，能够生成难溶性硫化物；改变 pH 值，可以促使生成金属氢氧化物，通过某些化学反应还能生成金属磷酸盐等物质而沉积于土壤中。

④ 有机物的微生物降解　在土壤中生存着种类繁多、数量巨大的土壤微生物，它们对土壤颗粒中的有机固体和溶解性有机物具有强大的降解与转化能力，这也是土壤具有强大自净能力的原因。

与土地处理系统对污染物的净化相关内容如下。

① BOD_5 的去除　BOD_5 大部分是在土壤表层中去除的。土壤中含有大量的种类繁多的异养型微生物，它们能对被过滤并截留在土壤颗粒空隙间的悬浮有机物和溶解有机物进行生物降解，同时合成微生物新细胞。

② 磷和氮的去除　在土地处理中，磷主要是通过植物吸收，以及经化学反应、物理吸附、物理化学吸附等方式被去除。其去除效果受土壤结构、植物对磷的吸收能力等多种因素的影响。氮主要是通过植物吸收，或经微生物反硝化脱氮方式被去除。其去除率受植物种类、生长期、对氮的吸收能力以及土地处理系统的工艺参数等多种因素的影响。

③ 悬浮物质的去除　污水中的悬浮物质是依靠植物和土壤颗粒间的孔隙截留、过滤去除的。若悬浮物的浓度太高或颗粒太大，可能会引起土壤堵塞。

④ 病原体的去除　经土壤处理后，污水中大部分的病菌和病毒可被去除，去除率可达 92%～97%。其去除率与选用的土地处理系统工艺有关，其中地表漫流的去除率较低。

⑤ 重金属的去除　重金属主要是通过物理化学吸附、化学反应与沉淀等途径被去除的。

8.2.2　土地处理系统的类型

根据处理目标、处理对象的不同，土地处理系统分为慢速渗滤系统、快速渗滤系统、地表漫流系统、地下渗滤系统和人工湿地处理系统等工艺类型。

8.2.2.1　慢速渗滤系统

慢速渗滤系统是将污水投配至种植农作物的土壤表面，使其在经过土壤-植物系统时得到充分净化的一种土地处理工艺（图 8-4）。

在慢速渗滤处理系统中，投配的污水一部分被作物吸收，另外一部分渗入地下，流出处理场地的水量一般很少。系统中的水流路径取决于污水在土壤中的迁移，以及处理场地地下水的流向。

慢速渗滤系统适用于渗水性能良好的土壤如砂质土壤，以及蒸发量小、气候湿润的地区。慢速渗滤系统的污水投配负荷一般较低，渗流速度慢，污水在表层土壤（含大量微生物）中的停留时间长，故污水净化效率高，出水水质优良。

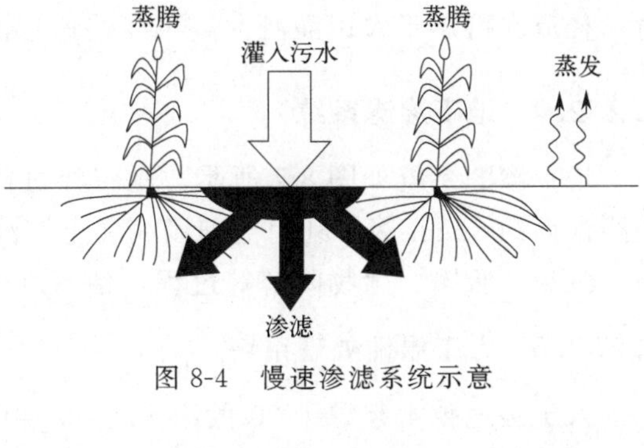

图 8-4　慢速渗滤系统示意

8.2.2.2 快速渗滤系统

快速渗滤系统是有控制地将污水投配到具有良好渗滤性能的土壤表面，污水在重力作用下向下渗滤的过程中，通过过滤、沉淀、氧化、还原以及生物氧化、硝化、反硝化等一系列物理、化学及生物的作用而使污水得到净化的一种污水土地处理工艺。

快速渗滤系统的水流途径如图 8-5 所示，其水流途径主要由污水在土壤中的渗透流动方向和场地地下水流方向共同决定。

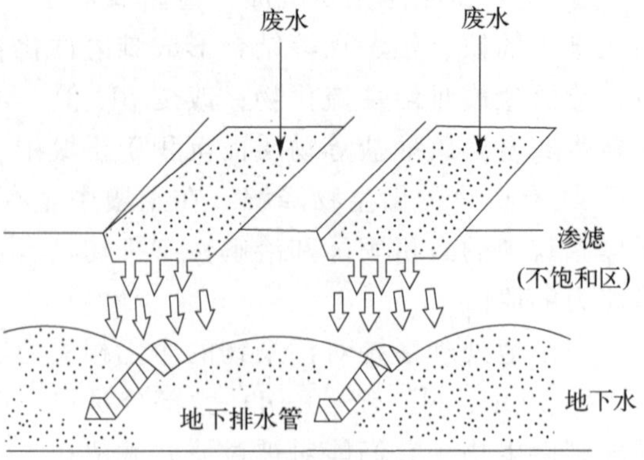

图 8-5 快速渗滤系统水流途径示意

快速渗滤系统中污水是周期性地向渗滤田灌水和休灌，使表层土壤处于淹水和干化，即厌氧、好氧交替运行状态。在休灌期，表层土壤恢复好氧状态，此时发生好氧降解反应，被土壤层截留的有机物被微生物所分解，休灌期土壤层的脱水和干化有利于下一个灌水周期的水下渗和排出。在土壤层形成的厌氧、好氧交替的运行状态有利于氮、磷的去除。

8.2.2.3 地表漫流系统

地表漫流系统通过喷洒方式将污水投配到有植被覆盖的倾斜土地上，使其呈薄层沿地表流动，径流水由汇流槽收集，如图 8-6 所示。

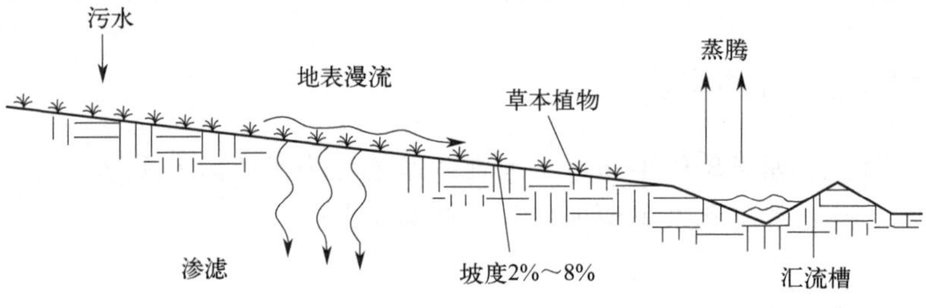

图 8-6 地表漫流系统

适宜于地表漫流的土壤是透水性差的黏土和亚黏土，处理场的土地应是 2%～8%的中等坡度，且地面无明显凸凹。通常应在地面上种草本植物，以便为生物群落提供栖息场所以及防止水土流失。在污水顺坡流动的过程中，一部分渗入土壤，并有少量蒸发，水中的悬浮物通过过滤被截留，而有机物则被草根和表土中生存的微生物氧化分解。在不允许地表排放时，径流水可用于农田灌溉，或再经快速渗滤回注于地下水中。

8.2.2.4 地下渗滤系统

地下渗滤系统如图 8-7 所示，是将经过预处理的污水引入地下特设的渗滤设施中，该设施距地面约 50cm 深。利用毛细浸润和土壤渗滤作用，使投入的污水向四周扩散，并通过过滤、沉淀、吸附、生物降解等过程，使污水得到净化。

8.2.2.5 人工湿地处理系统

人工湿地技术起源于 20 世纪 70～80 年代，是一种人工建造的污水处理系统，它集成了

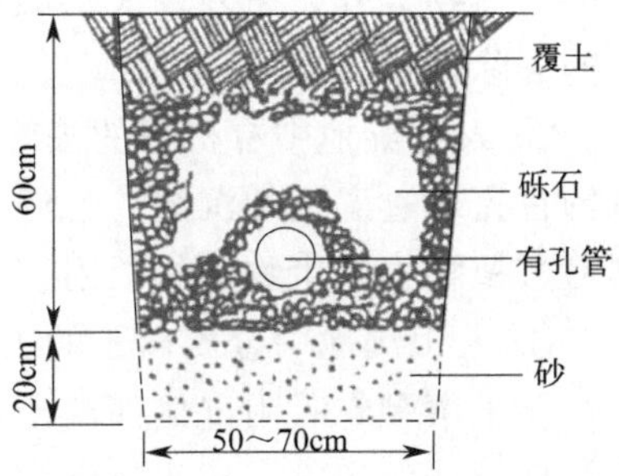

图 8-7　地下渗滤系统

自然湿地系统的综合降解和净化功能，并具备可人为控制的物理、化学和生化反应能力。人工湿地由人工介质、生长在其上的植物和微生物共同组成，构成了一个独特的综合生态系统。在这个系统中，水生植物和人工介质为氧化和去除有机物、氮（N）、磷（P）的微生物提供了栖息场所，并有助于改善氧化还原条件。附着在介质（填料）上和植物根际的大量微生物承担着主要的降解任务。人工湿地具有缓冲能力强、处理效果好、工艺简单、投资节省、能耗低、运行成本低等特点，特别适合于水量不大、水质相对稳定、对管理水平要求较低的小城镇污水处理。此外，人工湿地不仅拥有类似自然生态的景观，还带来了良好的环境效益、生态价值和美学效果。

（1）人工湿地的种类

人工湿地可以按照湿地中主要植物的种类、污水在湿地中的流经方式进行分类。

① 根据湿地中的主要植物种类进行分类　按照此分类，人工湿地可分为浮水植物系统、挺水植物系统和沉水植物系统三种。浮水植物主要用于去除 N、P 以及提高传统稳定塘的效率，沉水植物主要用于对传统城市污水二级处理出水进行深度处理。目前常用的人工湿地系统大多是挺水植物系统。

② 根据污水在湿地中的流经方式分类　根据污水在湿地中的流经方式，人工湿地可分为表面流人工湿地、水平潜流人工湿地、垂直（立式）流人工湿地三种，具体构造如图 8-8 所示。

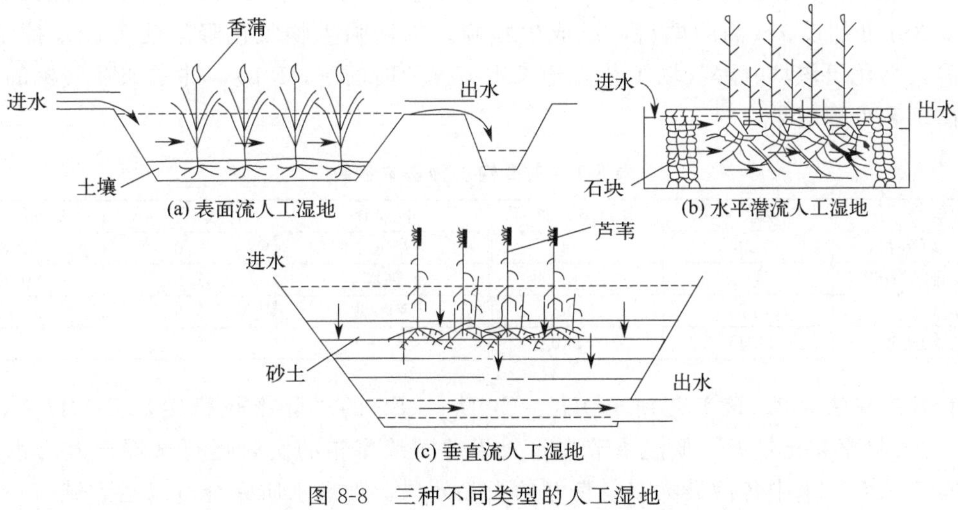

图 8-8　三种不同类型的人工湿地

（2）人工湿地的净化作用

① 人工湿地中氧的变化　人工湿地中的氧来源于植物根毛的释氧及大气溶氧，通过光合作用产生的氧气由植物组织输送到根部，再通过植物根毛释放到外部环境中。

② 人工湿地中氮、磷的去除　人工湿地处理系统的氮、磷去除机制包括介质吸附、过滤、沉淀、挥发、植物吸收和微生物作用等。氮、磷是植物生长的必需元素，均可被人工湿

地中的植物吸收。另外，人工湿地对重金属及有机物等对硝化反应有抑制作用的物质也有一定的去除作用。

③ 人工湿地中有机物的去除 人工湿地对有机物有较强的降解能力。污水中不溶性有机物首先通过湿地的沉淀、过滤作用被截留，然后被微生物利用。污水中的溶解性有机物，则通过植物根系生物膜的吸附、吸收及生物代谢去除。

④ 人工湿地中金属离子的去除 人工湿地中金属离子的去除主要通过植物吸收、生物富集、土壤颗粒吸附（例如离子交换）以及硫化物沉淀等途径。植物的吸收和土壤颗粒的吸附类似于磷的去除。硫化物沉淀中的硫来源于蛋白质等厌氧分解和硫酸盐还原。

8.3 工程应用案例

由于稳定塘可以构成复合生态系统，而且塘底的污泥可以用作高效肥料，所以稳定塘在污水处理中得到越来越多的应用。特别是在我国西部地区，人少地多，稳定塘技术的应用前景非常广泛。

（1）东营市某污水处理与利用生态工程

东营市某污水处理与利用生态工程的设计能力为 10×10^4t/d，实际日处理水量为 4×10^4t/d，占地约 1.1×10^6m^2，工程总投资为 6700 万元，是国内外应用稳定塘处理系统设计较为完善的一座生活污水处理厂。该工程因地制宜，是将原有的一个水库经适当修整分隔而成的。

其工艺流程为：污水→细格栅→平流式沉砂池→高效复合厌氧塘→曝气塘→曝气养鱼塘→养鱼塘→藕塘→芦苇塘→自流或回用。主要构筑物基本参数见表 8-1。在高效复合厌氧塘中，距水面 0.3m 处加设 1m 高的填料，形成生物膜，以增强生物氧化降解能力以及控制臭味。在冬季需要强化厌氧塘、曝气塘工艺，延长水力停留时间（HRT），并增加曝气机的充氧能力，提高工艺处理效果。

表 8-1 主要构筑物基本参数

构筑物	有效水深/m	水力停留时间	构筑物	有效水深/m	水力停留时间
平流式沉砂池	1.8	43s	养鱼塘	2.0	2.8d
高效复合厌氧塘	4.0	1.42d	藕塘	1.0	0.6d
曝气塘	3.75	1.0d	芦苇塘	0.5	0.95d
曝气养鱼塘	3.65	8.84d			

运行效果见表 8-2。该工艺对 BOD_5、COD_{Cr}、SS 的去除率较稳定，而 NH_3-N 和 TP（总磷）的去除率变化较大，低温季节去除效果差。从多年的实际运行来看，该污水处理与利用生态工艺对污水中各污染物有着良好的去除效果，处理水质完全可以达到城市污水一级排放标准。

表 8-2 几种主要污染物的去除情况（运行效果）

项目	BOD_5	COD_{Cr}	SS	NH_3-N	TP
进水平均值/(mg/L)	45.2	125.4	64.1	17.65	1.78
出水平均值/(mg/L)	11.4	53.5	18.3	10.68	1.1
平均去除率/%	74.8	57.3	71.5	39.5	38.2

(2) 吉林人工湿地处理系统

吉林省西部某半干旱地区建设了处理能力为1000m^3/d的地表流人工湿地处理系统以处理城市生活污水。进水的COD为400～500mg/L、SS为250～280mg/L、TN浓度为20～30mg/L、TP浓度为5mg/L。流程为调节池→水解酸化池→不完全氧化池→沉淀池以及人工湿地系统，停留时间分别为7h、8h、4h、2.5h、10d。通过水解酸化后大大提高了污水的可生化性，不完全氧化池去除了污水中部分有机物。人工湿地种植芦苇、沿阶草（蒲草）、水葱等维管束植物，进一步分解污水中的有机物并实现脱氮除磷。每年的5月至10月是系统运行的最佳时期，对COD、TN和TP的总去除率分别可达到93%、86.3%和91.8%。湿地所用土壤原为碱化土壤，荒漠化十分严重。经过几年灌溉后土壤的理化特性得到明显改善，有机质及N、P、K的含量明显提高，并出现了团粒状结构，所生长的植物种类及产量也逐年增加，生态效益明显，逐渐成为鸟类的栖息地。

第三篇

工业废水处理技术与应用篇

第 9 章

工业废水处理概述

9.1 工业废水概述

9.1.1 工业废水的定义、来源和特点

9.1.1.1 工业废水的定义和来源

工业企业各行业生产过程中排出的废水，统称工业废水。这些废水通常分为生产废水、冷却废水和生活污水三种类型。其中，生产废水指工业生产过程中因有机或无机废料污染而形成的废水（包括温度过高形成的热污染废水）；冷却废水则是未直接参与生产工艺，而用于间接冷却过程的循环冷却系统的尾水，该类废水水质污染相对较轻；生活污水则是指工业企业内部产生的生活污水。

工业废水的成分复杂，种类繁多，常含有高浓度的有机污染物、氨氮、石油类物质、重金属等有害物质。如果不加以妥善处理，其对环境的影响比生活污水更大。

工业废水是中国水环境的主要污染源之一。不同行业对水污染的贡献各有差异。根据生态环境部发布的《2020 年中国生态环境统计年报》，2020 年全国废水中化学需氧量排放量为 2564.8 万吨，其中工业源废水中化学需氧量排放量为 49.7 万吨；全国废水中氨氮排放量为 98.4 万吨，其中工业源废水中氨氮排放量为 2.1 万吨。这些数据进一步凸显了工业废水处理的重要性。

工业生产过程产生的废水因工业部门、生产工艺、设备条件与管理水平等有所不同，在水质、水量与排放规律等方面存在显著差异。即使生产同一产品的同类工厂，其排放的废水在水质、水量与排放规律上也可能有所不同。影响工业废水所含污染物多少及其种类的因素主要包括生产中所用的原材料、工业生产中的工艺、设备构造与操作条件以及生产用水的水

质与水量。

9.1.1.2　工业废水的特点

工业废水对环境造成的污染危害和应采取的控制对策，都依赖于工业废水的特性，即废水量的大小以及污染物的种类、性质和浓度。工业废水的水质常因生产工艺的原材料、工艺流程、产品种类等的不同而随时间和地点变化。工业废水的特点主要表现如下。

① 水量、水质波动大，组成复杂。由于不同工业部门生产的产品不同，生产原料及生产工艺也不相同，产生的废水水量各时刻不一样，差异大。同时，水质成分复杂，水质差异很大。例如，有的工业废水中化学需氧量（COD）浓度仅为几百毫克每升，而有的则高达几十万毫克每升。有的工业废水中氮、磷含量过低，无法满足生物处理的营养需求；而有的则含氮、磷浓度过高，也可能导致生物处理效果不佳。

② 工业废水危害性大，有的工业废水的危害效应持久。工业废水中常常含有多种有毒有害的污染物，例如重金属、强酸、强碱、有机化学毒物、油类污染物、放射性毒物等。其中含人工合成有机物 10 万种以上，这些因素都增加了废水处理的难度。

③ 工业废水处理难度大。工业废水不仅水质、水量变化大，而且含有的污染物质具有种类多、成分复杂、浓度高、可生物降解性差、有毒性等特征，导致处理难度很大。

④ 工业废水排放通常被视为严重的点源污染。

为了确切地表示某种工业废水的特性，除了常用的生化需氧量、化学需氧量、悬浮物、氮、磷等一般的污染指标外，还应依据该工业废水的来源，选择增加具有代表性污染特征的指标，如重金属、典型有机化学毒物、油类、酸碱度、温度、急性生物毒性、放射性等。

9.1.2　工业废水的分类

为了区分工业废水的种类，了解其性质，认识其危害，研究其处理措施，通常进行废水的分类。一般有下列四种分类方法。

① 按照行业产品加工对象分类。例如，冶金废水、造纸废水、炼焦煤气废水、金属酸洗废水、纺织印染废水、制革废水、农药废水、化学肥料废水等。

② 按照工业废水中所含主要污染物的性质分类。以无机污染物为主的废水称为无机废水，以有机污染物为主的废水称为有机废水。例如，电镀和矿物加工过程的废水是无机废水，食品或石油加工过程的废水是有机废水。这种分类方法相对简单，有助于考虑相应的处理方法。例如，对易生物降解的有机废水一般采用生物处理法，对无机废水一般采用物理法、化学法和物理化学法处理。然而，在工业生产中，废水通常同时含有无机物和有机物。

③ 按照废水中所含污染物的主要成分分类。如酸性废水、碱性废水、含酚废水、含铬废水、含镉废水、含锌废水、含汞废水、含氟废水、含有机磷废水、放射性废水等。这种分类方法的优点是突出了废水的主要污染成分，可有针对性地考虑处理方法或进行回收利用。

④ 除上述 3 种分类方法外，还可以根据工业废水中所含污染物的危害性和处理的难易程度将废水分为：易生物降解且毒性不明显的废水；易生物降解但有一定毒性的废水；难生物降解且毒性不明显的废水；难生物降解且具有毒性的废水。

上述废水的分类方法只能在了解污染源情况时参考。实际上，一种工业可能排出几种不同性质的废水，而一种废水又可能含有多种不同的污染物。例如染料工业，既排出酸性废水，又排出碱性废水。纺织印染废水由于织物和染料的不同，其中的污染物和浓度往往有很大差别。

9.1.3 工业废水的危害

达不到排放标准的工业废水排入水体后，会污染地表水和地下水。各类工业废水的污染程度虽有差别，但超过某一浓度后均会产生危害。具体而言，有以下几种情况。

① 含高浓度有机物的废水排入水体后，会导致水体发生厌氧腐败现象，同时废水中的高盐分可能改变生物（包括动植物和微生物）细胞的渗透平衡，对生物体造成不良影响。若盐度过高，会造成动植物死亡，破坏水生生态。

② 含有毒物质的废水会导致生物死亡，并危害人身健康。

③ 含有大量不溶性悬浮物的废水会沉积在水体中形成底泥，堵塞鱼类的鳃，导致鱼类死亡。

④ 含油废水中的油膜会覆盖水面，阻碍大气中的氧气进入水体，导致水体缺氧，产生恶臭，并使鱼类等生物体死亡。

⑤ 高浊度和高色度的废水会导致水体物理性污染。

⑥ 酸性废水和碱性废水具有腐蚀性，对生物有危害作用。

⑦ 含有氮、磷等营养物质的工业废水会使藻类及其他水生生物异常繁殖，导致水体富营养化。

9.2 工业废水污染控制策略

9.2.1 工业废水污染控制基本原则

在经济生产中产生的这些工业废水，其中的污染物排放量若在环境自净能力之内，环境可以自动恢复原有状态，不对环境造成污染和危害；若污染物排放量超过环境容量的允许极限，环境的自净能力将无法使环境恢复，这会导致严重的环境污染问题。

因此，对工业废水的污染进行防控非常关键。工业废水污染防控应遵循以下原则：一是清洁生产；二是废水的减量化；三是废水的再利用。

9.2.1.1 清洁生产

实践证明，工业废水的末端治理难度大、成本高，治理过程中易造成二次污染，且难以实现资源的有效利用。因此，应从源头和过程控制入手，通过全方位措施实现全过程污染控制，这是清洁生产的核心理念。

清洁生产是指不断采取改进设计、使用清洁的能源和原料、采用先进的工艺技术与设备、改善管理、综合利用等措施，从源头削减污染，提高资源利用效率，减少或者避免污染物的产生和排放，以减轻或者消除对人类健康和环境的危害。与末端治理相比，清洁生产具有以下特征：

① 清洁生产以“预防为主”，从生产环节就开始控制污染物的产生并对最终产生的废物进行综合利用，从源头削减污染物的产生；

② 清洁生产综合性高，从原材料的选择、生产工艺和生产管理的优化、废物的综合利用等各个环节入手，从而达到“节能、降耗、减污、增效”的目的；

③ 清洁生产是一个持续进行并不断深化的过程，必将随着各方面的技术进步、管理水平的提高而不断推进，不仅能降低污染物的排放，还能给企业带来长期的利润增长，更能激发企业的主观能动性。

9.2.1.2 废水回用

随着工业的发展，水需求的增加与水资源的匮乏之间的矛盾日益加剧。为了从有限的水资源中寻求更多经济发展的空间，废水被越来越多地当作补充水源，重新进入工业生产之中。废水回用分为两种类型：一是生产工艺内的废水回用；二是废水经过再生处理后的回用。

（1）生产工艺内的废水回用

工业生产过程往往由多个工序组成，不同工序对用水水质的要求也不尽相同。将轻污染的废水直接回用或经过简单处理后在生产工艺中回用，这样能够实现水在生产工艺内的闭路循环。举例如下：

① 印染企业在印染漂洗工段，因最后一级漂洗槽漂洗后的水比较洁净，可回流至第一级的漂洗槽使用，这不仅能提高清洗效果，还能节省漂洗用水，显著减少新鲜水资源的消耗和废水的排放量。

② 造纸白水的污染程度相对较低，经过多盘式真空过滤或者加压溶气气浮处理就能回收其中的纤维等有用物质。处理后，废水的 COD 和 SS 分别降至 80～120mg/L 和 100mg/L 以下，可以直接回用于生产工艺中，从而降低造纸环节的新鲜水消耗量和废水排放量。

（2）废水经过再生处理后的回用

将达到排放标准的工业废水，直接回用于对水质要求不高的生产工序或者回用作为生活杂用水，如绿化、道路冲洗等。也可以通过混凝吸附、活性炭吸附等物理化学的深度处理方法，进一步改善水质后再回用于生产，以提升废水回用的经济价值，实现资源的循环利用。

典型的化学制浆造纸行业废水利用如图 9-1 所示。在经过黑液碱回收和白水再生利用后，剩余的主要为中段废水，废水量和有机污染负荷均显著降低。在原有二级生物处理的基础上增加高级氧化或者化学絮凝深度处理后，水质可达 COD$\leqslant$80mg/L，BOD$\leqslant$20mg/L，SS$\leqslant$50mg/L。经过简单处理的出水中，约 30%的工业废水回用于造纸生产中对水质要求较低的工艺环节，其余部分则进行排放。

9.2.2 废水的调节

水质、水量是废水处理厂（站）设计的基本依据。水质和水量数据的准确性直接影响废水处理设施的基本建设投资、运行成本和处理效果。

从工业企业和居民区排出的废水，其水量和水质随时间变化，难以精确测量。工业废水的水质和水量变化幅度通常比城市污水大，尤其是中小型工厂的波动更为显著。废水的水质和水量波动对排水设施和废水处理设备运行不利，尤其会影响生物处理工艺的正常运行。为此，须在废水处理系统前设调节池，以尽可能减少或控制废水水质、水量波动，为后续处理过程创造一个最优的条件。工业废水处理设施中调节池的主要作用如下：

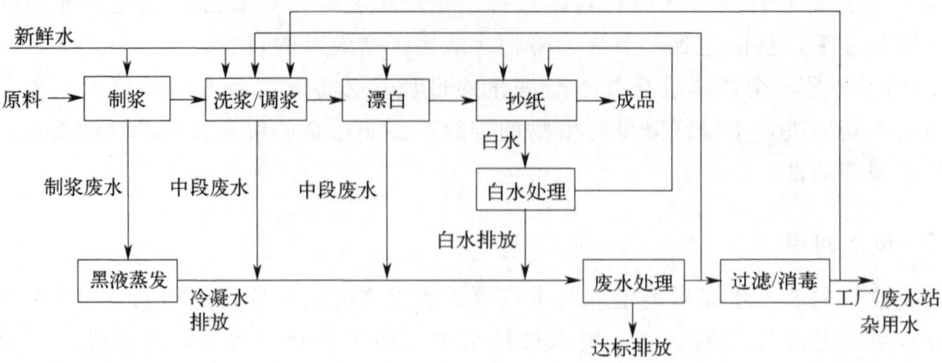

图 9-1 化学制浆造纸行业废水利用

① 可以缓冲忽高忽低的进水有机物负荷，防止生物处理系统负荷的急剧变化；

② 可以调节 pH 值，在调节池中充分混合不同时段的废水，以减少中和反应所需化学药剂的使用量；

③ 调节水量，不同时段的废水水量不同，进入调节池后停留一段时间，可保证调节池出水流量恒定，减小流量波动。

根据调节池的功能，调节池可分为水量调节池、水质调节池、事故调节池以及综合调节池。

(1) 水量调节池

水量调节池的主要作用是均化水量。常用的水量调节池，进水采用重力流，而出水则通过泵提升，如图 9-2 所示。池中最高水位不应高于进水管的设计水位，有效水深一般为 2～3m。

调节池的容积可以通过图解法进行计算。例如，某工厂的废水在生产周期（T）内的废水流量变化曲线如图 9-3 所示。流量曲线与 X 轴在 T 周期内所围的面积等于废水总量 W_T（单位为 m^3）：

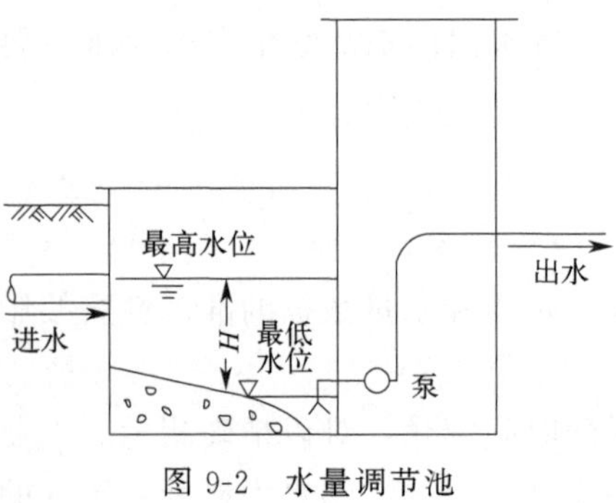

图 9-2 水量调节池

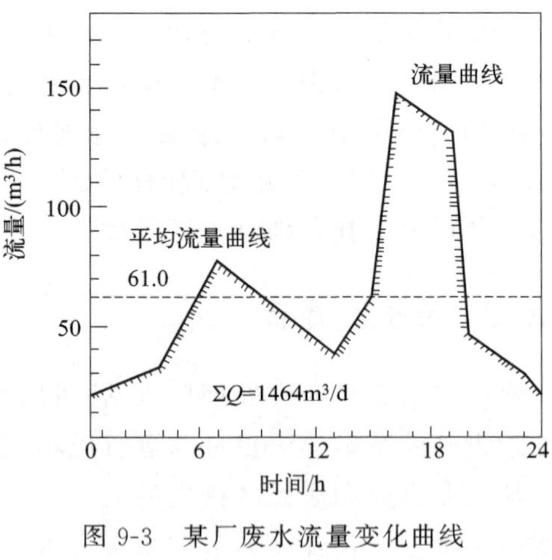

图 9-3 某厂废水流量变化曲线

$$W_T = \sum_{i=0}^{T} q_i t_i \tag{9-1}$$

式中，q_i 为在 t 时段内废水的平均流量，m^3/h；t_i 为时段，h。

在周期 T 内废水平均流量 Q（单位为 m^3/h）如下：

$$Q=\frac{W_T}{T}=\frac{\sum_{i=0}^{T}q_i t_i}{T} \tag{9-2}$$

（2）水质调节池

水质调节池的任务是对不同时间或不同来源的废水进行混合，使出水水质均匀。常用的包括利用外加动力（如空气搅拌、水泵强制循环搅拌、机械搅拌）进行强制调节。

① 空气搅拌　在池底设曝气管，与鼓风机空气管相连，用压缩空气进行搅拌，使不同时间进入池内的废水得以均匀混合。这种调节池结构简单，效果较好，并可防止悬浮物沉积在池内。适宜在废水流量不大、需要预曝气情况下使用。若废水中存在易挥发的有毒有害物质，则不宜采用空气搅拌的调节池。

② 水泵强制循环搅拌　在调节池底设穿孔管，穿孔管与水泵压水管相连，用压力水进行搅拌，如图 9-4 所示。其优点是简单易行，但动力消耗较多。

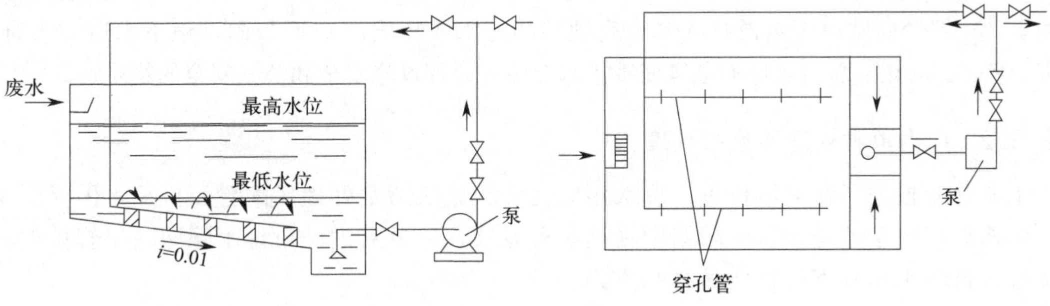

图 9-4　水泵强制循环搅拌调节池

③ 机械搅拌　在池内安装机械搅拌设备。机械搅拌设备有多种形式，如桨式、推进式、涡流式等。此方法搅拌效果好，但设备常年浸于水中，易受腐蚀，运行费用也较高。

（3）事故调节池

为了防止出现恶性水质事故，或在废水处理系统运行中发生事故（例如偶然的废水倾倒或泄漏），导致废水的流量或强度变化太大，因此应设置事故调节池或分流储水池，以储存事故排水。事故池的进水阀门通常由自动监测系统控制，以便及时发现事故。事故池必须保持排空状态，以备不时之需。

9.2.3　工业废水的排放标准和处理概述

9.2.3.1　排放标准

目前我国工业废水排放标准主要有《污水综合排放标准》（GB 8978—1996）、《城镇污水处理厂污染物排放标准》（GB 18918—2002）和《污水排入城镇下水道水质标准》（GB/T 31962—2015）。在实际工程中，应根据处理后废水的排放去向、接纳水体的环境容量及当地的环境条件，按照环保部门的要求执行相应标准。

①《污水综合排放标准》（GB 8978—1996）规定，第一类污染物包括总汞、烷基汞、总

镉、总铬、六价铬、总砷、总铅、总镍、苯并芘、总铍、总α放射性和总β放射性等毒性大、影响长远的有毒物质。含有此类污染物的废水，不分行业类别、废水排放方式，也不分受纳水体的功能类别，都必须符合该标准的要求。含有第一类污染物的工业废水的车间必须建立车间废水处理站，经处理达标后方可排入厂区排水管网，不得采用稀释方法排放。

② 工业废水中往往还含有大量有毒有害气体，如一氧化碳（CO）、硫化氢（H_2S）、氢氰酸（HCN）、二硫化碳（CS_2）、氨（NH_3）等。这些气体会腐蚀管道和设备（如 H_2S），或导致有毒废气逸出窨井、泵站，对环境和操作人员的身体健康构成威胁。此外，它们对微生物具有毒害作用（H_2S、HCN、NH_3），对生化处理工艺中的微生物系统会造成冲击。因此，这些有毒有害气体应在厂内单独处理后，再排入工业园区或城市污水处理厂集中处理。

③《污水排入城镇下水道水质标准》（GB/T 31962—2015）是根据排水管网末端的污水处理厂建设水平和要求而制定的。该标准详细规定了污水排入城镇下水道所需满足的水质要求，以及相应的取样与监测方法。因此，工业废水在排入城镇或工业园区排水管网时，必须严格遵守该标准所规定的各项要求。

该标准规定如下：a. 严禁向城镇下水道倾倒垃圾、粪便、积雪、工业废渣、餐厨废物、施工泥浆等造成下水道堵塞的物质；b. 严禁向城镇下水道排入易凝聚、沉积等导致下水道淤积的污水或物质；c. 严禁向城镇下水道排入具有腐蚀性的污水或物质；d. 严禁向城镇下水道排入有毒、有害、易燃、易爆、恶臭等可能危害城镇排水与污水处理设施安全和公共安全的物质。

9.2.3.2 厂内单独处理和集中处理

工业企业根据所在区域位置、废水污染性质、区域污水处理厂配置及排放水体要求等因素，可选择厂内单独处理、区域集中处理两种方式，以及通过城市排水管网（接管排放）或直接排入自然水体（直排）两种排水方式。

如果工厂不在工业园区内，企业需要在厂内建立有针对性的处理工艺和完善的处理系统，确保废水经过单独处理后达到排放标准，然后直接排放。或者，经企业自行处理达到《污水排入城镇下水道水质标准》（GB/T 31962—2015）后，排入城市污水管网，与城市污水合并后，由城镇污水厂集中处理。或者，自行处理后达到再生回用水质要求，进行厂内回用，达到零排放。

对于选择纳管排放的企业，必须先获得排污许可证后，方可将废水排入城市排水管网，随后进入城镇污水处理厂。

（1）厂内单独处理

工业废水的厂内处理可分为厂内预处理和完全处理两种方式。工业废水若是在工厂内单独处理，须进行处理以满足排放标准。对于含有有毒有害污染物质或难以生物降解的有机物的工业废水，如工业废水中的重金属、放射性物质以及一些难降解并会毒害微生物的有机物，这些物质会影响城镇污水厂的生物处理单元的正常运行，造成处理效果下降，且无法通过城镇污水厂的处理流程进行降解。因此，必须采用厂内单独处理方式，在工厂内采用针对性的处理工艺进行单独处理。

单独处理的优点是：废水处理系统具有处理工艺针对性强、处理效率高、运行管理灵活的特点，特别是对水质特殊、水量较小的废水能够采用高效的特种处理方法。

但单独处理存在的缺点如下：a. 工程投资和运行维护费用的单位成本比城镇或工业园区的大型污水处理厂高；b. 废水的水量和水质波动较大，常导致冲击负荷，影响设施的正常运行；c. 如果运行维护人员的技术素质不高，则增加了运行管理的难度；d. 处理单位废水量的运行费用高。

（2）集中处理

根据不同工业企业排放废水水质的实际情况，工业废水的集中处理有两种方式：一是可直接进入园区内的污水处理厂进行集中处理；二是经工厂内预处理后再进入园区内污水厂集中处理。

与城市生活污水水质相近的工业废水可直接排入城市排水管道，送往城镇污水厂集中处理。当工业废水中污染物浓度过高或含有毒性污染物时，应先在厂内进行适当的预处理，去除对城镇污水处理厂生化处理工艺造成危害的污染物，确保废水达到《污水排入城镇下水道水质标准》（GB/T 31962—2015）或地方标准规定的纳管水质要求后，再排入城市污水管网，由城镇污水厂统一处理。

废水集中处理的优点是：处理单位水量的工程投资和运行费用低；水量、水质波动较小；工艺设施完整，处理效果好；运行管理水平高；处理厂规模大，环境效益和经济效益显著。此外，废水处理过程中产生的污泥量虽然较大，但通过妥善的处理和资源化利用措施，可以实现污泥的减量化、稳定化和无害化。

废水集中处理的前提条件是城市污水管网和污水处理厂必须有较高的覆盖率；否则，工业废水无法及时输送到污水处理厂。如果城市污水管网和污水处理厂的覆盖率不足，应充分利用地理位置、水质、水量等条件，优先考虑将工业废水与城市生活污水混合处理，这不仅可以提高工业废水的可生化性，使其更易处理；还可以减小水量、水质的波动性，使处理效果更加稳定；同时，混合处理还可以降低投资和运行费用。

9.2.3.3　处理工艺的选择

废水处理工艺流程的选择是指对各单元处理技术（构筑物）的优化组合。工业废水处理工艺流程的确定取决于原废水的性质、水质和水量的变化幅度，所需处理程度，建设单位的自然地理条件（如气候、地形），可用的厂（站）区面积，以及工程投资和运行费用等因素。选择的工艺流程应尽量做到技术先进、经济合理，处理过程和处理后不引发二次污染，同时尽可能采用高效、低耗的回收与处理设备，确保基建投资和运行维修费用较低。在选择处理工艺时，应考虑以下三个因素。

（1）废水处理的程度是影响工艺流程选择的重要因素

根据废水处理程度以及最终达到的排放标准选择处理工艺：

① 出水回用不外排时，根据相应的回用水水质标准确定；

② 排入天然水体时，则出水需要根据《污水综合排放标准》（GB 8978—1996）确定；

③ 排入城市排水管网时，则出水需要根据《污水排入城镇下水道水质标准》（GB/T 31962—2015）或地方标准确定。

（2）选择废水处理方法前，必须了解废水中污染物的形态

一般废水中污染物分为悬浮、胶体和溶解 3 种形态。一般悬浮物可通过沉淀、过滤等去除，而胶体和溶解物则必须采用有针对性的工艺去除。如混凝沉淀法适用于胶体态污染物；化学法适用于溶解态污染物，通过化学反应生成沉淀物或悬浮颗粒，采用沉淀或气浮的方法，或膜分离等将其分解或分离去除。其中，溶解性污染物最难去除，常常需要通过化学处理、生物处理或物理化学等联合方法去除。

（3）废水的水质及其水量变化特征是影响工艺流程选择的另一个重要因素

由于工业废水种类繁多，污染物组分复杂，因此处理技术和工艺流程多变。对于工业废水，常常是多种处理工艺流程都能满足应达到的处理程度。因此，一般在设计时应进行经济、技术对比，确定工艺流程。

工业废水处理方法有许多种，按照作用原理可分为物理处理法、物理化学处理法、化学处理法和生物处理法。对物理处理法、物理化学处理法和化学处理法将在第 10 章和第 11 章分别介绍，而生物处理法在第 4 章和第 5 章已经做过介绍。

对于污染成分单一的工业废水，一般可以只采用某一单元处理技术，如用离子交换法处理含铬废水，用化学氧化法处理含氰废水等。然而，大多数工业废水组分复杂，或成分虽然单一但浓度较高且要求处理程度高，往往需要联合使用多种处理技术，以达到预期的处理效果。流程的顺序通常采取由易到难、前处理单元确保后续处理单元正常工作的顺序，依次将不同形态的污染物去除。

第 10 章 工业废水的物理和化学处理技术

10.1 过滤

过滤是废水处理的单元操作之一，目的是截留废水中所含的悬浮颗粒，包括胶体粒子、细菌、各种浮游生物、可过滤病毒与漂浮油、乳化油等，进而降低废水的浊度、COD和 BOD_5 等。

根据不同的目的，废水处理中过滤的主要作用包括：经化学处理或生物处理后的出水，通过过滤进一步去除废水中的悬浮颗粒和生物絮体，使出水浊度大幅度降低；过滤能够进一步降低出水的有机物含量，同时对重金属、细菌、病毒也有很高的去除率；去除化学除磷时产生的沉淀物；废水在经活性炭处理或离子交换之前，通过过滤进行预处理，可提高后续处理设施的安全性和处理效率。

10.1.1 过滤机理

以简化的球形滤料的单层砂滤池为例，其滤料粒径通常为0.5～1.2mm，滤料粒径自上而下由细到粗依次排列，滤层中孔隙尺寸也由上而下逐渐增大。假设砂滤料为球形，直径为0.5mm，以最紧密的方式规则排列，滤料间孔隙直径约为80μm。进入滤池的悬浮物颗粒尺寸大部分小于30μm，仍然能被滤层截留下来，这说明过滤不仅仅依赖于简单的机械筛滤作用，还包括悬浮颗粒与滤料颗粒之间的黏附作用。

水流中的悬浮颗粒能够黏附于滤料颗粒表面上，涉及两个问题：其一，被水流挟带的颗粒如何与滤料颗粒表面接近或接触，这就涉及颗粒脱离水流流线向滤料颗粒表面靠近的迁移机理；其二，当颗粒与滤料表面接触或接近时，依靠哪些力的作用使得它们黏附于滤料表面上，这涉及黏附机理。

10.1.1.1 迁移机理

悬浮颗粒脱离流线与滤料接触的过程就是迁移机理。过滤时，滤层孔隙中的水流速度通常较慢，被水流挟带的颗粒受到一种或多种物理-力学作用，会脱离流线并接近滤料颗粒表面，悬浮颗粒脱离流线与滤料接触，即发生迁移。一般认为，迁移过程由筛滤、拦截、重力沉降、惯性、扩散作用和水力作用等产生。

① 筛滤　比孔隙大的颗粒被机械筛分，截留于滤料层的表面上，然后这些被截留的颗粒形成孔隙更小的滤饼层，使过滤水头增加，甚至发生堵塞。显然，这种表面筛滤没能发挥整个滤层的作用。

② 拦截　沿流线流动的颗粒，在流线汇集处与滤料表面接触产生拦截作用。其去除率

与被去除的颗粒直径的平方成正比，与滤料粒径的立方成反比。

③ 重力沉降 如果悬浮物的粒径和密度较大，将存在一个沿重力方向的相对沉降速度。在重力作用下，颗粒偏离流线沉淀到滤料表面上。沉淀效率取决于颗粒沉速和过滤水流速的相对大小和方向。此时，滤层中的每个小孔隙起着类似浅层沉淀池的作用。

④ 惯性 当流线绕过滤料表面时，具有较大动量和密度的颗粒因惯性冲击而脱离流线与滤料表面接触。

⑤ 扩散作用 对于微小悬浮颗粒，布朗运动较剧烈时会扩散至滤料表面。

⑥ 水力作用 也称为水动力作用，是因为在滤料表面附近存在速度梯度。非球体颗粒在速度梯度作用下，会发生转动并脱离流线，与滤料颗粒表面接触。

10.1.1.2 黏附机理

黏附作用是一种涉及物理化学过程的作用。上述迁移过程中与滤料接触的悬浮颗粒被黏附在滤料颗粒表面上，或者黏附在滤料表面上原先黏附的颗粒上，这就是附着过程。引起颗粒附着的因素主要有如下几种。

① 范德瓦耳斯引力和静电力 由于颗粒表面上所附电荷和由此形成的双电层产生静电力，同时颗粒之间还存在范德瓦耳斯引力、化学键和某些特殊的化学吸附力，故颗粒之间产生黏附。

② 接触凝聚 在原水中投加混凝剂，压缩悬浮颗粒和滤料颗粒表面的双电层，在尚未形成明显的微絮凝体之前，就立即进行过滤。此时水中脱稳的胶体很容易与滤料表面凝聚，即发生接触凝聚作用。原水经加药后直接进入滤池过滤，即采用直接过滤的方式时，接触凝聚是主要附着机理。

③ 吸附 悬浮颗粒细小，具有很强的吸附趋势，吸附作用也可能通过絮凝剂的架桥作用实现。絮凝物的一端附着于滤料表面，另一端附着于悬浮颗粒。某些聚合物电解质能够降低双电层的排斥力，或者在两个表面活性点之间起作用从而改善附着性能。

然而，在颗粒黏附的同时，还存在孔隙中水流的剪切作用导致颗粒从滤料表面脱落的趋势。黏附与脱落的程度往往取决于黏附力和水流剪切力的相对大小。随着过滤的进行，悬浮颗粒逐渐黏附，导致滤料间的孔隙减小，水流速度加快，水流剪切力增大，最后黏附的颗粒由于黏附力较弱就可能优先脱落。脱落的颗粒以及没有黏附的颗粒会被水流挟带向下层推移，下层滤料的截留作用得到发挥。

10.1.2 滤料

滤料的选择是影响滤池过滤效果的主要因素之一。常用的滤料有天然石英砂、无烟煤、颗粒活性炭和石榴石等。选择时，还应考虑滤料的供应来源、硬度、颗粒形状、抗腐蚀性和杂质含量等参数。

（1）滤料的粒径和滤层厚度

采用的滤层厚度与滤料粒径有关。较小粒径的滤料不易穿透，因此可以采用较薄的滤层；较大粒径的滤料容易泄漏，因此需要较厚的滤层来保证过滤效果。可以选择较小粒径的滤料配较薄滤层，或较大粒径的滤料配较厚滤层。

（2）有效粒径与不均匀系数

描述滤料粒径分布的方法主要有：a. 中位粒径法；b. 有效粒径法；c. 平均粒径法。使用更为广泛的是有效粒径法，即用滤料的有效粒径 d_{10} 和不均匀系数 K_{80} 来表示其粒径的分布。

$$K_{80}=\frac{d_{80}}{d_{10}} \tag{10-1}$$

式中，d_{10} 为能使 10％的滤料通过的筛孔孔径；d_{80} 为能使 80％的滤料通过的筛孔孔径。

d_{10} 称为有效粒径，反映了细颗粒的尺寸；d_{80} 反映了粗颗粒的尺寸。

在反冲洗过程中，滤料呈流化和膨胀状态。冲洗完成后，细小颗粒滤料积聚在滤床上部，大颗粒滤料沉到滤床底部，由上而下形成由细到粗的滤料滤床，这种滤料称为级配滤料。不均匀系数越大，粗细差距越明显，滤料粒径分布越不均匀，对过滤和反冲洗均不利。级配滤料的不均匀系数一般为 1.6～2.0。

级配滤料中，上层的细颗粒在截污过程中起主要作用，但滤层的整体截污能力可能因粒径分布不均而受限。为了克服这一缺陷，可以采用多层滤料或均质滤料，具体内容参见下述滤料层的结构。

(3) 滤料层的结构

如前所述，滤料表面与颗粒之间存在黏附作用。同时，由于孔隙中水流剪切力的作用，颗粒从滤料表面上存在脱落的趋势。黏附力和水流剪切力的相对大小，决定了颗粒黏附和脱落的程度。

在过滤初期，滤料较干净，孔隙率较大，孔隙流速较小，水流剪切力相对较小，因而黏附作用占优势。随着过滤时间的延长，滤层中杂质逐渐增多，孔隙率逐渐减小，水流剪切力增大，黏附的颗粒从滤料表面脱落下来，于是悬浮颗粒便向下层推移，下层滤料截留作用逐渐得到发挥。

为了改变滤层中杂质形成的上细下粗的不均匀分布，提高滤层的截污能力，便出现了双层滤料、三层滤料(或混合滤料）及均质滤料等滤层。几种滤料组成示意见图 10-1。

无论是双层滤料还是三层滤料，当废水从下往上通过滤料层时，一般在最下层都采用密度较小、粒径较大的轻质滤料(如无烟煤)，最上层采用密度较大、粒径较小的较重滤料。三层滤料的中层为中等粒径和中等密度的滤料(如石英砂)。各层滤料平均粒径由下而上递减。

均质滤料是指沿整个滤层深度方向的任一横断面上，滤料组成和平均粒径均匀一致，见图 10-1 (c)。当前应用较多的气水反冲洗滤池大多属于均质滤料滤池，这种均质滤料层的纳污能力显然也大于上细下粗的级配滤层。

(4) 常用滤料规格

常用滤料规格见表 10-1。

表 10-1　常用滤料规格

类型	滤料粒径/mm	K_{80}	厚度/mm
单层级配石英砂	d_{10}＝0.55	＜2.0	700
双层滤料	石英砂 d_{10}＝0.55	＜2.0	400
	无烟煤 d_{10}＝0.85	＜2.0	300～400
多(三)层滤料	无烟煤 d_{10}＝0.85	＜1.7	450
	石英砂 d_{10}＝0.55	＜1.5	250
	重质矿石 d_{10}＝0.25	＜1.7	70
均质石英砂滤料	d_{10}＝0.9～1.2	＜1.4	1200～1500

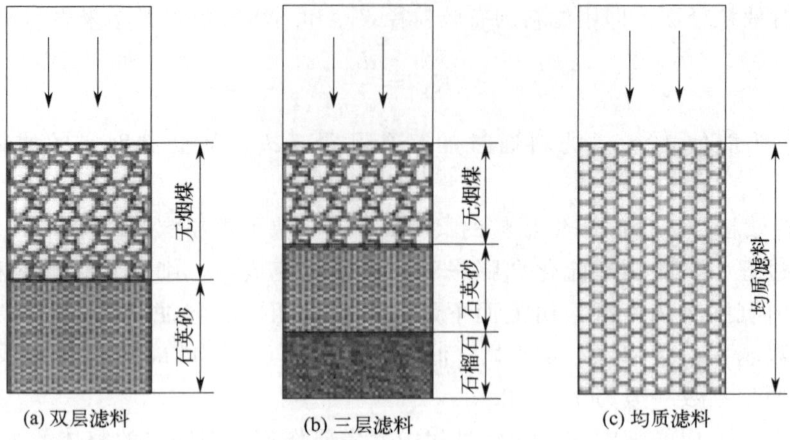

图 10-1 几种滤料组成示意

10.1.3 普通快滤池

普通快滤池（图 10-2），又称四阀滤池，是历史悠久且应用广泛的滤池布置形式。其结构主要包括：管廊、滤池配水系统、滤池排水设施和承托层等。每格滤池的进水、出水、反冲洗水和排水管上均设置阀门，以控制过滤和反冲洗过程的进行。

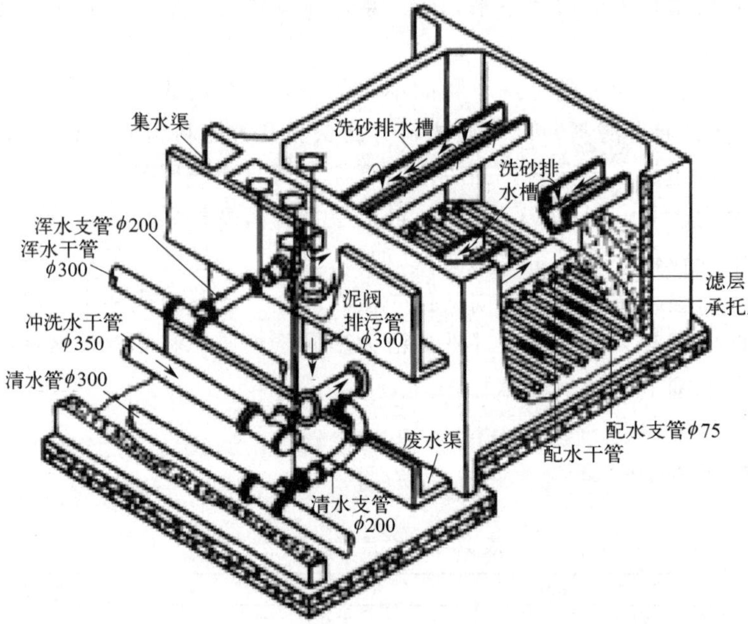

图 10-2 普通快滤池构造

冲洗废水通过排水槽排出，该排水槽在过滤过程中还起到分配待滤水的功能。滤料层是滤池中实现水质净化的核心部分，其主要作用是拦截水中悬浮物。承托层的作用在于防止滤料颗粒随水流流失，同时有利于冲洗水的均匀分布。

配水系统的功能是确保冲洗水在整个滤池表面上的均匀分布。在快滤池的运行过程中，主要包括过滤和反冲洗两个阶段，这两个过程交替进行，形成循环操作。

过滤时，打开相应的控制阀，关闭其余阀门，原水依次经过设定流程进入滤池。滤后水从排水槽溢流而出，均匀分布于整个滤池表面，随后继续沿指定路径流入清水池。

反冲洗是指将附着在滤料表面的杂质清除的过程，其水流方向与过滤时完全相反。在反冲洗阶段，停止过滤操作，关闭相关阀门并打开反冲洗专用阀门，冲洗水自下而上依次通过配水系统的主管和支管，穿过承托层及滤料层，最终完成对滤料的清洁。通常情况下，反冲洗过程持续 20～30min。冲洗完成后，系统恢复过滤运行。

从过滤开始到过滤终止的运行时间称为滤池的过滤周期，通常以小时(h)计。反冲洗所需的时间称为滤池的冲洗周期。过滤周期与冲洗周期之和称为滤池的工作周期，通常为 12～24h。快滤池单位时间的产水量取决于滤速。滤速，也称为滤池负荷，是指单位时间、单位滤池横截面积的过滤水量，单位为 $m^3/(m^2 \cdot h)$。

10.1.4　压力滤池

压力滤池是在密闭的容器中进行压力过滤的滤池，是快滤池的一种类型，通常采用钢制外壳，分为立式和卧式两种，多用于小型过滤系统。规模较大的废水处理厂宜使用卧式压力滤池。例如，在深度处理中，可能采用直径为 3m、立式安装的压力滤池，如图 10-3 所示。

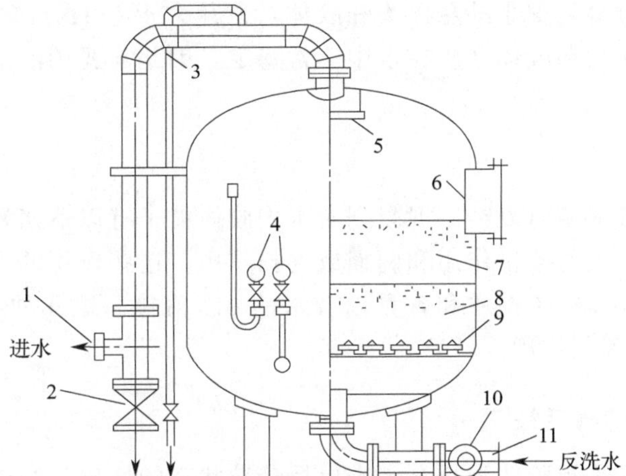

图 10-3　压力滤池

1—进水管；2—反洗水排出管；3—排气管；4—压力表；5—进水分配板；6—检查孔；7—无烟煤滤层；8—硅砂滤层；9—滤头；10—出水管；11—反洗水进水管

滤池内装滤料及进水和配水系统，滤料厚度为 1.0～1.2m，配水系统通常采用小阻力的缝隙式滤头，或者在开缝、开孔的支管上包裹尼龙网。滤池外设有各种管道和阀门。压力滤池的工作原理是利用压力进行过滤，进水通过泵直接打入，而滤后水则借助压力直接输送至用水设备或后续处理环节。为提高冲洗效果，通常使用压缩空气辅助冲洗。压力滤池的特点如下：

① 由于废水中的悬浮物浓度较高，过滤时水头损失增加较快，所以滤池的允许水头损失也较高，可达到6～7m；

② 在废水深度处理中，压力滤池的出水水头能满足后处理构筑物的要求，不必再次提升；

③ 压力滤池是密闭式的，可防止有害气体从废水中逸出，避免造成二次污染；

④ 压力滤池省去了反冲洗水罐和水泵，简化了系统结构。

此外，滤池还有虹吸滤池、无阀滤池等，但由于在废水处理方面应用较少，故在此不再一一介绍。

10.2 化学混凝法

废水中含有大量无机物及有机物杂质等，这些杂质按照尺寸大小可分为悬浮物、胶体和溶解物等。其中胶体的颗粒尺寸很小，在水中经长期静置也不会下沉，废水处理中常见的胶体颗粒包括黏土颗粒(直径 $d<4\mu m$)、细菌(0.2～80nm)、病毒(10～300nm)以及具有胶体性质的腐殖质和蛋白质等。悬浮物和胶体是使水产生浑浊现象的根源，其中某些有机物(如腐殖质和藻类)往往会使水产生色度、臭味等；而废水中的致病性微生物会通过水传播疾病。

混凝处理的主要对象是细小的悬浮物和胶体，粒径大于0.1mm的泥沙通常在水中很快下沉。粒径较小的悬浮物和胶体杂质在水中非常稳定，因此需要用混凝法来去除。

10.2.1 原理

水处理中的混凝过程相对复杂。混凝剂对水中胶体粒子有以下四种作用：压缩双电层作用、吸附电中和作用、吸附架桥作用和网捕或卷扫作用。这些作用的主导因素取决于混凝剂种类和投加量、水中胶体粒子性质和含量以及水的pH值等。这几种作用有时会同时发生，有时仅其中1～2种机理起作用。

10.2.1.1 水中胶体的稳定性

所谓胶体的稳定性是指胶体颗粒在水中保持分散状态的性质。胶体颗粒具有较大的表面自由能，因此具有显著的吸附能力。由于同类的胶体微粒带着同号的电荷，它们之间的静电斥力会阻止微粒间彼此接近从而聚合成较大颗粒。同时，胶体颗粒形成一层水化膜，也阻碍胶粒的聚合。

假设胶粒带负电荷，其表面会吸附扩散于水溶液中的正电荷离子，形成电性中和，构成双电层结构。图10-4所示是胶体双电层结构示意。胶体滑动面(表面)的电位即 ξ 电位，ψ 为总电位。胶体运动表现出的是 ξ 电位而非 ψ 电位。胶体的胶粒带电越多，其 ξ 电位就越大，水化作用也越大，水化膜也越厚，因此扩散层也越厚，从而增加了胶体的稳定性。

胶体的稳定性可以从两个颗粒相碰时相互间的作用力来分析。按照库仑定律，两个带同样电荷的颗粒之间有静电斥力，这种斥力与两胶粒表面的间距 x 有关，并用排斥势能(E_R)表示。E_R 随 x 的增大呈指数关系减小，即两胶粒表面越接近，斥力越大。同时，两个颗粒表面分子间还存在范德瓦耳斯引力，其大小同样与间距 x 有关，用吸引势能(E_A) 表示。E_A 与间距 x 的二次方成反比，见图 10-5。这两种力的合力即为总势能 E，它决定着胶体微粒是否稳定。

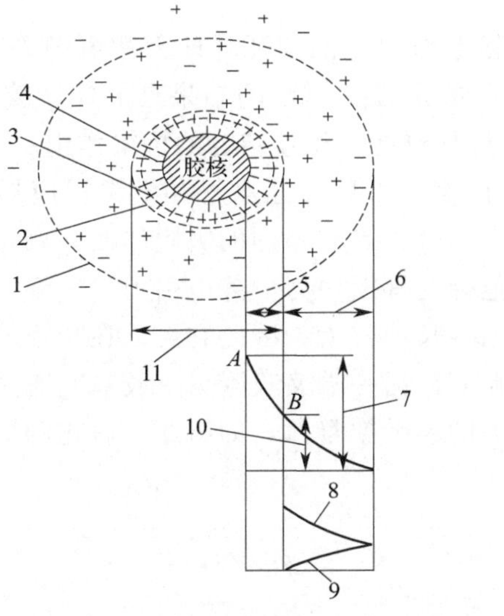

图 10-4　胶体双电层结构示意

1—胶团边界；2—滑动面；3—反离子；4—电位离子；
5—吸附层厚度；6—扩散层厚度；7—ψ 电位；
8—阳离子浓度变化曲线；9—阴离子浓度变化曲线；
10—ξ 电位；11—胶粒边界

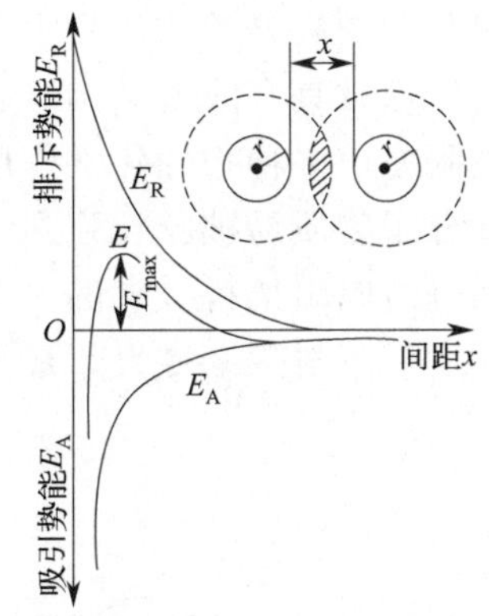

图 10-5　胶体颗粒间作用力与颗粒间距 x 之间的关系

一般情况下，胶体颗粒布朗运动的动能不足以克服这个最大排斥势能 E_{max}，因此胶体颗粒不会聚合，而是维持分散稳定状态。但如能克服这个最大排斥势能，则颗粒就有可能进一步接近，直至吸引势能大于排斥势能，从而使它们吸附聚合。

10.2.1.2　胶体脱稳的机理

脱稳过程是指使废水中原本稳定存在的胶体或细小颗粒失去稳定性的过程，这一过程也被称为胶体脱稳。混凝剂对水中胶体粒子的脱稳作用主要包括压缩双电层、吸附电中和、吸附架桥以及网捕或卷扫四种机理。

(1) 压缩双电层

添加与胶体所带电荷符号相反的离子，会使 ξ 电位降低，扩散层的厚度 δ 变小，电位-距离曲线变得更陡峭，排斥势能也随之变小。在水中投加电解质混凝剂后，相当于投加了反离子，胶粒间的相互排斥力减小，从而在引力的作用下相互结合起来。

此机理也解释了混凝剂过量时胶体可能再稳定的现象。原因是水中部分原来带负电荷的胶体可能因吸附了过多的正电荷而转变成带正电荷，这是由于带负电荷的胶核直接吸附了过多的正离子。这种吸附力不仅包含静电力作用，还涉及范德瓦耳斯力、氢键及共价键等多种作用力。

(2) 吸附电中和

当投加的电解质为铝盐或铁盐时，它们在一定条件下水解生成各种络合阳离子，这些络合阳离子与带相反电荷的胶粒有强烈的吸附作用。由于这种吸附作用中和了胶粒的部分电荷，降低了 ξ 电位，减小了静电斥力，因此胶粒容易与其他颗粒接近并互相吸附。此时，静电引力成为絮凝的主要作用。但需要注意的是，混凝剂投加量不能过多，否则会使胶粒吸附过多的反离子，导致原来带负电荷的胶粒转变成带正电荷，从而发生再稳定现象。

（3）吸附架桥

吸附架桥作用主要是指链状高分子聚合物在静电引力、范德瓦耳斯力和氢键等作用下，通过活性部位与胶粒和细微悬浮物等发生吸附桥联的过程。桥联的结果是形成“胶粒-高分子-胶粒”的絮凝体，高分子物质在这里起到胶粒与胶粒之间相互结合的桥梁作用。

作为混凝剂的高分子物质以及三价铝盐或铁盐溶于水后，经水解和缩聚反应形成高聚物，这些物质通常具有线型结构。胶体颗粒对这类高分子具有强烈的吸附作用，聚合物在胶粒表面的吸附是由多种物理化学作用引起的，如范德瓦耳斯引力、静电引力、氢键、配位键等。由于高分子物质易被胶粒强烈吸附，且线型结构长度较大，因此它可以在相距较远的两个胶粒之间进行吸附架桥。它的一端吸附某一胶粒后，另一端又吸附另一胶粒。通过高分子吸附架桥作用，颗粒逐渐变大，最终形成肉眼可见的粗大絮凝体，即矾花。矾花的形成过程如图 10-6 所示。

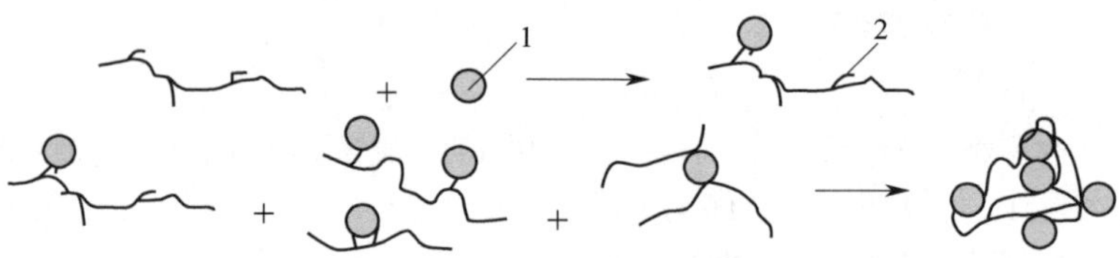

图 10-6 矾花的形成过程

1—胶体颗粒；2—絮凝剂大分子

在废水处理中，对高分子絮凝剂投加量、搅拌时间和强度都应严格控制。投加过量时，胶粒表面可能因饱和而产生再稳定现象；已经架桥絮凝的胶粒，如受到长时间剧烈的搅拌，架桥聚合物可能从另一胶粒表面脱开，重新回到原所在胶粒表面，形成再稳定状态。

对于高分子混凝剂，尤其是有机高分子混凝剂来说，吸附架桥作用是决定性的；对于 $Al_2(SO_4)_3$ 等无机盐混凝剂来说，吸附架桥作用和压缩双电层作用均具有重要作用。

（4）网捕或卷扫

当三价铝盐或铁盐等投加量很大而生成大量氢氧化物沉淀时，这些沉淀物在沉降过程中能网捕或卷扫水中的胶体和微粒，实现沉淀分离，这一过程称为沉淀物的网捕或卷扫机理。这种作用基本上是一种机械作用。另外，水中胶粒本身可作为这些氢氧化物沉淀物形成的核心。具体投加量还需要根据实际情况综合考虑多种因素后确定。

10.2.2 影响因素

影响混凝效果的因素较复杂，主要有以下三方面因素。

10.2.2.1 水质的影响

（1）水温

水温对混凝效果有显著影响，尤其是水温低时混凝效果较差，即使冬季增加混凝剂用量，也难以获得理想的混凝效果。低温时形成的絮体粒径小且松散，不利于沉降，主要原因有以下几点。

① 水温影响无机盐类的水解。由于无机盐类混凝剂的水解是吸热反应，水温低时，水解速度慢。如硫酸铝的最佳反应温度是 35～40℃，当水温低于 5℃时，水解速度变慢。

② 低温水的黏度大，布朗运动减少，颗粒之间碰撞机会减少，不利于脱稳胶粒相互絮凝；同时，水流剪切力增大，影响絮凝体的成长，进而影响后续沉淀处理的效果。

③ 当水温较低时，由于某些混凝剂的性能变化或水中溶解物质的行为改变，可能需要调整混凝条件。其中，最佳混凝 pH 值可能会相应提高。

为了改善低温水的混凝效果，可采取以下措施：增加混凝剂的投加量；投加助凝剂（如活化硅酸）或黏土；用气浮法代替沉淀法作为混凝的后续处理等。

（2）水的 pH 值与碱度

在不同 pH 值下，铝盐与铁盐混凝剂的水解产物的形态不一样，混凝效果也各不相同，因此 pH 值是影响混凝的一个主要因素。

使用硫酸铝去除废水浊度时，最佳 pH 值为 6.5～7.5；用于除色时，pH 值为 4.5～5.5。三价铁盐的水解反应同样受到 pH 值的影响，但三价铁盐混凝剂适应的 pH 值范围较宽，最优 pH 值为 6.0～9.4；用于除色时，pH 值为 3.5～5.0。当使用 $FeSO_4 \cdot 7H_2O$ 时，由于溶解度较大，且 Fe^{2+} 只能形成较简单的配合物，混凝效果较差。因此，需要将 Fe^{2+} 氧化成 Fe^{3+}。氧化的方法通常采用溶解氧氧化或加氯氧化。

一般来说，高分子混凝剂尤其是有机高分子混凝剂，在投入水中前已发生水解聚合反应，聚合物形态基本确定。故其对水的 pH 值变化适应性较强，混凝效果受 pH 值的影响较小。

10.2.2.2　混凝剂的影响

对铝盐和铁盐混凝剂而言，当废水的 pH<3 时，简单水合铝离子 $[Al(H_2O)_6]^{3+}$ 可起压缩双电层作用；当 pH=4.5～6.0 时（视混凝剂投加量不同而异），主要是含羟基配体多核配合物对负电荷胶体起电性中和作用，凝聚体比较密实；当 pH=7.0～7.5 时，电中性氢氧化铝聚合物 $[Al(OH)_3]_n$ 可起吸附架桥作用，同时也存在某些烃基配合物的电性中和作用，混凝效果较好。

对于阳离子型高分子混凝剂，可对负电荷胶粒起电性中和与吸附架桥双重作用，絮凝体一般比较密实，并且对废水的 pH 值适用范围更广。非离子型、阴离子型高分子混凝剂则只能起吸附架桥作用。

除了上述混凝剂种类的影响外，其投加量对混凝效果也有影响。投加量除与水中微粒种类、性质、含量有关外，还与混凝剂品种、投加方式和介质条件有关。任何废水的混凝处理都需要确定最佳投药量，应通过实验确定。一般的投药量范围是：普通铝盐、铁盐为 10～30mg/L；聚合盐为普通盐的 1/3～1/2；有机高分子混凝剂通常只需要 1～5mg/L。投加不能过量，否则会出现胶体的再稳定现象。

10.2.2.3　水力条件的影响

在混合阶段，对水流进行剧烈搅拌的目的，主要是使药剂快速均匀地分散于水中以促进混凝剂的水解、聚合和颗粒的脱稳。由于这一过程进行得很快，因此混合过程需要快速且剧烈，通常不超过 2min 即可完成。搅拌强度的速度梯度 G 一般在 $700\sim1000s^{-1}$。在絮凝阶段，主要靠机械或水力搅拌促使颗粒碰撞凝聚，故以同向絮凝为主，通常以 G 值和 GT 值（T 为絮凝时间）作为控制指标。

在絮凝过程中，絮凝体尺寸逐渐增大，由于大的絮凝体容易破碎，故自絮凝开始至絮凝结束，G 值应渐次减小。采用机械搅拌时，搅拌强度应逐渐减小；采用水力絮凝池时，水流速度应逐渐减小。在絮凝阶段，平均 G 值为 $20\sim70s^{-1}$，平均 GT 值为 $1\times10^4\sim1\times10^5$。

10.2.3　混凝剂和助凝剂

10.2.3.1　混凝剂

混凝剂是影响混凝效果好坏的重要因素。在废水处理领域，混凝剂种类繁多，根据化学成分被划分为无机和有机两大类别。依据分子质量、官能团特性以及官能团离解后电荷的性质，混凝剂又可分为高分子、低分子、阳离子型、阴离子型和非离子型等不同类型。以下将重点介绍一些常用的混凝剂。具体混凝剂分类详见表 10-2。

表 10-2　具体混凝剂分类

分类		名称	分子式
无机混凝剂	铝系	硫酸铝	$Al_2(SO_4)_3 \cdot 18H_2O$
		十二水硫酸铝钾（明矾）	$KAl(SO_4)_2 \cdot 12H_2O$
		聚合氯化铝（PAC）	$[Al_2(OH)_nCl_{6-n}]_m$
		聚合硫酸铝（PAS）	$[Al_2(OH)_n(SO_4)_{3-n/2}]_m$
	铁系	硫酸亚铁（绿矾）	$FeSO_4 \cdot 7H_2O$
		硫酸铁	$Fe_2(SO_4)_3$
		三氯化铁	$FeCl_3 \cdot 6H_2O$
		聚合氯化铁（PFC）	$[Fe_2(OH)_nCl_{6-n}]_m$
		聚合硫酸铁（PFS）	$[Fe_2(OH)_n(SO_4)_{3-n/2}]_m$
有机混凝剂	人工合成	聚丙烯酰胺（PAM）	$[—CH_2—CH — CONH_2—]_x$ （非离子型、阳离子型、阴离子型）
		聚氧化乙烯（PEO）	非离子型
		聚丙烯酸钠	阴离子型
		聚乙烯吡咯烷酮（PVP）	阳离子型
	天然	树胶、动物胶等	

（1）硫酸铝

硫酸铝在我国使用较为普遍，一般使用固态硫酸铝，外观为白色结晶体。

硫酸铝[$Al_2(SO_4)_3 \cdot 18H_2O$]溶于水后按照下式水解出铝离子，且铝离子常以水合形态 $[Al(H_2O)_6]^{3+}$ 存在。

$$Al_2(SO_4)_3 \cdot 18H_2O = 2Al^{3+} + 3SO_4^{2-} + 18H_2O \tag{10-2}$$

在一定条件下，Al^{3+} 经水解聚合或配合反应可形成多种形态的配合物或聚合物 $[Al_3(OH)_4]^{n+}$（$n=1\sim5$），最终生成氢氧化铝 $Al(OH)_3$。各种物质组分的含量多少以及存在与否，取决于铝离子水解时的条件，包括水温、pH 值、投加量等。水解产物的结构形态主要取决于羟铝比 n_{OH}/n_{Al}（每摩尔铝所结合的羟基的物质的量，mol）。

硫酸铝适用于水温为 20～40℃，pH＝4～8 的水质条件。当 pH＝4～7 时，主要去除水中有机物；当 pH＝5.7～7.8 时，主要去除水中悬浮物；当 pH＝6.4～7.8 时，主要处理浊度高、色度低(小于30NTU，NTU为散射浊度单位）的水。

硫酸铝使用方便，混凝效果较好，不会给处理后的水质带来不良影响。其缺点是当水温低时硫酸铝水解困难，形成的絮体较松散。

(2) 聚合氯化铝

聚合氯化铝(PAC）又名碱式氯化铝或羟基氯化铝，是一种无机高分子混凝剂。聚合氯化铝可看成是$AlCl_3$在一定的条件下经水解、聚合逐步转化成$Al(OH)_3$沉淀物过程中的各种中间产物。其化学式为$[Al_2(OH)_nCl_6-n]_m$，其中$n=1\sim5$，$m\leqslant10$，是m个$Al_2(OH)_nCl_{6-n}$(羟基氯化铝）单体的聚合物。

聚合氯化铝中羟基—OH与铝(Al）的物质的量比与混凝效果有很大关系，一般可用碱化度B表示：

$$B=\frac{n_{\mathrm{OH}}}{3n_{\mathrm{Al}}}\times100\% \tag{10-3}$$

例如，$Al_2(OH)_5Cl$的碱化度$B=5/(3\times2)=83.3\%$。在制备过程中，控制适当的碱化度，可获得所需要的优质聚合氯化铝，目前生产的聚合氯化铝一般要求B为50%～80%。聚合氯化铝作为混凝剂，其混凝效果优于硫酸铝。

(3) 三氯化铁

三氯化铁($FeCl_3\cdot6H_2O$）是一种常用的混凝剂，是黑褐色的结晶体，有强烈吸水性，极易溶于水。和铝盐相似，在一定的条件下，Fe^{3+}通过水解、聚合可形成多种成分的配合物或聚合物，如单核组分$Fe(OH)^{2+}$及多种复杂的多核组分，以致形成$Fe(OH)_3$沉淀物。其混凝机理与硫酸铝相似。

三氯化铁的优点是形成的矾花相对密度大，易沉降，在低温、低浊时仍有较好效果，适宜的pH值范围也较宽；缺点是溶液具有强腐蚀性，处理后的水的色度比采用铝盐高。

(4) 聚合硫酸铁

聚合硫酸铁(PFS）的化学式为$[Fe_2(OH)_n(SO_4)_{3-2/n}]_n$，与聚合铝盐一样都是具有一定碱化度的无机高分子聚合物，且作用机理也颇为相似。

PFS的适宜水温为10～50℃，pH=5.0～8.5，但在pH=4～11时均可使用。与普通铁盐相比，它具有投加剂量小、絮体生成快、对水质的适应范围广以及水解时消耗水中碱度少等一系列优点，因而在废水处理中的应用越来越广泛。

(5) 有机高分子混凝剂

高分子混凝剂分为人工合成和天然两类，常用的是人工合成的混凝剂。高分子混凝剂一般都是线型高分子聚合物，它们的分子呈链状，并由很多链节组成，每一链节为一化学单体，各单体以共价键结合。高分子聚合物的单体有大量可离解基团，常见的有—COOH、—SO_3H、—PO_3H_2、—NH_3OH、—NH_2OH等，基团离解即形成高聚物离子。根据高分子在水中离解的情况，可分成阴离子型、阳离子型和非离子型。

聚丙烯酰胺(PAM）是一种重要和使用较多的高分子混凝剂，其结构式为：

$$\left(\begin{array}{l}—CH_2—\underset{\displaystyle CONH_2}{\underset{|}{CH}}—\end{array}\right)_n$$

其中n表示聚合度。聚丙烯酰胺的聚合度可高达20000～90000，分子量可达150万～600万，有些可以达到1000万以上。聚丙烯酰胺也可以作为助凝剂与其他混凝剂一起使用，可产生良好的混凝效果。

常见的天然高分子混凝剂有骨胶、淀粉、纤维素、蛋白质、藻类等，这些都有混凝和助凝作用。

10.2.3.2 助凝剂

当单独使用混凝剂不能获得预期效果时，需投加助凝剂以提高混凝效果。助凝剂的作用是改善絮凝体结构，产生大而结实的矾花。其作用机理是调整 pH 值、增加絮体密度以及促进高分子物质的吸附架桥作用。常用的有机类助凝剂有活化硅酸、水玻璃、硅酸钠（俗称泡花碱）、骨胶、海藻酸钠等。

混凝剂和助凝剂的种类和投加量是影响混凝效果的关键因素。

10.3 吸附法

吸附法用来去除废水中的可溶性污染物，包括有机物和无机物。吸附是利用多孔性固体物质吸附废水中的污染物，从而回收或去除这些物质，使废水得到净化的过程。

吸附是一种界面现象，它的作用发生在两相的界面上。吸附发生的主要原因是固体表面的分子或原子因受力不均衡而具有剩余的表面能，当某些物质碰撞固体表面时，受到这些不平衡力的吸引而停留在固体表面上，这就是吸附。具有吸附能力的多孔性固体物质称为吸附剂，而被吸附的废水中的物质则称为吸附质。吸附的结果是吸附质在吸附剂上富集，吸附剂的表面能降低，同时废水中污染物的含量也相应降低，从而达到废水净化的目的。

10.3.1 吸附的基本理论

10.3.1.1 吸附过程及分类

吸附剂与吸附质间的作用力复杂，除了分子之间的引力以外，还有化学键力和静电引力。根据吸附剂与吸附质之间起主要作用的作用力不同，可把吸附分为物理吸附、化学吸附和离子交换吸附三种类型。

物理吸附是指吸附剂和吸附质之间主要通过分子间力作用所发生的吸附，是更常见的一种吸附现象。物理吸附没有选择性，只要吸附剂与吸附质相互接触，吸附就可以发生。吸附质并不固定在吸附剂表面的特定位置上，而且物理吸附主要发生在低温状态下；吸附时单分子层、多分子层都有，且解吸容易。影响物理吸附的主要因素是吸附剂的表面积和细孔分布。

化学吸附是指吸附剂和吸附质之间由化学键力作用而引起的吸附，与物理吸附有很大的不同：它具有选择性，且一般为单分子层吸附；吸附质能被固定在吸附剂上；吸附时需要一定的活化能；吸附牢固，解吸困难。化学吸附的发生与吸附剂的表面化学性质和吸附质的化学性质有密切关系。

离子交换吸附是一种过程。在这个过程中，水中的离子态吸附质通过静电引力被吸附剂表面的带电点所吸引，进而置换出原先固定在这些点上的其他离子。能发生离子交换吸附的固体物质称为离子交换剂，它分为阳离子交换剂和阴离子交换剂两种。阳离子交换剂只与废水中的阳离子进行交换，而阴离子交换剂只与废水中的阴离子进行交换。因此，使用一种离子交换剂只能除去废水中带同种电荷的离子。影响离子交换吸附的重要因素是离子的电荷数和水合半径的大小。

在实际废水处理过程中，物理吸附、化学吸附和离子交换吸附这三种吸附形式并非孤立存在，而是常常相伴发生。由于废水中污染物的成分复杂，大部分的吸附过程是几种吸附综合作用的结果。在特定条件下，由于吸附质、吸附剂及其他因素的影响，某种吸附可能占据主导地位，而其他吸附则处于次要地位。例如，在某些条件下，低温可能促进物理吸附，而高温则可能促进化学吸附。

10.3.1.2　吸附平衡与平衡吸附量

吸附作用是一个可逆的过程，即吸附质被吸附到吸附剂表面后并非固定不变。当废水与吸附剂充分接触时，一方面吸附质被吸附剂吸附，另一方面部分已吸附的吸附质因热运动而脱离吸附剂表面，重新进入水中。前者称为吸附，后者称为解吸。当吸附速度和解吸速度相等时，即单位时间内吸附的数量等于解吸数量时，则吸附质在液相中和吸附剂表面上的浓度都不再改变，此时达到吸附平衡。平衡浓度就是指达到吸附平衡时吸附质在液相中的浓度。

吸附剂对吸附质的吸附效果，一般用平衡吸附量和吸附速度来衡量。平衡吸附量是指在达到吸附平衡时，单位质量吸附剂所吸附的吸附质的质量，通常以 mg/g 为单位进行表示。在一定温度下，平衡吸附量是吸附质浓度、温度和吸附剂性质的函数。在吸附质浓度相同时，为了降低吸附平衡浓度，需要增加吸附剂的量。

吸附过程中，从吸附剂与废水接触开始，达到吸附平衡的时间在不同废水中是不同的，所需时间与吸附速度有关。吸附速度是指单位质量的吸附剂在单位时间内所吸附的吸附质的质量。在废水处理中，吸附速度决定了废水和吸附剂的接触时间，吸附速度越快，意味着废水和吸附剂的接触时间越短，从而可以减小所需吸附设备的容积。吸附速度取决于吸附剂和吸附质的性质。在实际废水处理中，由于废水成分的复杂性，吸附速度通常通过实验来进行确定。

10.3.2　影响吸附的因素

影响吸附的因素很多，主要有吸附剂的性质、吸附质的性质和吸附过程的操作条件。下面以最常用的吸附剂活性炭为例，分别介绍各因素的影响。

(1) 比表面积

活性炭的比表面积包括内表面和外表面。内表面是指活性炭孔隙内的表面积。实际上，内表面在吸附过程中起主要作用。吸附剂粒径越小，细孔越发达，则其比表面积越大。一般来说，吸附剂的吸附能力与其比表面积成正比。当然，对于一定的吸附质，增大比表面积的效果是有限的，并非比表面积越大越好。对于大分子吸附质而言，当比表面积增大到一定程度时，吸附量会达到一个最大值。然而，继续增加比表面积可能导致吸附量下降，原因是微孔提供的比表面积对大分子不起吸附作用，即吸附剂孔结构对吸附量的影响。

(2) 孔的结构

活性炭的孔径分布是不均匀的，大多数孔的直径范围在 $1\times10^{-3}\sim10\mu m$ 之间。孔根据孔径(半径) 的大小，可以分为大孔、过渡孔和微孔三种。半径大于 $0.1\mu m$ 的孔称为大孔，一般在 0.1～10μm 之间；半径为 0.002～0.1μm 的孔称为过渡孔；而半径小于 $2\times10^{-3}\mu$m 的称为微孔。三种孔在活性炭中所占比例与其所用原料和制造工艺有关。

吸附剂内部孔隙的大小和分布对其吸附性能有显著影响。孔径过大，会导致比表面积减小，进而降低吸附能力。相反，孔径过小则不利于吸附质的扩散。吸附剂的孔通常是不规则的，其中大孔主要提供吸附质和溶剂的扩散通道，对吸附能力的直接贡献不大。过渡孔吸附较大分子溶质，并帮助小分子溶质通向微孔。主要起作用的孔类型与吸附质的状态密切相关，在气相吸附中，微孔对吸附容量有重要影响；而在液相吸附中，过渡孔也扮演着关键角色。废水处理中吸附是在液相中进行的，因此吸附量受过渡孔的影响较大。此外，吸附剂的再生情况也可能对其孔结构产生影响。

10.3.3 吸附操作与设备

10.3.3.1 吸附操作方式

废水的流动状态决定了吸附操作可分为静态吸附和动态吸附两种类型。静态吸附也称为间歇吸附，其过程是把一定量的吸附剂加入待处理的废水中，不断地进行搅拌，达到吸附平衡后，用沉降或过滤法使吸附剂与废水分离。动态吸附是废水连续通过一定厚度的吸附剂床层，是连续的过程。当床层中的吸附剂达到饱和时，吸附不能继续进行，需要更换新的吸附剂。

根据吸附剂床层在吸附过程中的状态，可以把吸附操作分成固定床式、移动床式和流化床式三种。

10.3.3.2 吸附设备

（1）固定床吸附塔

固定床吸附塔通常为圆柱形，其中吸附剂在操作过程中保持固定，因此得名固定床。塔内在上部设有保证进水分配均匀的进水装置。床层的下面是由石英砂构成的垫层。根据吸附时水流动的方向，固定床吸附塔又分为升流式和降流式两种。

（2）移动床吸附塔

固定床吸附操作需要定期反洗以及更换吸附剂，当废水中悬浮物浓度较高时需要频繁地反洗。为了解决上述问题，可以采用移动床吸附塔。移动床吸附塔下面没有垫层，不需要反洗系统，但增加了吸附剂加入和排出系统。按照吸附剂排出的方式，移动床又分为间歇式和连续式，间歇式的吸附剂是定期间断排出的，而连续式的吸附剂则是连续排出的。

（3）流化床吸附塔

流化床吸附塔是一种先进的床型，具有以下优点：

① 可使用小颗粒的吸附剂；

② 吸附剂的初始投加量较少；

③ 不需要反洗；

④ 设备小，生产能力大；

⑤ 预处理要求低。

其缺点主要如下：

① 运转中操作要求高，不易控制，主要是应如何保持活性炭均匀的流化状态；

② 对吸附剂的机械强度要求高，因为吸附剂处于流化状态，互相之间有摩擦，强度低的吸附剂很容易磨碎而损失掉。

10.4 膜分离法

膜是具有选择性分离功能的材料。膜分离法是以外界能量或化学位差为推动力，利用膜的选择透过性对液体中的组分进行分离、纯化、浓缩的过程。在膜分离技术中，分离溶质时一般称为渗析，分离溶剂时通常称为渗透。

根据溶质或溶剂通过膜的推动力不同，膜分离法可以分为 3 类：a. 以电动势为推动力的膜分离技术，如电渗析、电渗透和电去离子；b. 以浓度差为推动力的膜分离技术，如扩散渗析和自然渗透；c. 以压力差为推动力的膜分离技术，包括压渗析、反渗透、纳滤、超滤、微滤以及渗透汽化。

膜分离技术具有多种优点，主要如下：

① 膜分离过程中，分离和浓缩同时进行，能回收有价值的物质；

② 根据膜的选择透过性和孔径大小，可以分离不同粒径的物质，同时保持物质原有属性不变；

③ 一般在常温下进行膜分离；

④ 膜分离技术不涉及相变，因此其能量转化效率高。

但膜分离技术也存在缺点，最主要的是膜污染，即废水中的污染物质与膜存在物理化学、生物或机械相互作用，导致膜表面或膜孔变小、堵塞，使得膜分离性能下降。

水处理领域常用的膜分离技术主要包括以压力差为推动力的微滤、超滤、纳滤和反渗透，其次是以电位差为推动力的电渗析和电除盐。

由于不同膜在同一类膜分离技术中的截留性质存在差异，因此常用被截留物质的分子量来表征不同膜的特性。从这个意义上划分，根据截留分子量的不同，反渗透膜、纳滤膜和超滤膜的截留能力可以大致描述如下：反渗透膜的截留分子量远低于 200（通常小于 10，甚至小于 1）；纳滤膜的截留分子量范围大致为 200～1000（具体数值因膜种类而异）；而超滤膜的截留分子量则通常大于 500，具体范围从几百到几十万不等。

本章主要介绍工业废水处理工艺中常用的超滤、纳滤和反渗透等膜分离技术。

10.4.1 超滤和纳滤

超滤所截留的物质的分子量通常大于 500，因此将能截留分子量 500 以上高分子物质的膜分离过程称为超滤。

超滤膜的孔径相对较大，其截留机制主要包括机械筛滤、吸附作用和孔中阻塞。

纳滤（NF）所分离的物质种类或分子量范围与超滤不同。例如，纳滤膜允许 90%的 NaCl 透过，同时能截留 99%的蔗糖分子。由于纳滤膜对最小分子的截留率大于 95%，且这些分子的尺寸约为 1nm，因此得名纳滤。纳滤也被称为低压反渗透，但两者在膜材料、截留机理和工作压力等方面存在差异。

纳滤膜的截留分子量范围介于反渗透膜和超滤膜之间。一般认为其截留机理与反渗透膜相似。但由于膜表面荷电，纳滤膜的截留机理比反渗透更复杂，确切的机理尚无定论。

纳滤所需的工作压力比反渗透低，一般为 0.5～2.0MPa。而超滤所需的工作压力更低，通常只有 0.07～0.7MPa。

超滤和纳滤膜组件常用的有板框式、管式、螺旋卷式和中空纤维式四种。目前我国在超滤和纳滤的实验研究及生产中，以管式组件和中空纤维组件的应用较多。

10.4.2 反渗透

10.4.2.1 反渗透的原理

用反渗透膜将废水和纯水隔开，在渗透达到平衡时，反渗透膜两侧液面的高度差形成的压力称为渗透压。而反渗透技术则是通过施加一个大于渗透压的外部压力，使得溶剂(如水)从高浓度溶液(废水)一侧通过反渗透膜流向低浓度溶液(纯水)一侧，从而实现废水的净化。

对于反渗透过程，如果在废水一侧施加大于渗透压的压力 p，则由于反渗透膜对溶质具有高度的选择性，不允许溶质通过，因此施加的压力会使水流向纯水一侧，如图 10-7 所示。由此过程可知，反渗透过程必须具备两个条件：一是有反渗透膜；二是在废水一侧所加的压力必须大于渗透压。

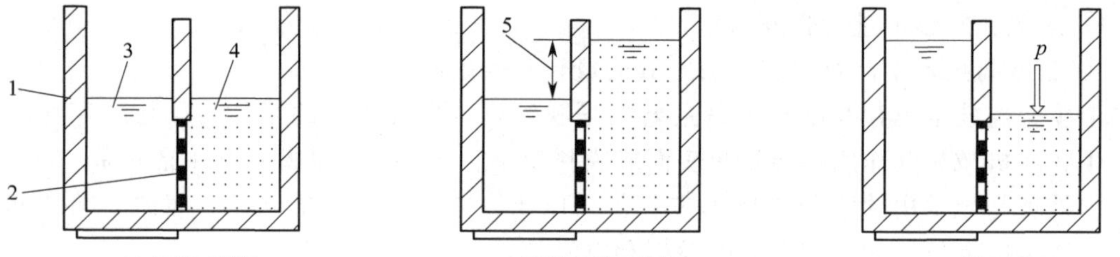

(a) 开始时状况 (b) 渗透平衡时状况 (c) 反渗透状况

图 10-7 渗透与反渗透过程示意

1—容器；2—反渗透膜；3—纯水；4—废水；5—渗透压

10.4.2.2 反渗透膜组件

实际废水处理中使用的反渗透装置是由多个构造相同的单元组合而成的，一般把构成反渗透装置的相同的单元称为膜组件。反渗透膜应具备以下性能特点：

① 选择性好，脱盐率高；

② 单位膜面积上的透水量大；

③ 机械强度好，能抗压、抗拉且耐磨；

④ 热和化学稳定性优良，能耐酸、碱腐蚀以及微生物侵蚀，同时耐水解、辐射和氧化；

⑤ 结构均匀一致，且尽可能地薄；

⑥ 使用寿命长，且成本低。

目前使用的反渗透膜种类繁多，分类方法也各异。根据成膜材料的不同，可分为有机膜和无机膜；依据膜的形状差异，可分为平板状膜、管状膜和中空纤维状膜；按照膜结构的特性，可分为多孔性膜和致密性膜，或者对称性（均匀性）膜和不对称性（各向异性）膜；而根据应用对象的不同，则可分为海水淡化专用的海水膜、咸水淡化专用的咸水膜，以及用于废水处理、分离提纯等领域的专用膜。

常用的膜组件有板框式、管式、螺旋卷式和中空纤维式四种，其优缺点比较见表 10-3。

表 10-3　常用反渗透膜组件的优缺点比较

组件类型	优点	缺点	适用情况
板框式	结构紧凑，构造简单、牢固，能承受高压；可使用强度较高的平板膜；性能稳定，工艺简单	装置成本高；流动状态不好；浓差极化严重；易堵塞，清洗困难；单位体积膜面积小	适用于较小的处理量
管式	膜容易清洗和更换；原水流动状态好，压力损失小，较耐高压；能处理含悬浮物、黏度高的废水	装置成本高；管口密封困难；单位体积膜面积小	适用于中、小处理量
螺旋卷式	膜堆积密度大，结构紧凑；可使用强度好的平板膜；价格较低	制作工艺和技术复杂；密封困难；易堵塞，清洗困难；不宜在高压下工作	适用于较大处理量
中空纤维式	膜的堆积密度大；不需要支撑材料；浓差极化可以忽略；价格较低	制作工艺和技术复杂；易堵塞，清洗困难；难发现损坏的膜	适用于较大处理量

10.4.2.3　反渗透工艺参数

（1）水通量

膜的水通量定义为：在特定出水水质条件下，单位面积的膜在单位时间内透过的水量，一般用 J_w 表示，单位为 $L/(m^2 \cdot d)$。膜的水通量会受到膜的性质和操作条件的影响。在膜和处理条件(包括废水性质）一定的条件下，膜的水通量主要受反渗透工作压力的影响。在一定范围内，随着工作压力的增加，水通量也随之增加。

（2）盐通量

膜的盐通量是指单位膜面积在单位时间内透过的溶质的质量，单位为 $g/(m^2 \cdot d)$。实践表明，盐的透过速率（或盐通量）与膜的性质和膜两侧的浓度差有关，而与工作压力无直接关系。因此，增大工作压力时，虽然透水量增加，但盐通量仍以相对固定的速率进行，从而可以得到更多的产品水。

（3）工作压力

工作压力是指反渗透时在原水一侧所施加的实际压力。实际使用的工作压力通常比废水的初始渗透压高 3～10 倍。例如，大多数苦咸水的渗透压为 0.1～0.3MPa，而反渗透处理时采用的工作压力都在 2.8MPa 以上。实际处理废水时所需的工作压力最好通过实验确定。

第 11 章 工业废水的化学处理技术

11.1 中和

11.1.1 概述

中和法通过使用碱性或酸性药剂，将废水的 pH 值调整至中性。在工业废水处理中，中和处理既可以作为主要的处理单元，也可以作为其他单元操作的预处理措施。

酸性工业废水和碱性工业废水来源广泛。酸性工业废水主要来源于化工厂、化纤厂、电镀厂、煤加工厂及金属酸洗车间等，分为无机酸和有机酸两种。碱性工业废水则主要来源于印染厂、金属加工厂、炼油厂、造纸厂等，碱性物质包含有机碱和无机碱。

含酸和含碱废水的危害主要是具有腐蚀性，它们能够腐蚀管道系统、混凝土等。此外，它们还能改变环境介质的 pH 值。

酸性废水的中和方法包括药剂中和法、过滤中和法及利用碱性废水和废渣的中和法。碱性废水的中和方法则有药剂中和法，以及利用酸性废水或废气进行中和等方法。

11.1.2 酸性废水的中和处理

(1) 药剂中和法

酸性废水中和处理常用碱性药剂主要特性见表 11-1。在选择碱性药剂时，应考虑其溶解性、反应速度、成本、对环境的影响及操作便利性，同时需要评估中和产物的性质、数量和后续处理成本。

表 11-1 酸性废水中和处理常用碱性药剂主要特性

名称	化学式	主要特性
生石灰	CaO	药剂价格便宜，溶解度小，反应速度慢，反应生成物大多溶解度极小，脱水性好；加药系统较复杂
消石灰、熟石灰	$Ca(OH)_2$	
电石渣	$Ca(OH)_2$	
石灰石	$CaCO_3$	主要用于处理强酸性废水，为了使出水达到或接近中性，往往需要添加消石灰
白云石	$CaCO_3 \cdot MgCO_3$	
苛性钠	$NaOH$	药剂价格较高，溶解度大，反应速度快，处理方便
碳酸钠	Na_2CO_3	

(2) 过滤中和法

当酸性废水流过碱性滤料时，可实现废水的中和，这种方法称为过滤中和法。通常仅用于中和酸性废水。

① 碱性滤料　碱性滤料主要有 3 种：石灰石、大理石、白云石。前两种的主要成分是 $CaCO_3$，而白云石则主要由 $CaCO_3$ 和 $MgCO_3$ 组成，通常以 $CaCO_3 \cdot MgCO_3$ 的复合形式存在。选择滤料时，需要考虑中和产物的溶解度。滤料的中和反应发生在滤料颗粒表面上，如果中和产物的溶解度很小，则滤料表面会形成不溶性的硬壳，阻止中和反应，使中和处理失败。不同盐类在中和后形成的溶解度不同，通常溶解度顺序为：$Ca(NO_3)_2$、$CaCl_2 > MgSO_4 \geqslant CaSO_4 > CaCO_3$、$MgCO_3$。

② 中和滤池　中和滤池常用的有升流式膨胀中和滤池及滚筒式中和滤池。升流式膨胀中和滤池如图 11-1 所示。

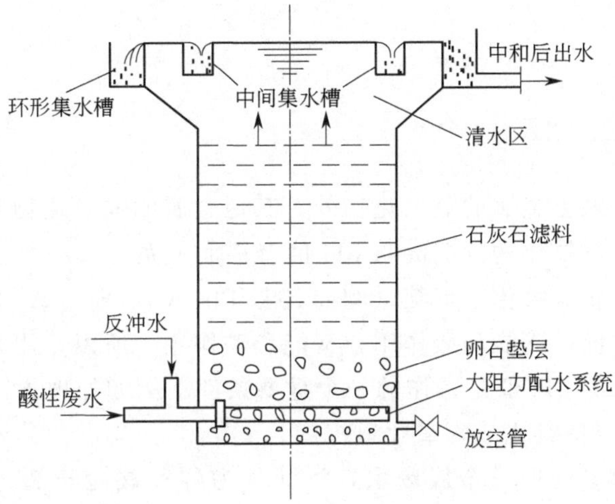

图 11-1　升流式膨胀中和滤池

升流式膨胀中和滤池的特点如下：

① 滤料粒径小，为 0.5～3mm，可增大反应面积、缩短中和时间；

② 上升流速大，为 60～70m/h，滤料可以悬浮起来、互相碰撞；

③ 升流运动时，废水由下向上流动，剥离的硬壳和产生的 CO_2 气体容易随水流走，不致造成滤床堵塞。

11.1.3　碱性废水的中和处理

中和处理碱性废水的方法主要有两种：一是投酸中和法；二是利用酸性废水或废气的中和法。碱性废水中和剂有硫酸、盐酸、硝酸及压缩二氧化碳等。常用的药剂为工业硫酸，工业废酸更为经济；也可以采取向碱性废水中通入含 CO_2、SO_2 的烟道气的办法加以中和。

11.2　化学沉淀

11.2.1　概述

化学沉淀法是指向废水中投加某些化学药剂（沉淀剂），使之与废水中溶解态的污染物直接发生化学反应，形成难溶的固体沉淀物，然后进行固液分离，从而除去水中污染物的一种处理方法。废水中的重金属离子(如汞、镉、铅、锌、镍、铬、铁、铜等)、碱土金属(如钙和镁)及某些非金属(如砷、氟、磷、硫、硼)，均可通过化学沉淀法去除。某些有机污染物也可以通过化学沉淀法去除。

化学沉淀的基本过程是难溶电解质的沉淀析出，其溶解度大小与溶质特性、温度、盐效应以及沉淀颗粒的大小、晶形等有关。在废水处理中，根据沉淀-溶解平衡移动的一般原理，可利用过量投药、防止络合、沉淀转化、分步沉淀等方法，来提高处理效率，回收有用物质。

根据使用的沉淀剂的不同，化学沉淀法可分为氢氧化物沉淀法、硫化物沉淀法、碳酸盐沉淀法等。

11.2.2 氢氧化物沉淀法

除了碱金属和部分碱土金属的氢氧化物外，其他金属的氢氧化物通常难溶，因此可通过氢氧化物沉淀法去除。氢氧化物的沉淀与 pH 值有很大关系。

应当指出，有些金属氢氧化物沉淀，例如 Zn、Pb、Cr、Sn、Al 等，具有两性，即它们既具有酸性，又具有碱性；既能和酸作用，又能和碱作用。所以，用氢氧化物沉淀法分离废水中的重金属时，废水的 pH 值是操作的一个重要条件。例如处理含锌废水时，通过投加石灰控制 pH 值为 9～11，使其生成氢氧化锌沉淀。

采用氢氧化物沉淀法处理重金属废水，沉淀剂为各种碱性药剂。常用的有石灰、碳酸钠、苛性钠、石灰石、白云石等。石灰是最常用的沉淀剂，石灰来源广、价格低、操作简便、处理可靠，但泥渣体积庞大，含水率高达 95%～98%，管道易结垢和堵塞。

废水中多种重金属离子共存时，即使 pH 值低于理论值，也可能发生共沉淀。这是因为在高 pH 值时沉淀的重金属与在低 pH 值时生成的重金属沉淀物发生共沉现象。例如，含 Cd^{2+} 为 1mg/L 的水溶液，将 pH 值调节到高于 11 时也不沉淀；若与 10mg/L 的 Fe^{3+} 共存，则 pH 值只要达到 8 以上即可沉淀，并使 Cd^{2+} 的去除率接近 100%。

11.2.3 硫化物沉淀法

由于金属硫化物的溶解度通常低于其氢氧化物，硫化物沉淀法可实现金属离子的更完全去除。各种金属硫化物的溶度积相差悬殊，同时溶液中 S^{2-} 浓度受 H^+ 浓度的影响，通过控制酸度，从而可以实现不同金属离子的分步沉淀。

硫化物沉淀法常用的沉淀剂有：H_2S、Na_2S、NaHS、$(NH_4)_2S$ 等。根据沉淀转化原理，难溶硫化物如 MnS、FeS 可作为沉淀剂。S^{2-} 和 OH^- 都能够与许多金属离子形成络阴离子，从而使金属硫化物的溶解度增大，不利于重金属的沉淀去除。因此，必须控制沉淀剂 S^{2-} 的浓度，避免其过高。其他配位体如 X^-(卤离子)、CN^-、SCN^- 等，也能与重金属离子形成各种可溶性配合物，从而干扰金属的去除，应通过预处理除去。

尽管硫化物沉淀法能更有效地去除金属离子，但由于成本较高和操作复杂，其应用并不广泛，有时作为氢氧化物沉淀法的补充方法。

11.2.4 碳酸盐沉淀法

碱土金属(如 Ca、Mg 等）和多种重金属的碳酸盐难溶于水，碳酸盐沉淀法可用于这些金属离子的去除。投加的药剂通常采用可溶性碳酸盐(如碳酸钠）和石灰。

11.2.5 其他沉淀方法

(1) 螯合沉淀法

螯合沉淀法通过生成难溶螯合物，实现重金属离子的固液分离和去除。难溶螯合物的生成可在常温和很宽的 pH 值范围内进行，废水中的 Cu^{2+}、Cd^{2+}、Hg^{2+}、Pb^{2+}、Mn^{2+}、Ni^{2+}、Zn^{2+}、Cr^{3+} 等重金属离子均可通过螯合沉淀法去除。螯合沉淀反应时间短，沉淀污泥含水率低。

目前研究和应用较多的重金属螯合剂主要有两类：不溶性交联淀粉黄原酸酯(ISX）和二硫代氨基甲酸盐(DTC）类衍生物。其中，DTC 类衍生物的应用更为广泛。

(2) 铁氧体沉淀法

废水中各种金属离子形成不溶性的铁氧体晶粒而沉淀析出的方法，叫作铁氧体沉淀法。铁氧体是指一类具有一定晶体结构的复合氧化物，它具有高的磁导率和高的电阻率(其电阻比铜大 $10^{13}\sim10^{14}$ 倍)，是一种重要的磁性介质。铁氧体通常不溶于酸、碱、盐溶液及水。铁氧体的磁性强弱及其他特性与其化学组成和晶体结构有关。

工艺过程包括投加亚铁盐、调整 pH 值、充氧加热、固液分离和沉渣处理等环节，主要步骤如下：

① 投加亚铁盐　通常要有足量的 Fe^{2+}。

② 调整 pH 值　加碱调整 pH 值至 8～9，在常温及缺氧条件下，金属离子以 $M(OH)_2$ 及 $M(OH)_3$ 的胶体形式同时沉淀出来。

③ 充氧加热　将一些氢氧化物胶体破坏，脱水分解，使之逐渐转化为铁氧体沉淀。

④ 固液分离　对形成的铁氧体沉渣进行分离。

⑤ 沉渣处理　若废水的成分单纯、浓度稳定，则其沉渣可作为铁氧磁体的原料。

铁氧体沉淀法具有如下优点：能一次脱除废水中的多种金属离子，出水水质好，能达到排放标准；设备简单、操作方便；对水质的适应性强；沉渣易分离；铁氧体性能稳定，长期放置对环境无影响。

铁氧体沉淀法的缺点包括：不能单独回收有用金属；硫酸盐含量高；需要消耗较多的硫酸亚铁和碱性药剂；处理时间较长，导致处理成本较高。

11.3 氧化还原

氧化还原法通过药剂与污染物的氧化还原反应，将废水中的有毒污染物转化为无毒或低毒物质。废水中的有机污染物，如色、气味、COD，以及还原性无机离子如 CN^-、S^{2-}、Fe^{2+}、Mn^{2+} 等，都可通过氧化法消除其危害；而废水中的许多重金属离子，如汞、镉、铜、银、金、六价铬、镍等，都可通过还原法去除。

废水处理中常用的氧化剂包括空气、臭氧、过氧化氢、氯气、二氧化氯、次氯酸钠和漂白粉等；还原剂包括硫酸亚铁、亚硫酸氢钠、硼氢化钠、水合肼及铁屑等。在电解过程中，电解槽的阳极通常作为氧化剂，阴极作为还原剂。

投药氧化还原法的工艺过程及设备比较简单，通常只需要一个反应池；若有沉淀物生成，还需要进行固液分离及泥渣处理。

11.3.1 高级氧化法

（1）概述

高级氧化技术(AOPs）是指利用氧化剂产生氧化能力极强的羟基自由基或硫酸根自由基进行氧化反应，以去除或降解水中污染物。这些活性自由基可以通过电子转移将有机化合物直接矿化为 CO_2 和 H_2O，或者将其分解为无毒、易生物降解的小分子物质。高级氧化法适用于含大分子难降解有机物的废水。该技术效率高，操作时间短，应用范围广，不产生二次污染。

（2）常用的氧化剂

常用的氧化剂包括臭氧(O_3)、氟(F_2)、过氧化氢(H_2O_2)、氯气及氯类化合物(HOCl、Cl_2、ClO_2 等)、过硫酸盐($S_2O_5^{2-}$、$S_2O_8^{2-}$）等。其中，利用氧化剂产生的羟基自由基或硫酸根自由基的氧化能力最强，并可诱发一系列反应，使溶解性有机物最终矿化。自由基氧化有机物有如下特点：

① 羟基自由基或硫酸根自由基是高级氧化过程的中间产物，作为引发剂诱发后面的链式反应，通过链式反应降解污染物；

② 羟基自由基或硫酸根自由基几乎可以氧化废水中的所有还原性物质，直接将其完全矿化成二氧化碳、水或盐，不产生二次污染；

③ 反应速度快，氧化速率常数一般为 $10^6 \sim 10^9$ mol/(L·s)；

④ 反应条件温和，一般不需要高温、高压、强酸或强碱等极端条件。

（3）典型的高级氧化技术

根据所使用的氧化剂及催化条件的不同，典型的高级氧化技术通常包括：Fenton 氧化法、硫酸根自由基的高级氧化技术、臭氧氧化法、联合臭氧类氧化法、湿式氧化法和光催化氧化法等。

① Fenton 氧化法　Fenton 氧化法是指利用 Fenton 试剂对水中的还原性污染物进行氧化的方法。Fenton 试剂典型组成为 H_2O_2 和 Fe^{2+}。Fenton 试剂作用机理是：Fe^{2+} 在反应中起到激发和传递的作用，形成链反应，不断生成·OH(羟基自由基）和 HO_2·(过氧化羟基自由基)，其反应式如下：

$$Fe^{2+} + H_2O_2 \longrightarrow Fe^{3+} + OH^- + \cdot OH \tag{11-1}$$

$$Fe^{3+} + H_2O_2 \longrightarrow Fe^{2+} + HO_2 \cdot + H^+ \tag{11-2}$$

上述链反应生成的·OH 和 HO_2·可直接将有机物氧化，达到破坏有机物的目的，并最终氧化为 CO_2 和 H_2O。

影响 Fenton 氧化的因素主要有 pH 值、亚铁离子浓度及过氧化氢浓度。其中，pH 值是关键影响因素，一般在 pH 值为 2～4 时生成速率最大。Fenton 法反应后残留的铁离子可用化学沉淀法去除，产生的含铁污泥可通过沉淀方式从水中分离。

Fenton 氧化法具有反应速度快、操作简单等特点，但处理成本较高，因此将紫外线、可见光、电场、超声波等因素引入 Fenton 体系；或采用其他过渡金属替代 Fe^{2+}，可以提高羟基自由基的产量和有机物的矿化程度，并可减少 Fenton 试剂的用量，降低处理成本。

② 硫酸根自由基的高级氧化技术　与・OH(电位 1.8～2.7V) 自由基比较，$SO_4^{-}\cdot$(硫酸根自由基，电位 2.5～3.1V) 具有以下优点：氧化能力极强，对反应液 pH 值的依赖较小(pH=3～8)，具有强的氧化选择性，并且具有较长的半衰期[$t_{1/2}$= 30～40μs，而 $t_{1/2}$(・OH) =3～10μs]。$SO_4^{-}\cdot$ 更易通过电子转移反应降解有机污染物，其在中性或碱性环境中的活性强于・OH。相对于其他常规的水处理技术，以 $SO_4^{-}\cdot$ 为基础的高级氧化技术具有高效、快速、彻底、选择性小、反应条件温和等优点。

③ 臭氧氧化法　臭氧(O_3) 具有极强的氧化能力，在酸性溶液中的标准电极电位为 2.07V，氧化能力低于氟；在碱性溶液中，其标准电极电位为 1.24V，氧化能力略低于氯。臭氧在水中分解产生的羟基自由基具有极强的氧化性，可分解一般氧化剂难以破坏的有机物，而且反应完全，速度快；臭氧分解产物为氧气，出水无异味，且该方法不产生污泥；原料(空气) 来源广，因此臭氧氧化法可以应用在水处理中。

由于臭氧不稳定，通常需要现场制备并立即使用。工业上主要利用干燥空气或氧气，经无声放电来制取臭氧，但制备臭氧的电能消耗较大；臭氧的投加与接触系统效率低，使其在废水处理中的应用受到限制。臭氧氧化法的效果受多种因素影响，包括污染物性质和浓度、臭氧投加量、溶液 pH 值、温度和反应时间等。

臭氧氧化法特别适用于处理低浓度、难氧化的有机废水以及消毒。例如，对印染废水的处理，采用生化法脱色效率较低，仅为 40%～50%；在印染废水处理中，臭氧氧化法结合混凝和活性炭吸附，可显著提高脱色率，一般 O_3 投加量为 40～60mg/L，接触反应时间为 10～30min。

④ 联合臭氧类氧化法　臭氧是一种有效的氧化剂和消毒剂，但是单纯使用 O_3 氧化法处理废水，存在 O_3 利用率低、处理成本昂贵等问题。研究表明，将 H_2O_2、紫外线等引入臭氧反应体系，能产生羟基自由基，可将 O_3 单独作用时难以降解的有机物氧化，从而提高氧化速率和降解效率；同时，降低臭氧的消耗量。

常见的臭氧类组合技术有 UV(紫外)/O_3、H_2O_2/O_3、UV/H_2O_2/O_3 等。其中，UV/O_3 系统已成功应用于工业废水中铁氰酸盐、氨基酸、醇类、农药等有机物的去除，以及垃圾渗滤液的处理中。美国环境保护署已将 UV/O_3 技术列为处理多氯联苯的最佳实用技术。

⑤ 湿式氧化法　湿式氧化法(WAO)是在高温(150～350℃)、高压(0.5～20MPa) 条件下，在液相中用氧气作为氧化剂，将其中的有机物氧化为 CO_2 和 H_2O 的一种处理方法。

湿式氧化法适用于处理 COD 浓度为 5000～100000mg/L 的高浓度、难生物降解，以及有毒的废水和污泥。国外已成功地将湿式氧化技术应用于城市污泥和丙烯腈、焦化、印染工业废水，以及含酚、有机磷、有机硫化合物的农药废水的处理中。

由于湿式氧化法在高温、高压下进行，要求设备材质耐高温高压、耐腐蚀，设备一次性投资大，运行费用高，仅适用于小流量、高浓度废水及污泥处理等特殊场合。

在湿式氧化法中引入催化剂，称为催化湿式氧化法。利用催化湿式氧化法，可明显降低反应温度和压力，缩短处理时间，降低设备的耐压要求，减缓设备腐蚀，从而降低设备投资和处理费用。催化湿式氧化法应用较多的催化剂为 Cu、Fe、Ni、Co、Mn、V 等过渡金属氧化物及其盐类。

⑥ 光催化氧化法 光催化氧化是在有催化剂存在的条件下的光化学降解，分为均相和非均相两种类型。均相光催化降解是以 Fe^{2+} 或 Fe^{3+} 及 H_2O_2 为介质，通过光助 Fenton 反应产生羟基自由基，使污染物得到降解。非均相催化降解是向水中投加一定量的光敏半导体材料，如 TiO_2、WO_3、ZnO、CdS、SnO_2 等，在光辐射条件下，使光敏半导体在光的照射下激发产生电子-空穴对，进而使吸附在半导体上的溶解氧、水分子等与电子-空穴作用，产生氧化能力极强的自由基，从而高效氧化水中的有机污染物。

11.3.2 其他化学氧化法

（1）空气氧化法

利用空气中的氧进行氧化去除废水中污染物的方法，称为空气氧化法。分子氧（O_2）的氧化还原电位（1.23V）很高，但反应时所需的活化能很高，因而反应速度很慢，故常用来处理易氧化的还原性污染物，如 S^{2-}、Fe^{2+}、Mn^{2+} 等。

空气氧化法目前主要用于含硫（Ⅱ）废水的处理：硫（Ⅱ）在废水中以 S^{2-}、HS^- 的形式存在；在碱性溶液中，硫（Ⅱ）的还原性较强，且不会形成易挥发的硫化氢，空气氧化效果较好。

（2）氯氧化法

氯氧化法在废水处理中主要用于氰化物、硫化物、酚、醇、醛、油类的氧化去除，还用于消毒、脱色、除臭、杀菌。

常用氯系氧化剂的有效氯含量具体见表 11-2。在氯化合物中，化合价高于－1 的氯具有氧化能力，称为有效氯，用来表示氯系氧化剂的氧化能力。表 11-2 中，以液氯作为基准物质，其有效氯含量定义为 100%。

表 11-2 常用氯系氧化剂的有效氯含量

药剂名称	化学式	分子量	含氯量(质量分数)/%	有效氯含量(质量分数)/%
氯气(或液氯)	Cl_2	71	100	100
次氯酸	HOCl	52.5	67.7	135
次氯酸钠	NaOCl	74.5	47.7	95.4
漂白粉	$Ca(OCl)_2$	143	49.6	99.2
二氧化氯	ClO_2	67.5	52.5	262.5
一氯胺	NH_2Cl	51.5	69	138
二氯胺	$NHCl_2$	86	82.5	165.1

11.3.3 化学还原法

在废水处理中，目前采用化学还原法进行处理的主要污染物有 Cr(Ⅵ)、Hg(Ⅱ)、Cu(Ⅱ) 等重金属。

（1）还原法去除六价铬

废水中剧毒的六价铬（$Cr_2O_7^{2-}$ 或 CrO_4^{2-}），可用还原剂还原成毒性极微的三价铬。常用的还原剂有亚硫酸氢钠、二氧化硫、硫酸亚铁。还原产物 Cr^{3+} 可通过加碱至 pH＝7.5～9

生成氢氧化铬沉淀，从溶液中分离除去。

还原反应在酸性溶液中进行，以 $pH<4$ 为宜。还原剂的耗用量与 pH 值有关，例如用亚硫酸氢钠作还原剂时，pH＝3～4 时，氧化还原反应进行得最完全，投药量也最省；pH＝6 时，反应不完全，投药量较大；pH＝7 时，反应难以进行。还原剂和碱性药剂的选择要因地制宜，应选择价格低廉且能满足沉淀少、易回收等要求的药剂。

(2) 还原法去除汞

还原法去除汞常用的还原剂为比汞活泼的金属，如铁屑、锌粒、铝粉、铜屑等，以及硼氢化钠、醛类、联胺等。废水中的有机汞，通常先用氧化剂(如氯) 将其破坏，使之转化为无机汞后再用金属置换。

11.3.4 电化学法

11.3.4.1 电解法

(1) 概述

电解质溶液在直流电流作用下，在两电极上分别发生氧化反应和还原反应的过程，叫作电解。直接或间接地利用电解槽中的电化学反应包括进行氧化处理、还原处理、凝聚处理及浮上处理等。电化学反应所用"药剂"就是电子，其氧化能力和还原能力随电极电位而变化，因此是一种适用范围很宽的氧化剂或还原剂。电解法的工艺过程通常包括预处理、电解、固液分离及泥渣处理等。预处理包括均和、调节 pH 值、投加药剂等。电解法的主要设备为电解槽。电解槽的构造和电解操作条件是影响处理效果和电能消耗的主要因素。

(2) 电能效率及其影响因素

在电解过程中，电能的实际耗量总是大于理论耗量。电能的利用率 η_ω 可用式(11-3) 进行计算：

$$\eta_\omega=\frac{\text{理论所需电能}}{\text{实际消耗的电能}}\times 100\%=\eta_1\eta_V \tag{11-3}$$

式中，η_1 为电流效率，即理论耗电量与实际耗电量之比；η_V 为电压效率，即理论分解电压与槽电压之比。

根据法拉第电解定律，电解时析出的物质量与通过的电量成正比。但由于存在各种副反应，使实际析出的物质量总是比理论量要少，即析出每单位质量物质的实际耗电量总是比理论耗电量要大，因此电流效率 η_1 总是小于 100％。从理论上讲，分解电压(使电解质溶液发生电解所需的最小外加电压)，等于相应自发原电池的电动势。实际电解时所需电压称为槽电压。槽电压不仅包含理论分解电压，而且包含阴、阳极的超电势，以及克服电阻的电压降(电阻包括溶液电阻、电极及导线接点电阻等)。因此，电压效率 η_V 也总是小于 100％。

电能效率受到多种因素的影响，包括电解槽的构造、电极材料、电流密度、电解液的浓度和温度等。为了提高电能效率，需要对这些因素进行优化和控制。

(3) 电解氧化还原法

① 电解氧化法　电解槽的阳极，既可通过直接的电极反应过程，使污染物氧化破坏，例如 CN 的阳极氧化；也可通过电解 NaCl，产生 Cl_2、ClO^-、O_2 等阳极反应产物间接地氧

化破坏污染物。实际上，为了强化阳极的氧化作用，往往投加一定量的食盐，进行所谓的“电氯化”，此时阳极的直接氧化作用和间接氧化作用往往同时起作用。

电化学氧化法主要用于去除水中的氰类、酚类、S^{2-}等污染物。

② 电解还原法 电解槽的阴极可还原废水中的重金属离子，使其沉淀，即电沉积，金属可以被回收利用；也可将五价砷（AsO_3^- 或 AsO_4^{3-}）、六价铬，分别还原为砷化氢（AsH_3）、三价铬（Cr^{3+}），予以去除或回收。

电解还原法可用于处理含铬（Ⅵ）废水，回收废水中的重金属离子等。对于含铬（Ⅵ）废水，在电场中，$Cr_2O_7^{2-}$ 向阳极迁移，被铁阳极溶蚀产物 Fe^{2+} 还原，最终 Cr^{3+} 和 Fe^{3+} 便形成 $Cr(OH)_3$ 及 $Fe(OH)_3$ 沉淀，铬（Ⅵ）得到去除。废水中的许多重金属离子都可用电解法在阴极沉积析出。铜含量为 3360mg/L 的废水，经电沉积法后，水中铜含量可降至 10mg/L 以下。

11.3.4.2 内电解

内电解技术又称为微电解法、铁炭法、腐蚀电池法、铁屑过滤法、零价铁法。其应用的原理因废水性质的差异而有所不同，但总体而言，可以概括为：反应器填料中的低电位铁与高电位碳在具有一定导电性的废水充当电解液的条件下产生电位差，形成无数的微小原电池，发生电极反应，同时引发了一系列连带协同作用，如混凝、絮凝、吸附、共沉、电沉积、电化学还原等多种综合效应，从而使废水得到处理。具体来说，微电解的主要作用机理有以下几点。

（1）电化学反应

铁屑，尤其铸铁屑，是铁碳合金。当铸铁屑与电解质溶液接触时，碳的电位高而成为阴极，铁的电位低而成为阳极，形成原电池。当体系中有活性炭等宏观阴极材料时，这些铸铁屑与活性炭等又可组成宏观电池，其基本电极反应如下。

$$\text{阳极反应：} Fe-2e^- = Fe^{2+}$$

$$\text{阴极反应：} 2H^+ + 2e^- = 2[H] \rightarrow H_2$$

O_2 存在时：

$$O_2 + 4H^+ + 4e^- = 2H_2O \text{（酸性溶液）}$$

$$O_2 + 2H_2O + 4e^- = 4OH^- \text{（中性或碱性溶液）}$$

（2）氧化还原反应

铁是活泼金属，在偏酸性水溶液中能够发生反应：$Fe^0 + 2H^+ = Fe^{2+} + H_2$。当水中存在氧化剂时，$Fe^{2+}$ 可被氧化为 Fe^{3+}，废水中氧化性较强的化合物可被铁还原，如含有偶氮基团（—N═N—）的化合物可被零价铁还原成氨基。电解产生的新生态［H］和 Fe^{2+} 具有较强的还原能力，可与废水中许多无机化合物和有机化合物发生氧化还原反应。

（3）电泳作用

在微原电池周围电场的作用下，废水中的胶体粒子、细小污染物和极性分子可在较短的时间内完成电泳沉积过程，即带电胶粒向带有相反电荷的电极移动，在静电力和表面能的作用下，聚集并沉积在电极上，从而去除 COD 和色度。

（4）吸附作用

铸铁屑是一种多孔物质，表面具有较强的吸附活性，能吸附废水中的有机污染物。同时，在弱酸性溶液中，铁屑巨大的比表面积显示出较高的表面活性，能吸附多种金属离子，铁屑中的炭粒也可吸附金属离子。

（5）絮凝作用

在酸性条件下，用铁屑处理废水时，会产生 Fe^{2+} 和 Fe^{3+}。因此，当有 O_2 存在时，可调节溶液 pH 至碱性，形成 $Fe(OH)_2$ 和 $Fe(OH)_3$ 沉淀物。这些沉淀物可作为絮凝剂净化废水。

废水的水质存在很大差异，因此内电解的原理也各有不同。但是，对于任何一种废水处理来说，都不是单一机理作用的结果，而是多种机理综合作用的结果。

第四篇

典型工程案例及运营管理篇

第 12 章

典型城市污水处理技术案例及分析

12.1 城镇污水处理的工艺实例

12.1.1 氧化沟的 AAO 法

（1）项目名称：江边污水厂城镇污水处理工程

A 市江边污水厂规模为 $10\times10^4 m^3/d$。总投资为 7.11 亿元(含管网)，其中厂区部分工程投资为 2.74 亿元。市区范围大部分接管工业废水都进入该厂进行处理，采用改良 AAO (或简称为 A^2/O)、高效沉淀池和 V 型滤池工艺，出水水质达到一级 A 标准。尾水引至长江边，由排江泵站抽排入长江；污泥经浓缩脱水后外运至热电厂焚烧。

（2）设计要点

该厂的城市污水为生活污水和工业废水混合的综合废水，工业废水与生活污水的比例为 6∶4，其中包括已处理的东南工业园区污水厂 $3.0\times10^4 m^3/d$ 工业废水。经该厂处理后的尾水排放至长江，执行《城镇污水处理厂污染物排放标准》(GB 18918—2002) 中的一级 A 标准。该污水厂三期工程的设计进水、出水水质见表 12-1。

表 12-1　污水厂三期工程的设计进水水质、出水水质

项目	进水	出水	项目	进水	出水
COD/(mg/L)	500	50	NH_3-N/(mg/L)	25	5(8)
BOD_5/(mg/L)	180	10	TP/(mg/L)	5	0.5
SS/(mg/L)	250	10	色度/倍	80	30
TN/(mg/L)	40	15	pH 值	7.2～8	6～9

（3）工艺流程与说明

① 预处理工艺　从进水水质可看出，江边污水厂进水中含有较大比例的工业废水，大

部分为纺织印染废水，且多为生化预处理后的尾水，废水的 B/C（BOD_5/COD_{Cr}）值较低，单纯的好氧生物处理难度大。纺织印染废水普遍具有难生物降解且色度较高的特点。脱色是水处理的最大难题，而采用生化法脱色效果较差。本次工程采纳了江苏省提标改造导则，采用水解酸化工艺进行预处理，以提高纺织印染废水的可生化性。

② 二级处理工艺　生化系统在一、二期采用改良 AAO 工艺的基础上，将反应池设计为氧化沟的形式，改进为氧化沟的 AAO 工艺，采用水下微孔曝气加推流的方式，既具有 AAO 工艺除磷脱氮的功能，又具有氧化沟循环混合耐冲击负荷的特点，将氧化沟的推流设施和曝气设施彻底分开，采用水下曝气供氧，维持反应池的传氧效率和水深，回避氧化沟水深小、占地大和能耗高的缺点，并提高了对水质、水量的适应性。

③ 深度处理工艺　深度处理工艺主要是为了进一步去除污染物(如 SS 和 TP)，同时也希望通过混凝沉淀达到部分脱色的目的，因此选用高效沉淀池和 V 型滤池，以确保出水水质稳定达标。在水质变化时，可超越其中任何一个构筑物直接出水。采用二氧化氯消毒剂，以减少消毒副产物。化学除磷药剂采用液体硫酸铝。

④ 污泥处理处置　生化污泥和化学污泥经重力浓缩后，离心脱水，外运至热电厂焚烧。

具体的工艺流程如图 12-1 所示。

（4）主要构筑物及设备

本期总平面按照 $40\times10^4 m^3/d$ 规模布置，进水泵房和一、二期的进水泵房互为备用，设计规模为 $60\times10^4 m^3/d$。主要构筑物有水解酸化池、氧化沟的 AAO 生物反应池、高效沉淀池、V 型滤池、污泥浓缩池和脱水机房等。

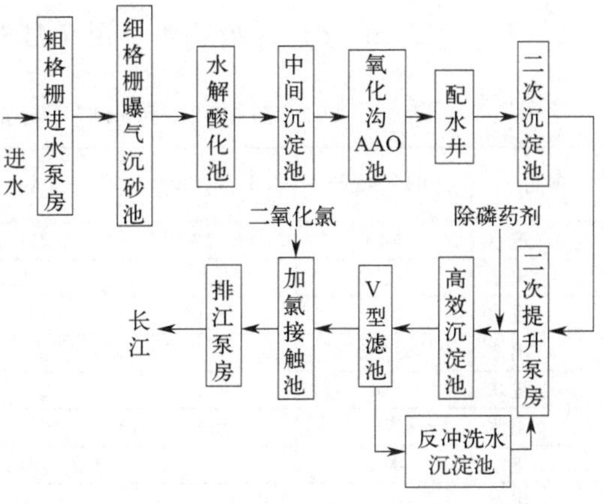

图 12-1　具体的工艺流程

① 水解酸化池　水解酸化池 1 座，分 2 组，每组平面尺寸为 178m×31.7m，有效水深为 6.0m；水解池容积负荷为 0.32kg COD/(m^3·d)；污泥浓度为 4000～6000mg/L。

② 氧化沟的 AAO 生物反应池　生物反应池总尺寸为 178m×66.6m，分两组，设置预缺氧、厌氧、缺氧和好氧四个区，停留时间分别为 1.5h、1.5h、4.0h、8.7h。污泥负荷为 0.09kg BOD_5/(kg MLSS·d)；污泥浓度为 3500mg/L；污泥龄为 20d；总停留时间为 15.7h；有效水深为 6m；标准需氧量为 $500m^3/min$；污泥回流比为 100%。

③ 高效沉淀池　共 1 座，平面尺寸为 72.4m×42.6m，分 4 组。每组设机械混合池 1 格，尺寸为 4.0m×4.0m ×4.0m，配置 1 台机械搅拌器，N=5.5kW。设机械絮凝池 1 格，单格尺寸为 9.0m×7.0m×7.4m，配置 1 台机械搅拌器，N=15kW。设斜管沉淀池 1 格。硫酸铝设计最大投加量为 30mg/L，PAM 投加量为 0.25 ～ 1.0mg/L。

④ V 型滤池　平面尺寸为 32.8m×74.09m。共分 8 格。滤池设备间与滤池合建，尺寸为 40.68m×12.80m，反冲洗采用气冲、气水、反冲、水冲，并结合表面扫洗。滤料厚度为 1.4m，滤速为 7.0m/h。滤池采用气动阀门。

⑤ 污泥浓缩池和脱水机房　污泥浓缩池共 1 座，直径为 25m。安装中心传动污泥浓缩

机一台。固体负荷为37.2kg/(m^2·d)，有效水深为4.0m。

脱水机房平面尺寸为42m×16.0m，采用卧螺离心脱水机。本期剩余污泥干质量为18260kg/d；浓缩后污泥量(含水率为97.5%）为730.3m^3/d。离心脱水机2台(1用1备)。

⑥ 除臭设计 产生臭气浓度较高的构筑物进行封闭收集、集中处理。除臭装置设置在进水泵房和细格栅曝气沉砂池；浓缩池、储泥罐和脱水机均采用生物滤床除臭。水解池池顶采用钢筋混凝土板封闭，顶板上设置活性土壤除臭。

（5）运行分析及效果

氧化沟的AAO工艺池体借用氧化沟形式，强化了除磷脱氮功能。预缺氧的设置使回流污泥在该池中强化内源反硝化，完成生物脱氮，同时NO_3^--N的降低为生物释磷创造了良好的厌氧环境。预缺氧和厌氧段为推流式，缺氧段和好氧段设置成环状的沟渠，使污水能在沟渠内循环流动，结合了推流和完全混合两种流态；好氧段池底布置微孔曝气管，采用水下曝气和推流相结合的方式，达到节能的目的。污水和混合液回流渠道均设置了多个出口，在运行过程中可以根据水质灵活选择运行方式，实现多点进水、多点回流，非常适合江边厂水量变化大、工业废水占比较高的水质。

污水厂自投入运行以来，平均处理水量为4.0×$10^4$$m^3$/d，雨天最多达11×$10^4$$m^3$/d，出水水质均达到一级A标准，水解酸化池的出水COD下降约25%。目前，中水回用的水量为(1～2）×$10^4$$m^3$/d。污水厂4月至7月的实际进水、出水水质见表12-2。

表12-2 污水厂4月至7月的实际进水、出水水质

项目		COD/(mg/L)	BOD_5/(mg/L)	SS/(mg/L)	TP/(mg/L)	NH_3-N/(mg/L)	TN/(mg/L)	色度/倍
4月	进水	340	116	258	4.06	19.1	29.2	60
	出水	42.3	4.6	<10	0.3	0.7	8.9	32
5月	进水	338	110	243	3.88	21.4	28.8	62
	出水	36.2	7.1	<10	0.4	1.7	10.6	16
6月	进水	300	103	235	3.17	17	26	65
	出水	37.2	6.6	<10	0.3	2.3	11.3	16
7月	进水	198	63	165	3.06	12.9	22.3	40
	出水	26.2	5.5	<10	0.2	0.8	10.2	8

12.1.2 SBR工艺的改进工艺

12.1.2.1 DAT-IAT工艺

（1）项目名称：L市污水处理厂

L市污水处理厂占地14.46hm^2，设计规模25×$10^4$$m^3$/d，主要接纳城市生活污水和部分工业废水，其中生活污水占70%，工业废水占30%。

L市污水处理厂采用DAT-IAT工艺，其主体构筑物是由两个串联的反应池组成，即需氧池(demand aeration tank，DAT）和间歇曝气池(intermittent aeration tank，IAT)。在一般情况下，DAT池连续进水、连续曝气，等同于完全混合的普通曝气池。其出水进入IAT池，在IAT池完成曝气、沉淀、滗水和排除剩余活性污泥等工序，IAT池等同于SBR反应器。DAT-IAT工艺特点如下：

① 运行稳定，处理效率高，出水质量好；

② 处理构筑物少，处理流程简化；

③ 建设费用少，自动化程度高，操作运行简单，调度灵活；

④ 节省占地面积；

⑤ 可达到除磷脱氮的目的。

（2）设计要点

设计处理规模为 $25\times10^4m^3/d$，污水综合变化系数 K_z 取 1.30，截流倍数取 2.2(即雨季时提升泵房、格栅及沉砂池总处理能力为 $55\times10^4m^3/d$，生化系统、消毒系统处理能力为 $25\times10^4m^3/d$)。L 市污水厂设计进水、出水水质见表 12-3。

表 12-3　L 市污水厂设计进水、出水水质

项目	BOD_5/(mg/L)	COD_{Cr}/(mg/L)	SS/(mg/L)	NH_3-N/(mg/L)
进水	190	450	204	30
出水	20	60	20	15
处理效果	86.8%	77.8%	87.7%	50%

（3）工艺流程与说明

污水首先经粗格栅和中格栅以去除水中较大悬浮物质，再经潜水泵提升进入沉砂池以去除污水中的无机物；然后，通过配水井进入 DAT-IAT 反应池来去除污水中的有机物，从而使污水最终达到排放标准。污水厂工艺流程如图 12-2 所示。

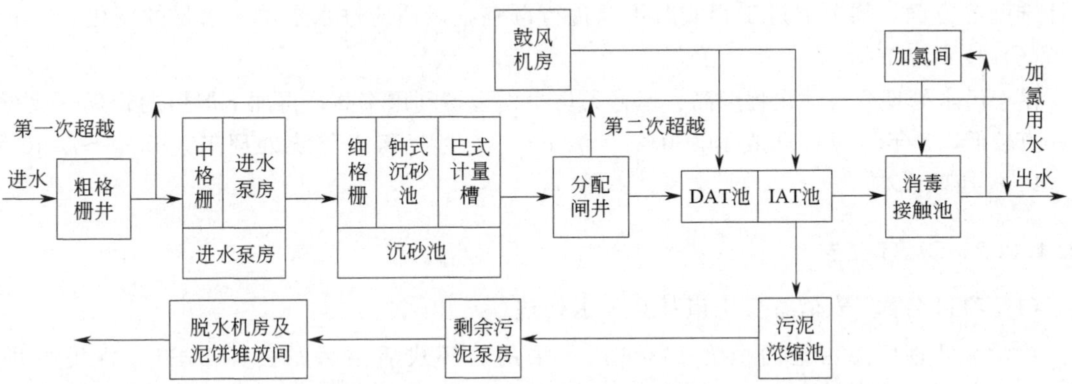

图 12-2　污水厂工艺流程

（4）主要构筑物与设备

DAT-IAT 反应池是该污水处理厂的核心处理单元，其构造如图 12-3 所示。全厂共设 9 座 DAT-IAT 反应池；在控制方面，3 座为 1 组。每座反应池的平面尺寸为 83.7m×40.7m，为钢筋混凝土结构；水深 5.11～6.0m，超高 0.5m。1 座 DAT-IAT 反应池由 1 个 DAT 和 1 个 IAT 串联组成，DAT 连续进水、连续曝气，IAT 按照曝气、沉淀、滗水和排除剩余活性污泥等阶段进行。清水和剩余活性污泥均由 IAT 排出。

（5）运行效果

污水厂的进水、出水水质监测结果见表 12-4。运行结果表明，污水处理厂的出水水质稳定，出水水质指标优于国家污水综合排放标准《城镇污水处理厂污染物排放标准》(GB 18918—2002) 的一级 B 标准。

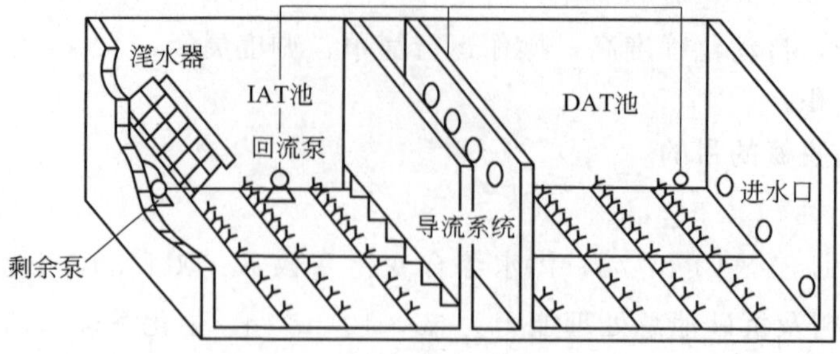

图 12-3 DAT-IAT 反应池

表 12-4 污水厂的进水、出水水质监测结果

序号	COD/(mg/L)			BOD_5/(mg/L)			SS/(mg/L)			NH_3-N/(mg/L)		
	进水	出水	去除率	进水	出水	去除率	进水	出水	去除率	进水	出水	去除率
1	275.7	33.4	87.8%	112.6	8.0	92.9%	184.5	7.7	95.8%	19.8	2.8	85.8%
2	350.4	40.6	88.4%	188.2	6.8	96.4%	210.4	5.3	97.5%	18.7	2.4	87.2%
3	317.3	52.0	83.6%	175.5	14.6	91.7%	278.2	13.9	95.0%	22.3	4.2	81.2%
4	330.2	50.9	84.6%	157.8	11.8	92.5%	211.1	8.2	96.1%	19.8	2.7	86.3%
平均	318.4	44.2	86.1%	158.5	10.3	93.5%	221.1	8.8	96.1%	20.2	3.0	85.1%

该污水处理厂自运行以来，工艺系统、控制系统运行均比较正常，出水水质达到预期目标。同时，在活性污泥的培养方式、活性污泥回流的调控，以及其他相关工程操作和设备的设计选型等方面，需要通过工程实践不断进行调整，以适应进水水质和水量的变化。

（6）技术经济指标

由于污水处理厂自动化程度高、运行人员少、设备利用率高，再加上严格的管理，运行费用一直较低，3 年单位处理成本为 0.21 元/(t·d)，远远低于传统处理工艺 0.35～0.40 元/(t·d) 的处理成本。

12.1.2.2 CAST 工艺

（1）项目名称：安徽省安庆市某县污水处理厂

该污水处理厂总占地面积为 26386m^2，采用循环式活性污泥法（CAST）深度处理工艺，出水达到《城镇污水处理厂污染物排放标准》(GB 18918—2002) 中的国家一级 A 排放标准。

CAST 污水处理工艺是 SBR 工艺的一种改进手段。CAST 反应池主要包括生物选择器、主曝气区、剩余污泥处理系统等环节，一个运行周期分为进水阶段、曝气阶段、沉淀阶段、撇水阶段、闲置阶段五个阶段。CAST 在 SBR 基础上增添了生物选择区和污泥回流，能有效提高脱氮除磷效果。CAST 具有缓冲水质和水量波动、无污泥膨胀问题、工程费用少、处理效果好、处理稳定等优点。

（2）设计要点

设计规模为日平均处理污水 2×10^4 m^3，污水综合变化系数 K_z 为 1.49，小时平均流量为 833.3m^3，设计最大流量为 1241.67m^3/h。

污水主要为该县县城生活污水。设计进水水质为 COD<400mg/L，BOD_5<180mg/L，SS<200mg/L，NH_3-N<30mg/L，TN<40mg/L，TP<3.0mg/L。设计出水执行《城镇

污水处理厂污染物排放标准》（GB 18918—2002）中的一级 A 标准，即 COD≤50mg/L，BOD_5≤10mg/L，SS≤10mg/L，NH_3-N≤5mg/L，TN≤15mg/L，TP≤1mg/L。

（3）工艺流程与说明

污水处理工艺流程如图 12-4 所示。

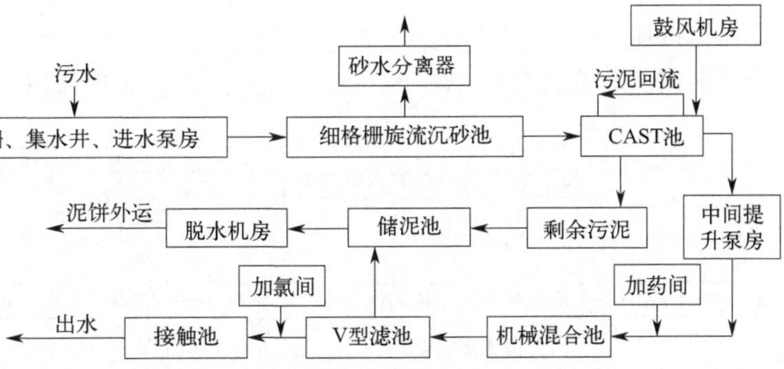

图 12-4　污水处理工艺流程

污水经粗格栅、细格栅，进入旋流沉砂池，去除泥沙后进入 CAST 生化池，参数见表 12-5。

表 12-5　CAST 生化池参数

名称	1 月	2 月	3 月	4 月	5 月	6 月
SV_{30}	26.7	26	28.1	39.5	41.4	44.8
SVI	66.2	67.7	78	93.7	93.4	96.5
污泥浓度/(mg/L)	4055	3900	3648	4260	4538	4664
污泥龄/d	28	28	28	28	28	28
溶解氧/(mg/L)	2.5	2.5	2.5	2.5	2.5	2.5
回流比/%	40%	40%	40%	40%	40%	40%

处理后的净水经加药后进机械混合池、滤池，经微絮凝过滤后，出水经氯消毒，排入城北河。剩余污泥送入储泥池，经机械压滤脱水，泥饼外运至垃圾厂进行处置。产生的滤液流入集水池进行二级处理。

（4）运行效果

该污水处理厂污水经过处理后出水水质能够达到《城镇污水处理厂污染物排放标准》（GB 18918—2002）中的一级 A 标准。

12.1.3　AAO 工艺及组合工艺

12.1.3.1　AAO 工艺

（1）工程名称：江苏省某城镇污水处理工程

该污水处理厂位于城区的北部，规模为日处理水 20×10^4t。该厂的城市污水包括生活污水和工业废水，分别占比 45%和 55%。污水厂采用 AAO 工艺，深度处理工艺包括高效沉淀池、V 型滤池、ClO_2 消毒等。厂区占地面积约 40 亩（1 亩＝666.67m^2），工程总投资 4620 万元，出水达到了《城镇污水处理厂污染物排放标准》（GB 18918—2002）中的一级 A 标准。该厂进水惰性悬浮固体浓度较高，不必外加碳源，实际成本控制较低。

(2) 设计要点

设计日进水量为 20×10^4t。设计进水水质为 COD<450mg/L，BOD_5<250mg/L，SS<320mg/L，NH_3-N<40mg/L，TN<60mg/L，TP<10mg/L；设计出水执行《城镇污水处理厂污染物排放标准》(GB 18918—2002) 中的一级 A 标准，即 COD≤50mg/L，BOD_5≤10mg/L，SS≤10mg/L，NH_3-N≤5mg/L，TN≤15mg/L，TP≤0.5mg/L。

(3) 工艺流程与说明

污水处理设计采用具有脱氮除磷功能的 AAO 工艺，工艺流程如图 12-5 所示。

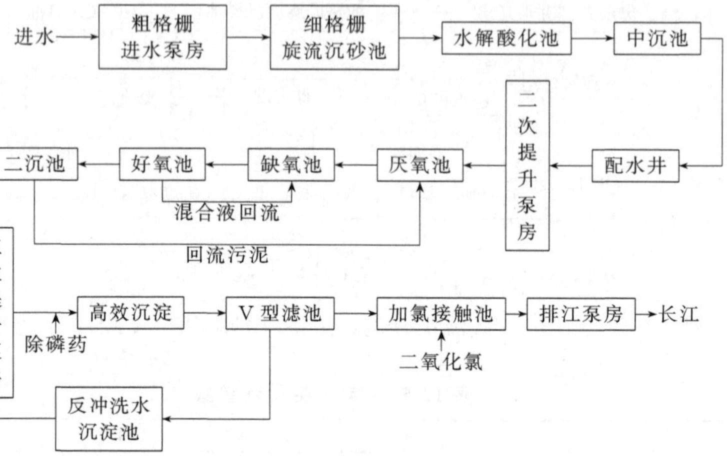

图 12-5 污水处理厂工艺流程

原污水经粗格栅、细格栅，去除水中悬浮物后，经旋流沉砂池进入厌氧-缺氧-好氧(AAO) 生化反应池。在生化反应池中的厌氧池，溶解性 BOD_5 被水解酸化，细胞经历厌氧释磷过程，实现磷酸盐的释放。在缺氧池，进行反硝化，达到部分脱碳。在好氧池，进行好氧吸磷以及去除 BOD_5。好氧池的混合液一部分进行回流；另一部分进入二沉池，沉淀分离的上清液经消毒被排入河流。剩余污泥送至脱水机房处理，泥饼外运。

(4) 运行效果

污水处理厂的运行与去除效果见表 12-6。

表 12-6 污水处理厂的运行与去除效果

项目	COD_{Cr}/(mg/L)	BOD_5/(mg/L)	SS/(mg/L)	NH_3-N/(mg/L)	TP/(mg/L)
进水平均浓度	455.2	276.4	163	40.05	3.36
出水平均浓度	20.0	2.5	5.4	0.46	0.25
平均去除效率	91.6%	95.8%	94.8%	88.9%	89.6%

从表 12-6 中的数据可以看出，各项出水指标已满足《城镇污水处理厂污染物排放标准》(GB 18918—2002) 中的一级 A 标准。只是到了最寒冷的 1 月，NH_3-N 的去除效果有点差，但也能达到夏天小于 5mg/L、冬季小于 8mg/L 的出水水质。

12.1.3.2 A+AAO 工艺

(1) 项目名称：T 城污水处理厂

T 城污水处理厂位于南郊，占地面积为 $5.33\times10^4m^2$ (约 80 亩)。污水处理厂建设规模为 50000m^3/d，采用改良 AB 法工艺，在 B 段采用了对脱氮除磷效果较好的 AAO 处理工艺，其中 $2\times10^4m^3/d$ 经进一步处理（过滤、加氯消毒）后作为工业和景观用水。

（2）设计要点

根据当地的发展和规划现状，污水处理厂设计规模为 50000m^3/d，设计进水水质为 COD＜400mg/L，BOD_5＜200mg/L，SS＜110mg/L，NH_3-N＜20mg/L，TP＜10mg/L；设计出水水质为 COD＜50mg/L，BOD_5≤10mg/L，SS＜10mg/L，NH_3-N＜5mg/L，TP＜2mg/L。

（3）工艺流程与说明

污水处理厂采用吸附-生物降解（AB）法处理工艺。其 A 段为高负荷的生物吸附段，污泥负荷达到 2～6kg BOD_5/(kg MLSS·d)，停留时间短，为 0.5h 左右，污泥沉降性能好。A 段的运行可以降低能耗，减小 B 段处理构筑物的容积，具有抗冲击负荷的能力，保证 B 段稳定运行。但常规的 AB 法脱氮除磷效果比 AAO 工艺差，因此在该污水处理厂的 B 段采用了 AAO 系统，从而将两者结合起来形成了 A＋AAO 工艺，保证了污水处理厂的出水和回用水的水质要求。采用 A＋AAO 工艺处理城市污水，在全国尚属首例。

T 城污水处理厂污水处理部分的工艺流程如图 12-6 所示，污泥处理部分的工艺流程如图 12-7 所示。

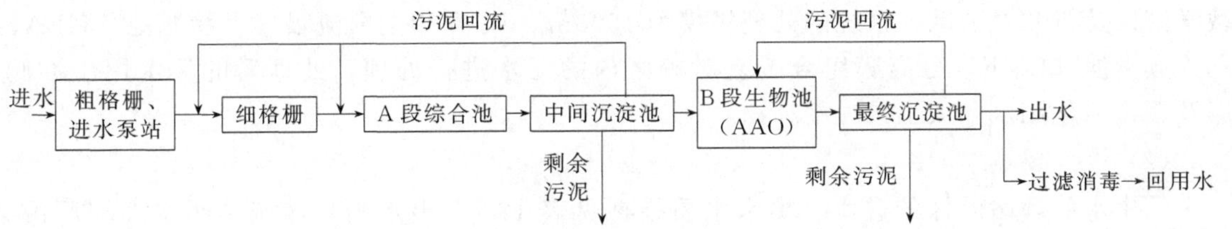

图 12-6　T 城污水处理厂污水处理部分的工艺流程

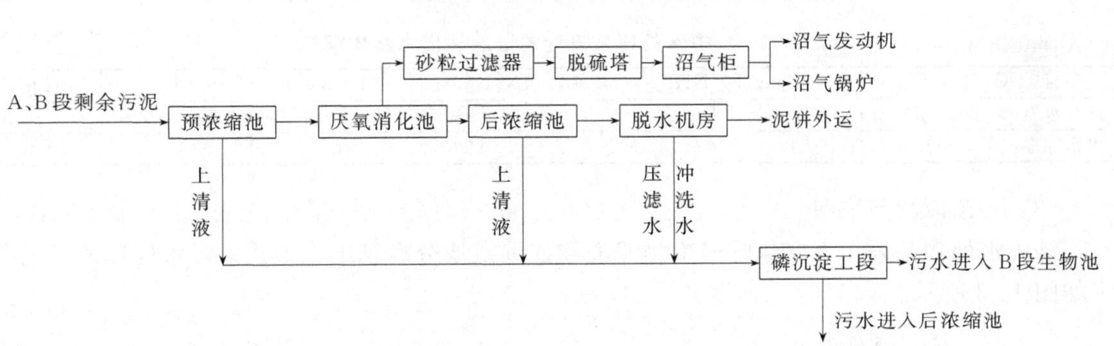

图 12-7　污泥处理部分的工艺流程

城市污水经粗格栅、水泵提升后，通过细格栅、曝气沉砂池，进入 A 段曝气池和中间沉淀池，再进入 B 段生物池，包括厌氧段、缺氧段和好氧段，然后通过最终沉淀池。经最终沉淀池沉淀下来的污泥一部分回流，剩余污泥送到污泥处理工段。沉淀后的出水，一部分（$3\times10^4m^3/d$）排入河流，另一部分（$2\times10^4m^3/d$）再经过过滤和加氯消毒作用后，回用到市区作为工业和景观用水。

剩余污泥的处理采用厌氧中温消化，产生的沼气作为能源利用，消化后的污泥经浓缩、脱水压成泥饼外运。

(4) 运行效果

污水处理厂运行状况良好，大部分设备性能的优越性、运转的灵活性和可靠性等得到了充分体现。A 段、B 段污泥回流的变频调速使得工艺调整更加灵活；沼气鼓风机则通过沼气发动机，利用污泥处理过程中产生的沼气进行拖动，节能效果明显。

工艺运行充分利用了工艺设计的灵活性，最终出水水质能够达到：COD＜50mg/L，BOD_5＜10mg/L，SS＜10mg/L，NH_3-N≤5mg/L，TP≤2mg/L。

在污水回用和污泥利用方面，污水处理厂也做出一些尝试，积极开拓市场进行污水回用，目前每天向该市造纸厂供水 8000m^3，厂内回用污水每年为 $9.8\times10^4m^3$。此外，与某农业大学合作开发了复合肥，将污泥作为有机肥加入复合肥中，为污泥的最终处置找到了出路。

(5) 技术经济分析

污水处理厂工程投资概算为 4500 万元人民币，其中利用欧洲某国家贷款 480 万美元(用于购买污水处理设备)。通过回用，节约水资源 20000m^3/d。

12.1.4 生物滤池工艺

(1) 项目名称：河北省某高校污水生物滤池处理工程

河北省某高校污水处理系统是一座中水（污水）处理站，污水来源于学生宿舍、食堂、教学区以及行政办公区，系统的处理规模为 1500m^3/d；采用上向流曝气生物滤池（UBAF）和连续微滤（CMF）分离膜组合工艺对校区内的污水进行处理，处理后的污水用于冲厕，以及用作绿化用水和人工景观湖补充水。

(2) 设计要点

该中水处理站设计的进水、出水水质指标见表 12-7。出水满足《城镇污水处理厂污染物排放标准》(GB 18918—2002) 中的一级 A 标准。

表 12-7 中水处理站设计的进水、出水水质指标

项目	COD_{Cr}/(mg/L)	BOD_5/(mg/L)	NH_3-N/(mg/L)	TN/(mg/L)	TP/(mg/L)	SS/(mg/L)	pH 值
进水水质	600～800	300～500	40～50	50～60	5～8	200～300	7.5～8.5
出水标准	50	10	5	15	0.5	10	6～9

(3) 工艺流程与说明

该中水处理站采用上向流曝气生物滤池和连续微滤分离膜组合工艺，污水处理的工艺流程如图 12-8 所示。

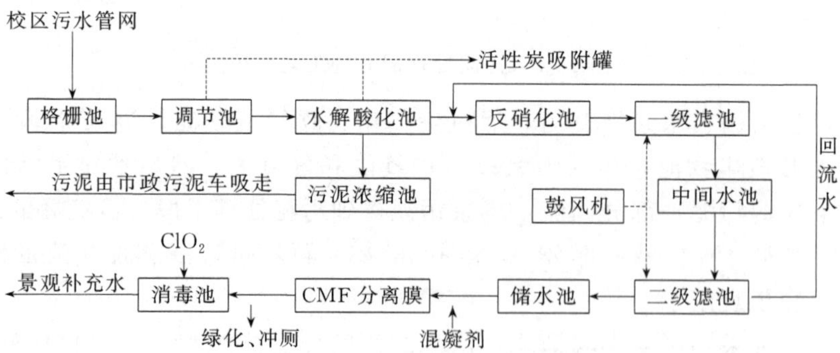

图 12-8 污水处理的工艺流程

污水经格栅进入调节池后，水质和水量得到均质化处理。随后，污水进入水解酸化池，初步降解其中的大分子有机物。水解酸化池的出水继续流入反硝化滤池，再进入一级曝气生物滤池。在生物滤池中，生物膜对有机物进行生物降解，处理后的出水进入二级曝气生物滤池。二级曝气生物滤池的部分出水被回流到反硝化滤池进行脱氮处理，其余出水则自流进入储水池。储水池中的一小部分水被用于生物滤池的反冲洗，而其中的 45%出水经过化学沉淀除磷后，进入 CMF 分离膜系统对污水进行深度处理。处理后的出水被用作景观补充用水，剩余的出水在杀菌后则用于绿化和冲厕。此外，调节池和水解酸化池均加盖处理，以收集臭气，并经过活性炭吸附罐处理后排放。

一级生物滤池主要实现对有机污染物的去除，但对氨氮的去除作用较差。污水进入二级滤池后，硝化菌处于优势，将氨氮转化为硝氮，再将 40%的出水回流到反硝化池进行反硝化脱氮。生物处理系统对磷酸盐的去除是通过化学沉淀除磷，再经 CMF 分离膜去除悬浮物，以满足景观用水要求。

（4）运行效果

有机物经两级生物滤池的生物降解作用后，BOD_5 和 COD_{Cr} 的去除率分别达 95%和 90%以上，再经过化学絮凝沉淀和 CMF 系统的处理，去除率分别超过 97%和 95%。UBAF-CMF 系统处理后的出水，BOD_5 和 COD_{Cr} 分别低于 10mg/L 和 40mg/L。

UBAF 对污水中磷酸盐的去除率低于 70%。为了降低出水中磷酸盐的浓度，保证景观补充用水的要求，采用 Fe^{3+} 铁盐沉淀去除磷酸盐；再经 CMF 后，CMF 出水中磷酸盐低于 0.15mg/L，TP 低于 0.5mg/L。从近半年的运行结果看出，污水经 UBAF-CMF 组合工艺处理后，SS 小于 3mg/L，浊度小于 0.5NTU，色度小于 5 度，NH_3-N 小于 2mg/L，TN 小于 10mg/L。污水经 ClO_2 杀菌后，细菌低于 3 个/mL，大肠杆菌未检出。

（5）技术经济指标

污水处理系统投资总额为 309.25 万元，其中土建投资 98 万元，设备投资 211.25 万元。处理系统的运行费用总计为每吨水 0.82 元的成本，具体包括：人工费每吨水 0.05 元（按照每人每月 800 元计算），药剂费每吨水 0.08 元（根据实际消耗量计算），电费每吨水 0.45 元（按照每千瓦时 0.63 元计算），以及折旧费每吨水 0.24 元（按照 15 年的折旧期计算）。需要说明的是，以上所有费用均是按照水费计算得出的单位成本。系统正常运行后，每年可节约自来水费用 98 万元（按照每吨自来水 1.79 元的费用计算），每年净收益约为 82 万元。该项目具有显著的经济效益、社会效益和环境效益。

12.2　农村生活污水处理

农村生活污水的特点是量少、分散，且水质具有较强的可生化性，但进水浓度波动较大。针对这些特点，现有的农村生活污水处理方法主要包括 AAO 或 A/O 一体化污水处理设备、膜生物反应器、厌氧＋人工湿地、生物滤池＋人工湿地等。由于农村生活污水量少且分散，同时城市污水管网不健全，因此多采用占地面积小、生产周期短、处理效率高的一体化污水处理设备。

12.2.1 一体化生活污水处理设备

（1）项目名称：某县农村一体化污水处理工程

某县农村污水处理设施建设项目共设置了21个微污站点，所有站点均采用一体化污水处理设备进行处理。处理后的出水将排入合江流域，且出水水质达到《城镇污水处理厂污染物排放标准》（GB 18918—2002）中的一级A标准。该工程的日处理规模为10m^3，旨在有效改善农村水环境。

（2）设计要点

该污水处理工程的设计进水水质和出水水质见表12-8。

表12-8 设计进水水质和出水水质

项目	COD/(mg/L)	BOD_5/(mg/L)	NH_3-N/(mg/L)	TN/(mg/L)	TP/(mg/L)	SS/(mg/L)	pH值
进水水质	300	150	35	45	5	200	6～9
出水水质	≤50	≤10	≤5	≤15	≤0.5	≤10	6～9

（3）工艺流程及说明

生活污水首先经过粗、细格栅，然后进入调节池和一体化设备的缺氧池。在缺氧池内，污水与硝化回流液进行混合，进行反硝化除氮。随后，缺氧池的水进入好氧池，以去除污水中的BOD_5，同时含氮有机物转化为氨氮。出水进入沉淀池，其中一部分污泥回流至缺氧池，剩余污泥则进入污泥浓缩池。沉淀池的上清液溢流进入除磷池，同时投加除磷剂。底部含磷污泥定期排入干化池，而上清液则再经过滤和紫外线消毒后，进入清水池进行排放。滤池需要定期反冲洗，干化池的滤液回流至调节池，而泥饼则定期外运。污水处理的工艺流程见图12-9。

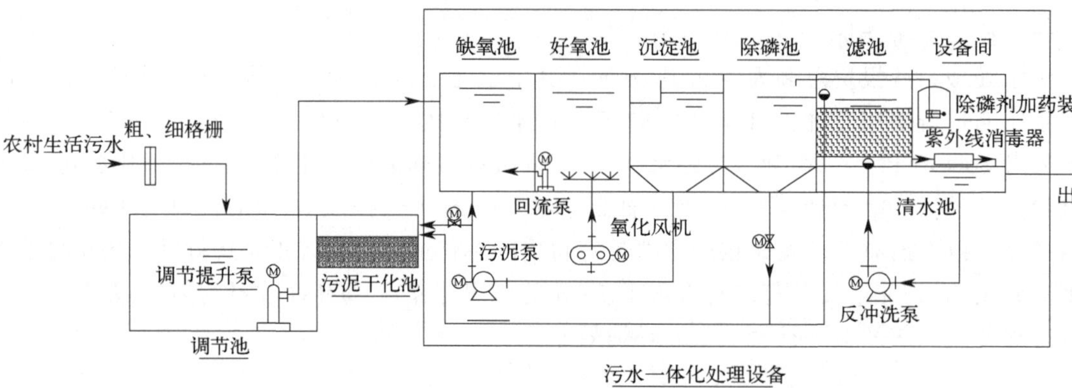

图12-9 污水处理的工艺流程

（4）主要构筑物及设备

① 调节池为地下混凝土结构，停留时间为8h。池内设污水提升泵2台（潜污泵）和污泥提升泵（潜污泵）1台。

② 一体化污水处理设备由缺氧池、好氧池、沉淀池、除磷池、滤池、清水池以及设备间组成，总尺寸为3.75m×1.8m×3.1m（宽×深×高），防腐采用碳钢材质。

缺氧池停留时间7.5h，污泥浓度4000mg/L，尺寸0.7m×1.8m×3.0m，有效水深

2.5m，池内设有固定填料。好氧池停留时间 8.57h，尺寸 0.8m×1.8m×3.0m，有效水深 2.5m；污泥浓度为 4000mg/L，污泥负荷为 0.075kg BOD_5/(kg MLSS·d)；池内有辫带式固定填料，池底设置盘式微孔曝气器（DN200）1 套；曝气风机 1 台；沉淀池表面负荷为 $0.6m^3/(m^2 \cdot h)$，尺寸 0.6m×1.2m×3.0m。除磷池停留时间 1h，尺寸 0.6m×0.6m×1.76m；定期重力排泥至污泥干化池，定期投加除磷剂。过滤池表面积为 $0.3m^2$，尺寸 0.5m×0.6m×2.3m，设置反冲洗水泵 1 台。清水池停留时间 4.9h，设置在沉淀池、除磷池和设备间底部，充分利用空余空间；尺寸为 1.65m×1.8m×0.7m、0.6m×0.6m×0.7m；出水处设置紫外线消毒器 1 台。

（5）运行效果

经过一段时间的运行发现，进水中 COD_{Cr} 指标值（20～470mg/L）较城镇污水的低，而氨氮（16～210mg/L）、总氮（19～233mg/L）均高出城镇污水；总磷浓度（0.17～12.04mg/L）与常规的城镇污水进水总磷浓度（3.00～10.00mg/L）基本一致。在大部分情况下，COD_{Cr} 与 TN 的比值小于 2.0，这与生物脱氮通常要求的 C/N 比（以 COD_{Cr} 计）大于 4 相差很大。因此，农村生活污水普遍存在以下三个特点：一是进水 COD_{Cr} 浓度低；二是氨氮、总氮浓度偏高，导致碳氮比严重失调；三是水质变化大。

原因可能是农村生活污水排出后均进入化粪池暂存，停留时间较长，导致部分 COD_{Cr} 被厌氧降解；部分农户养殖牲畜，牲畜粪便进入化粪池，使得氨氮和总氮偏高；同时，污水管网大部分从化粪池接出，而农户的大部分清洁用水（如洗衣水、洗菜水、洗碗水等）未接入，因此无法有效稀释粪便污水中的氨氮和总氮浓度，从而导致出水总氮较常规的城镇污水水质偏高。此外，农村平时人口较少，但节假日人口数量会增多，加上部分管网为合流制，雨水可能进入污水站，这些因素共同导致水质、水量变化较大。

经过运行，COD_{Cr}、BOD_5、氨氮、总磷均能达到排放要求，说明好氧池活性污泥降解 COD_{Cr} 的效率较高（80%～90%），降解氨氮的效率也非常高（99%）。磷的去除效率为 80%～90%，但生物除磷效果有限，需要配合化学除磷，这主要是因为未设置厌氧段进行生物除磷，且污泥排放周期长，导致磷易被释放并重新进入水体。

（6）技术经济指标

一体化污水处理设备装机功率为 124.4kW，通过调整运行方式，采用间断进水、间断内回流的方式，日电耗从 45kW 下降到 17kW，节能效果明显。直接运行费用为 27.4 元/d，吨水成本为 2.74 元。其中，电费按照每处理一立方米水所需的电费成本约为 0.6 元（含电量费用）计算，水费按照 2.5 元/m^3 计算，直接运行费用主要包括电费和药剂费。

12.2.2 A/O 和曝气生物滤池 BAF 工艺

（1）工程名称：安徽某镇污水处理工程

本工程为安徽省某镇村污水收集处理工程，主要负责对该村庄的 560 户约 1700 人的生活污水进行收集与处理。工程量主要包括化粪池 560 座、清扫井 560 座、污水主管网约 2100m，以及 1 座集中处理设备，其最大处理规模为 150m^3/d。最终出水水质达到了《城镇污水处理厂污染物排放标准》（GB 18918—2002）中的一级 A 标准。

（2）设计要点

该项目生活污水设计进水、出水水质见表 12-9。

表 12-9 生活污水设计进水、出水水质

项目	COD/(mg/L)	BOD_5/(mg/L)	NH_3-N/(mg/L)	TN/(mg/L)	TP/(mg/L)	SS/(mg/L)	pH 值
进水水质	300	150	40	55	4	140	6～9
出水水质	≤50	≤10	≤5	≤15	≤0.5	≤10	6～9

(3) 工艺流程与说明

污水处理工艺流程如图 12-10 所示。

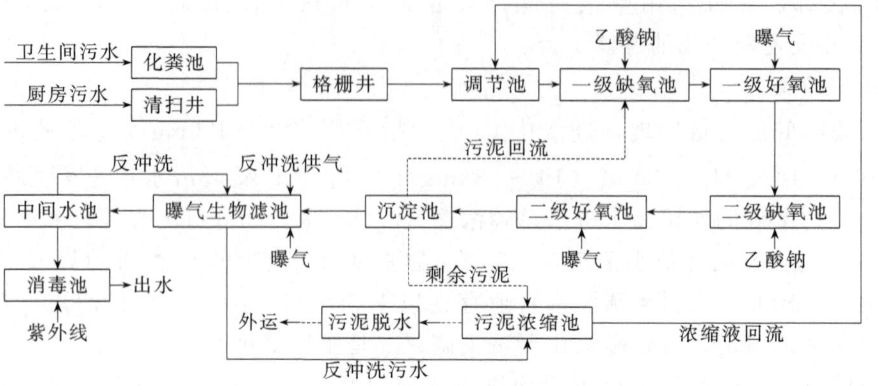

图 12-10 污水处理工艺流程

村民家中卫生间排放的污水进入化粪池，连同厨房污水经格栅后进入调节池，再提升至一级缺氧池（A）、一级好氧池（O）、二级缺氧池（A）、二级好氧池（O）、沉淀池、曝气生物滤池（BAF）、消毒池处理系统依次处理。其中，沉淀池回流部分污泥至一级缺氧池，剩余污泥经浓缩、脱水后外运处置，浓缩液则回流继续处理。曝气生物滤池的反冲洗水来源于处理后的出水，反冲洗后的污水进入浓缩池处理。浓缩液返回调节池。最后，处理水经紫外线消毒后达标排放。

本工艺取消了传统硝化液内回流，从而降低了建设和运行成本。在此反应过程中，污水能与不同填料负载的微生物充分接触并降解。其中，缺氧池和好氧池均安装有改性组合填料，增加了生物量，提高了脱氮除磷效率。

曝气生物滤池（BAF）内设有沸石和硫铁复合填料，不仅能快速降解有机物，还能发生硝化反应去除氨氮，同时利用硫铁自养反硝化进行脱氮，并实现化学除磷。BAF 具有占地面积小、处理效率高、可耐冲击负荷、不会产生污泥膨胀等优点。

(4) 主要构筑物及设备

设计流量均为 150m^3/d，各构筑物均为 1 座。生化反应池中均有填料，适当投加乙酸钠作为反硝化碳源，有助于改善生物除磷过程，从而确保脱氮除磷效率。构筑物主要参数见表 12-10。

表 12-10 构筑物主要参数

构筑物名称	结构尺寸/m	有效容积/m^3	材料	配套设备及措施
调节池	3.5×3.5×3.7	42.90	地下式钢筋混凝土	提升泵 2 台(1 用 1 备)
一级缺氧池	2.0×4.5×3.2	27.00	玻璃钢材质	投加适量乙酸钠
一级好氧池	2.5×4.5×3.2	33.75	玻璃钢材质	配套曝气风机 2 台(1 用 1 备)
二级缺氧池	1.8×4.5×3.2	24.30	玻璃钢材质	投加适量乙酸钠
二级好氧池	2.2×4.5×3.2	29.70	玻璃钢材质	配套曝气风机 2 台(1 用 1 备)
沉淀池	2.0×4.5×3.2	27.00	玻璃钢材质	回流泵 2 台(1 用 1 备)

续表

构筑物名称	结构尺寸/m	有效容积/m^3	材料	配套设备及措施
曝气生物滤池	2.5×2.5×7.5	43.75	半地下式钢筋混凝土	曝气风机 2 台(1 用 1 备)； 反冲洗水泵 2 台(1 用 1 备)； 反冲洗风机 2 台(1 用 1 备)
污泥浓缩池	1.0×1.5×1.5		半地下式钢筋混凝土	

（5）运行效果

采用两级 A/O-BAF 组合工艺对安徽省某镇 150m^3/d 生活污水进行处理，实际运行效果见表 12-11。由表中数据可知，出水各项指标优于《城镇污水处理厂污染物排放标准》（GB 18918—2002）中的一级 A 标准。

表 12-11　实际运行效果一览表

项目	COD/(mg/L)	NH_3-N/(mg/L)	TN/(mg/L)	TP/(mg/L)	SS/(mg/L)	pH 值
实际进水	227.5	29.8	45.2	3.1	82.0	7.19
实际出水	20.2	2.1	13.8	0.39	4.0	7.23
去除率/%	91.1	93.0	69.5	87.4	99.0	—

（6）技术经济

本工程总投资额为 4700 万元。其中，化粪池施工单价约为 2000 元/座，清扫井施工单价约为 115 元/座，管网建设单价约为 480 元/m，集中处理设备建设费用约为 90 万元/座。根据这些单价和数量，最终得出该村庄总建设费用约为 309 万元。

运行费用主要包括电费、人工费和药剂费。其中，日电耗（每立方米处理水所需）约为 147kW·h，电价为 0.565 元/(kW·h)，电费折算为 0.664 元/m^3；人工费为 0.27 元/m^3，表示每立方米处理水所需的人工成本；药剂主要为乙酸钠，总投加量为 50mg/L，单价为 2 元/kg，根据投加量和单价计算，药剂费为 0.1 元/m^3。

综上所述，运行费用总计约为 1.03 元/m^3，表明每立方米处理水的总运行费用较低。

12.3　垃圾渗滤液处理

12.3.1　UASB、高级氧化和循环活性污泥法的组合工艺

（1）工程名称：合肥市某生活垃圾卫生填埋场垃圾渗滤液处理工程

合肥市某生活垃圾卫生填埋场总库容为 1720×10^4 m^3，周边 1000m 范围内无居民区或人畜供水点。渗滤液产生量约为 600m^3/d，根据城市气候、垃圾成分及排放去向的不同，渗滤液处理的控制指标或要求也有所不同。垃圾渗滤液处理后满足间接排放限值。

（2）设计要点

合肥市某生活垃圾卫生填埋场渗滤液产生量约为 600m^3/d，设计进水水质见表 12-12；卫生填埋场渗滤液设计出水水质要求符合二级水质标准，见表 12-12。

表 12-12　卫生填埋场渗滤液设计进水、出水水质

项目	COD/(mg/L)	BOD_5/(mg/L)	NH_3-N/(mg/L)	SS/(mg/L)	pH 值
设计进水水质	6000	3000	800	600	6～7.5
设计出水水质	≤300	≤150	≤25	≤200	6～9

（3）工艺流程与说明

基于该垃圾填埋场渗滤液的特点及经济考虑，工艺流程采用了以升流式厌氧污泥床（UASB）、高级氧化 FEO 反应器、氨吹脱、循环活性污泥系统（CASS）为主体的处理工艺。其中，FEO 反应器具有氧化能力强、反应速度快等优点，与传统的生物处理法如厌氧生物处理法、好氧生物处理法相结合，效果会更佳，而且还能降低污水处理运行成本。FEO 反应器以特殊配比的铁、碳、活性剂、催化剂为原料，进行微电解、氧化还原、混凝吸附等反应，多种混合协同反应使 FEO 反应器具有较高的净化能力。

垃圾填埋场滤液处理工程工艺流程如图 12-11 所示。

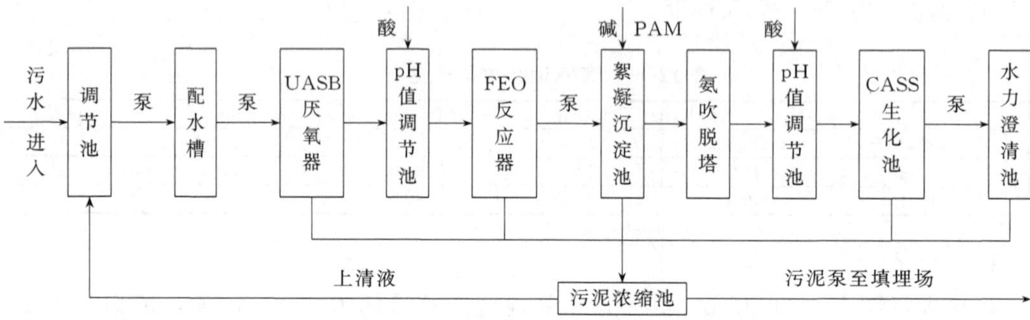

图 12-11 垃圾填埋场滤液处理工程工艺流程

垃圾填埋过程中产生的渗滤液经集液管进入调节池后，用抽水泵提升至 UASB 反应器，再进入 FEO 反应器，然后经过混凝沉淀和氨吹脱处理，进入 CASS 生化池进行生物处理。最后，经过水力循环澄清池处理及消毒后排放。污泥经后续处理后送垃圾填埋场填埋。

（4）运行效果

设计处理效果之所以优越，是因为该工艺采用了多种成熟工艺的组合，各工艺之间能够取长补短。通过合理的设计以及借鉴已有的垃圾渗滤液处理工程经验，工艺的处理效果将会更加显著。主要工艺的处理设计效果详见表 12-13。

表 12-13 主要工艺的处理设计效果

项目	COD/(mg/L)	BOD_5/(mg/L)	SS/(mg/L)	NH_3-N/(mg/L)
进水	6000	3000	600	800
配水槽出水	4123	1933	402	714
UASB 反应器出水	1649	786	321	428
FEO 反应器出水	825	517	223	326
氨吹脱出水	762	469	201	72
CASS 生化池出水	169	108	138	31
最终出水	150	98	125	23

垃圾渗滤液处理厂运行结果表明，该工艺运行十分平稳。处理后，各项出水水质指标均达到设计要求。垃圾渗滤液处理效果见表 12-14。

表 12-14 垃圾渗滤液处理效果

日期	进水/(mg/L)				出水/(mg/L)			
	COD	BOD_5	NH_3-N	SS	COD	BOD_5	NH_3-N	SS
1月	10213	4604	1197	687	196	142	19.3	191

续表

日期	进水/(mg/L)				出水/(mg/L)			
	COD	BOD_5	NH_3-N	SS	COD	BOD_5	NH_3-N	SS
2 月	9630	4343	1246	682	262	140	17.9	186
3 月	6572	3286	1291	665	232	134	19.1	180
4 月	8052	3704	1314	654	193	139	21.5	176
5 月	7527	3455	1291	673	267	137	24.1	181
6 月	10246	4610	1527	657	289	141	22.2	179
7 月	7965	3664	1579	661	195	136	21.7	187
8 月	6320	3286	1580	676	212	135	24.5	185

(5) 技术经济指标

工程投资：垃圾填埋场垃圾渗滤液处理厂占地约 10000m^2，工程总投资 1000 多万元，其中设备投资为 550 万元，土建投资为 500 万元。

运行费用如下：通过估算动力费、人工费、药剂费、维护费和折旧费，每吨渗滤液的处理费用总计约为 13.01 元。此外，还应加上后处理费用，因此每吨渗滤液的总处理费用约为 15.50 元。这一处理费用在行业内通常被认为是合理的。

(6) 工程总结

色度高、难生化、含重金属离子是垃圾渗滤液处理难的重要原因，FEO 反应器较好地解决了这一技术难题。

为了保证 FEO 铁碳微电解设备的正常运行，防止出现填料床板结、铁粉钝化及失活等问题，采用粒径为 10～20mm 的粗铸铁颗粒，再按体积比例与粒径同样大小的焦炭颗粒混合装填反应柱。由于粒径大，空隙率也大，废水通过的阻力较小，从而避免了填料板结问题的出现。

很多垃圾渗滤液处理站采用水解（酸化）-UASB-CASS 处理工艺，但运行后 CASS 出水波动较大。这主要是因为垃圾渗滤液中游离氨氮含量较高，对生化处理系统中的微生物有一定的毒害作用，抑制了其生长。本工艺设置了氨吹脱塔，并在调节 pH 值之前增加了混凝工序，以去除渗滤液中的有机胶体，提高 $CaCO_3$ 和 $Mg(OH)_2$ 的沉淀效率等，同时还能去除一部分重金属离子、油类、其他不溶性物质以及相当多的 SS、COD、色度、氰化物和硫化物等，从而有效避免了塔内结垢问题，保证了后续生化处理的稳定性。

本工艺采用多元组合工艺，进而避免了单一工艺只能在某一水质指标上取得较好处理成效，而对其他污染因子处理效果不理想的弊端。该工艺对渗滤液实现了分级、分步处理。从运行结果来看，由于各工艺能够取长补短，提高了系统运行的稳定性和可靠性，增强了系统对水质变化的适应能力，因此确保了出水各项指标均达到排放标准的要求，为填埋场后期渗滤液的处理提供了可靠的保障。该工艺符合生活垃圾填埋场渗滤液处理工程的技术要求，采用了一种预处理＋生物处理＋深度处理＋后处理的工艺组合方式。

在实际操作中，由于多次加酸加碱，这种操作会导致水中盐度增加。因此，建议将氨吹脱后的废水回流一部分作为微电解后中和、絮凝、氨吹脱的碱源，从而有效控制盐度增加，减少用碱量，进而降低药剂费用。此外，对厌氧反应器应进行加盖处理，这样不仅可以有效收集沼气加以利用，而且还能对厌氧反应器起到一定的保温作用。

12.3.2 A/O、Fenton和BAF的组合工艺

（1）工程名称：湖南省某垃圾填埋场渗滤液处理工程

该垃圾填埋场面积为 $6.4\times10^4m^2$，容积为 $330m^3$。垃圾渗滤液成分十分复杂，存在大量难生物降解的、有毒有害的有机物和无机物。根据以往经验，设计采用两级 A/O-Fenton-BAF 工艺对垃圾渗滤液进行处理。

（2）设计要点

设计处理量为 $80m^3/d$，设计垃圾渗滤液进水水质见表 12-15。渗滤液处理后出水水质执行《生活垃圾填埋场污染控制标准》（GB 16889—2024）中的排放标准，即 COD≤100mg/L，NH_3-N≤25mg/L，色度≤40 度，SS≤30mg/L。

表 12-15 设计垃圾渗滤液进水水质

项目	范围	平均值	设计值
BOD_5/(mg/L)	800～2500	1200	2500
COD/(mg/L)	1200～4500	2000	5000
SS/(mg/L)	300～500	400	500
NH_3-N/(mg/L)	300～1000	500	1200
pH 值	6～8	6.5	7.5

（3）工艺流程与说明

由于该垃圾填埋场距污水处理厂较远，需要建设独立的处理厂进行处理，因此对出水要求较高。垃圾填埋场渗滤液处理工艺流程如图 12-12 所示。

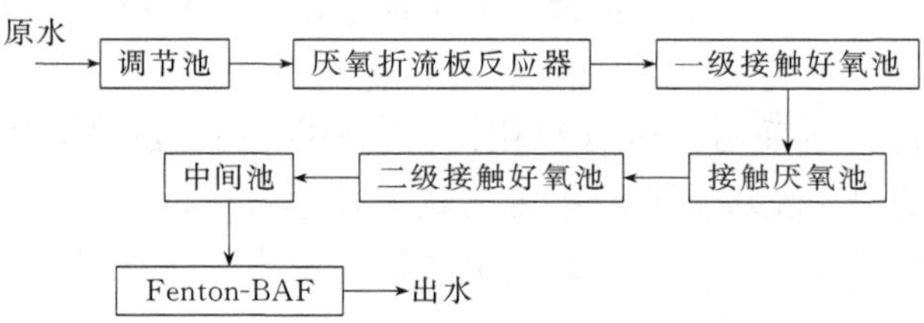

图 12-12 垃圾填埋场渗滤液处理工艺流程

渗滤液进入调节池后，经提升泵提升至两级 A/O 系统中，两级 A/O 系统由厌氧折流板反应器（ABR）、一级接触好氧池、接触厌氧池和二级接触好氧池组成，该工序可以降低有机负荷和氨氮负荷，去除大部分 COD 和氨氮。渗滤液经过预处理和生化处理后，其残留的有机物为极难生物降解的有机物。本工程采用“Fenton 高级氧化＋曝气生物滤池（BAF）工艺”，其中 Fenton 高级氧化作为预处理工艺，用于提高废水的可生化性，随后废水进入两级上向流 BAF 进行深度处理，从而确保达标排放。

（4）运行效果

从运行情况和监测的数据看，生化系统对渗滤液的 COD 去除率在 50%左右。由于在 ABR 反应器中，大部分可生化降解的 COD 都被降解，因此后续的一级好氧、接触厌氧和二级好氧处理效率相对较低。然而，在生化系统中，经过好氧硝化反应，氨氮的去除率可以达到 90%左右，且该生化系统耐冲击负荷能力强。

深度处理的去除结果表明，Fenton 氧化法对 COD 有 90%左右的去除率，出水 COD 浓

度约为 150mg/L。同时，该方法提高了废水的可生化性，使得后续的 BAF 中，COD 和氨氮得到进一步去除。在二级 BAF 中，COD 浓度降至 100mg/L 以下，大部分时间甚至低于 50mg/L；而氨氮的浓度则控制在 2mg/L 以下，大部分时间低于 1mg/L。此外，此工艺对色度、SS 也有较好的去除效果。最终，出水水质达到了《生活垃圾填埋场污染控制标准》(GB 16889—2024) 中的排放标准。

12.4 餐饮废水处理

(1) 工程名称：山东省某餐饮公司高浓度餐饮废水处理工程

餐饮废水来自餐饮业，主要为洗菜水、餐饮器具清洗水和卫生清洁排水。其含有大量有机物，包括食物残渣、动植物油、蛋白质、纤维素等。此外，因餐饮业普遍使用洗涤剂，故废水中还含有大量的磷。同时，餐饮废水具有排放集中、排放水量水质变化大的特点。

(2) 设计要点

餐饮废水中 COD 含量高，水质中含油量高、悬浮物多，并含有氮、磷营养物质。经处理后，出水水质应达到《城市污水再生利用 城市杂用水水质》(GB/T 18920—2020) 标准，回用于道路清扫和绿化。设计的进水、出水水质见表 12-16。

表 12-16　设计的进水、出水水质

项目	COD_{Cr}/(mg/L)	BOD_5/(mg/L)	悬浮物/(mg/L)	总磷/(mg/L)	氨氮/(mg/L)	油/(mg/L)
进水	800～2500	400～1300	1500～4200	2.8～6	20～35	30～150
出水	≤50	≤20	≤70	≤0.5	≤15	≤10

(3) 工艺流程与说明

采用隔油、水解酸化、多级接触氧化、混凝沉淀、过滤工艺对餐饮废水进行处理，出水消毒后用于绿化和道路清洗。该企业废水量为 25m³/d，按照水量的 1.2 倍，即 30m³/d 进行设计。餐饮废水处理工艺流程如图 12-13 所示。

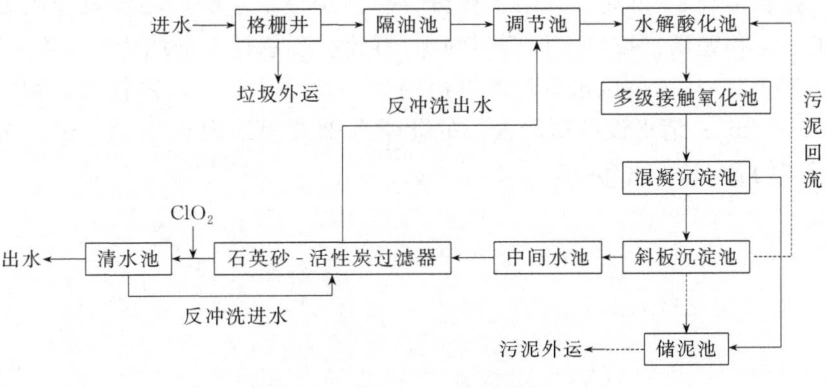

图 12-13　餐饮废水处理工艺流程

该工程中的各构筑物介绍如下。

① 格栅是为了去除 5mm 以上的垃圾、食物残渣等。

② 隔油池的作用非常重要，餐饮废水必须先去除油脂，以确保后续构筑物的处理效率。

③ 调节池可均衡水质和水量，采用地下钢筋混凝土结构，有效容积为 $30m^3$。

④ 水解酸化池是利用厌氧微生物对废水中的大分子有机物进行水解，提高废水的可生化性。HRT 为 8h，采用地下钢筋混凝土结构。

⑤ 多级接触氧化池分为 4 级，内置填料，尺寸为 8m×2.5m×3m，配有 2 台罗茨鼓风机曝气。

⑥ 混凝沉淀池中投加混凝剂和阳离子型聚丙烯酰胺（PAM），进一步去除含油有机物。

⑦ 斜板沉淀池占地面积小，沉淀效率高，并配有污泥泵两台，用于排泥和污泥回流。

⑧ 采用石英砂-活性炭过滤器以进一步减少悬浮物，确保出水达标。

（4）运行效果

在系统运行前期，进水 COD_{Cr} 稳定在 1400mg/L 左右。随着填料挂膜的成功，至第 9 周时，出水 COD_{Cr} 降至 100mg/L 以下。系统自第 10 周起稳定运行，在此期间启动了石英砂-活性炭过滤器，出水水质达到了《城市污水再生利用 城市杂用水水质》（GB/T 18920—2020）的标准。系统运行 17 周后的情况如图 12-14 所示。

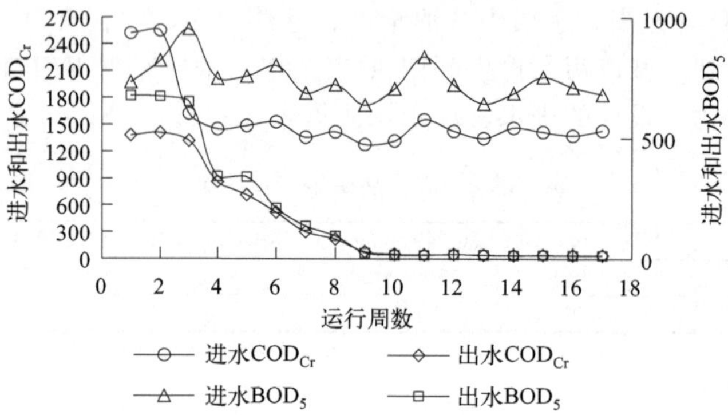

图 12-14 COD_{Cr} 和 BOD_5 的进水、出水浓度变化

（5）技术经济指标

本项目基建费用约 12 万元；其余工程设计、通用设备定购、环保及专用设备制作及采购、电气施工、工程调试、技术培训费用约 15 万元。日总耗电量约为 60kW·h，按照电价为 0.78 元/(kW·h) 计，单位水量耗电费用约为 1.56 元/m^3；所需投加的絮凝剂及助凝剂费用约为 0.25 元/m^3；消毒设备所需投加的化学药剂费用约为 0.07 元/m^3。因此，处理系统直接运行成本约合 1.88 元/m^3。

第 13 章

典型工业废水处理技术案例及分析

13.1　SBR 法对高浓度含磷工业废水的处理

（1）工程名称：青岛某工业园区工业废水处理工程

青岛某镇工业园区对污水处理厂进行选址，占地面积为 4500m^2，收集的废水为工业园区及周边村庄污水。设计规模为 3000m^3/d，其中工业废水约占 2/3。

（2）设计要点

废水处理设计水量为 3000m^3/d，出水排放到南侧温凉河，河道水质保护目标严格执行《地表水环境质量标准》（GB 3838—2002）中的Ⅳ类标准。经多次论证后确定出水水质执行《城镇污水处理厂污染物排放标准》（GB 18918—2002）中的一级 A 标准，其中 COD_{Cr}、BOD_5、氨氮和 TP 也执行《地表水环境质量标准》（GB 3838—2002）中的Ⅳ类标准。

设计进水水质为：COD 550mg/L，BOD_5 250mg/L，SS 400mg/L，氨氮 45mg/L，TN 65mg/L。设计出水水质为：COD≤30mg/L，BOD_5≤6mg/L，SS≤10mg/L，氨氮≤1.5mg/L，TN≤15mg/L，TP≤0.3mg/L。

（3）工艺流程与说明

工艺流程分为三部分：第一部分是预处理单元；第二部分是生物处理单元；第三部分是深度处理单元。废水处理工艺流程如图 13-1 所示。

本项目一共有三股废水：第 1 路废水量约为 300m^3/d，其中含有大量难降解污染物；第 2 路是重力流污水；第 3 路是来自配套管网提升泵站的污水。

预处理单元包括格栅、旋流沉砂池、总调节池和初沉池，用于去除大的无机颗粒，均化水质和水量。

生物处理单元利用微生物的代谢作用使污染物降解去除。本项目废水 B/C 的比值为 0.45，表明可生化性较好。BOD_5/TN 的比值为 3.85（实际值），小于要求的 5（标准值），因此需要添加碳源。BOD_5/TP 的比值为 31.25，大于 17，故能满足生物除磷的要求。

生物处理单元工艺选择了脱氮除磷效果好的改良型 AAO＋AO 工艺。该工艺的特点是进水可以分两点进入厌氧池（A 池）和缺氧池（A 池），运行灵活。经过两级反硝化后的污泥回流至厌氧池，避免了富含的硝酸盐对生物除磷产生不利影响。两点进水不仅保证了厌氧池中的聚磷菌能够利用有机物充分释磷，还能避免缺氧池因碳源不足而导致氮的去除率不高。

深度处理单元工艺包括高效沉淀池、臭氧氧化塔、砂滤罐和接触消毒池。臭氧氧化装置利用臭氧的强氧化能力，将难生物降解物完全氧化为 CO_2 和 H_2O，不仅能保证出水 COD 稳定达标，还能去除部分细菌和病毒等微生物，有效地降低后续消毒剂的投加量。

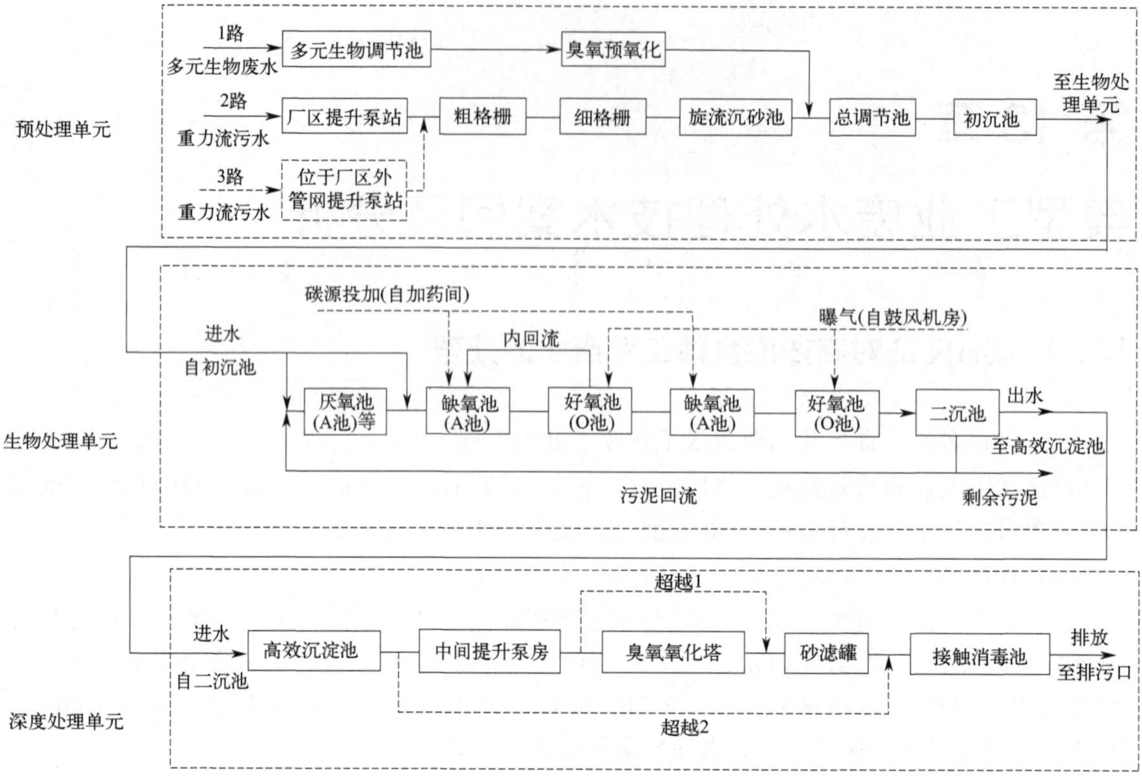

图 13-1 废水处理工艺流程

(4) 运行效果

主要处理单元设计去除效果见表 13-1。

表 13-1 主要处理单元设计去除效果 单位：mg/L

参数	COD_{Cr}	BOD_5	SS	氨氮	TN	TP
进水平均值	469	246	244	41.8	55.7	6.16
出水平均值	17	2.21	4.14	0.17	7.25	0.08
出水标准	30	6	10	1.5(2)	15	0.3
去除率/%	96.4	99.1	98.3	99.6	87	98.7

由表 13-1 中的数据可见，虽然进水水质波动较大，但系统处理效果很稳定。主要污染物 COD_{Cr}、氨氮、TN、TP 的平均去除率分别为 96.4%、99.6%、87.0%、98.7%，出水水质均优于设计标准。

(5) 项目总结

本项目废水水质、水量波动大，1 路废水为工业废水，约占总水量的 2/3，含有大量难降解污染物。出水水质为准Ⅳ类，出水标准高。用地面积极为紧张，因此对 3 路废水进行分质处理。采用臭氧氧化法处理 1 路废水，可首先去除其中的难降解污染物。

由于面积较小，综合生物池采用方形池体，与初沉池、二沉池合建以节省占地面积和成本，同时减少了管道铺设，使池体更加紧凑。改良型 AAO+AO 工艺脱氮除磷效果好，抗冲击能力强，特别适用于占地面积较小且对脱氮除磷有较高要求的项目。

深度处理单元采用高效沉淀池＋臭氧催化＋砂滤＋接触消毒的组合工艺，确保出水稳定且运行成本较低，适用于工业废水占比高、出水标准要求高的工业园区污水处理厂。

13.2 纺织印染废水处理及再生利用

（1）工程名称：江西省某印染废水处理工程

江西省某印染厂主营各种针织布、纺织布、梭织布及丝绸的染色及印花业务，产生的废水主要分为染整废水和印花废水，主要污染物为染整、印花过程中所使用的染料、表面活性剂等化学药剂。废水处理规模为 $1.2\times10^3 m^3/d$，出水要求达到《纺织染整工业水污染物排放标准》（GB 4287—2012）中表 2 的直接排放标准。

（2）设计要点

根据该企业提供的水量，日处理量为 $2400m^3$，设计进水水质：COD 1000mg/L，BOD_5 350mg/L，SS 500mg/L，氨氮 20mg/L，色度≤500 倍，pH 值为 9～10。设计出水水质：COD_{Cr} ≤80mg/L，BOD_5≤20mg/L，SS≤50mg/L，氨氮≤10mg/L，色度≤50 倍，pH 值为 6～9。

（3）工艺流程与说明

该厂印染废水的处理采用“混凝沉淀＋水解酸化＋生物接触氧化＋强氧化剂脱色”工艺。印花废水处理工艺流程如图 13-2 所示。

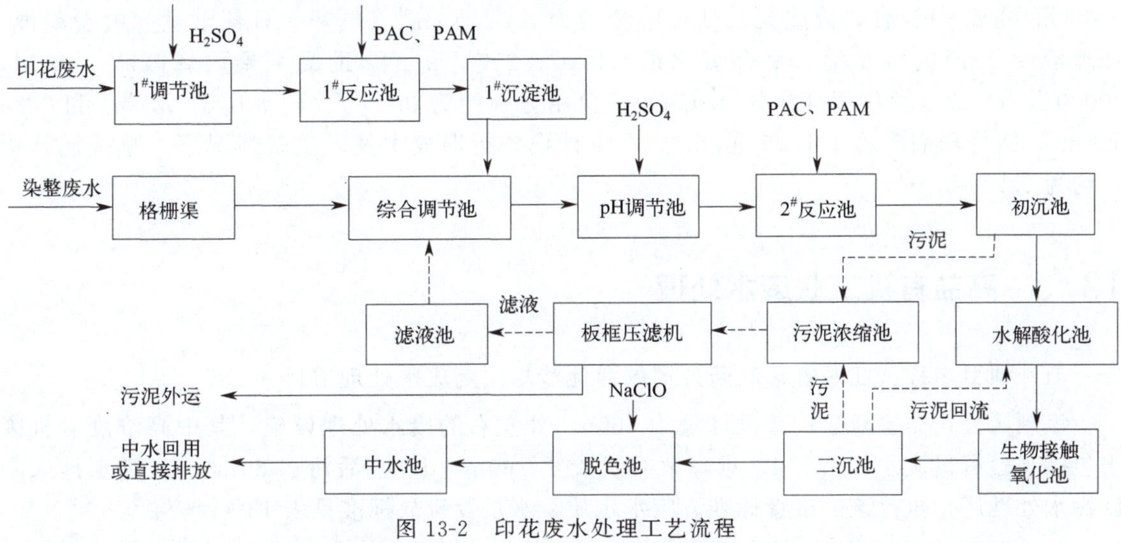

图 13-2　印花废水处理工艺流程

整个工艺分为以下三个阶段。在第一阶段，印花废水经 1# 调节池、1# 反应池、1# 沉淀池，通过混凝沉淀去除水中的悬浮纤维并降低色度后，流入综合调节池与染整废水混合；混合废水经综合调节池、pH 调节池、2# 反应池、初沉池，再次通过混凝沉淀去除废水中的悬浮物，完成第一阶段的混凝沉淀。第二阶段即生化处理阶段，出水流入水解酸化池和接触氧化池。在水解酸化池，利用产酸菌的生物酶将难生物降解的染料、助剂等复杂高分子物质水解为易生物降解的有机酸等小分子物质，提高废水的可生化性；再自流至生物接触氧化池，利用填料上的生物膜及活性污泥，对废水中的有机污染物进行高效降解。在第三阶段，出水经二沉池泥水分离、脱色池脱色、消毒后进行回用或直接排放。

污泥经污泥浓缩池浓缩、板框压滤机脱水，形成的泥饼外运，滤液和污泥浓缩池的上清液流入综合调节池进行重新处理。部分生化污泥定期回流至水解酸化池。

（4）运行效果

处理系统建成后，运行一直稳定，处理效果良好，出水水质能够达到《纺织染整工业水污染物排放标准》（GB 4287—2012）表 2 的标准。废水系统运行数据见表 13-2。

表 13-2 废水系统运行数据

构筑物	指标	出水水质/(mg/L)	去除率/%	构筑物	指标	出水水质/(mg/L)	去除率/%	构筑物	指标	出水水质/(mg/L)	去除率/%
调节池	COD_{Cr}	950	5	水解酸化池	COD_{Cr}	342	59.4	二沉池	COD_{Cr}	68	15
	BOD_5	338	3.4		BOD_5	220	23.9		BOD_5	18	28
	SS	472	5.6		SS	85	36.6		SS	43	40.3
	氨氮	19.5	2.5		氨氮	13.6	21.4		氨氮	6	4.8
	色度/倍	490	2		色度/倍	230	25.8		色度/倍	45	35.7
混凝反应池、沉淀池	COD_{Cr}	843	11.3	接触氧化池	COD_{Cr}	80	76.6	总去除率	COD_{Cr}	93.2	
	BOD_5	289	14.5		BOD_5	25	88.6		BOD_5	94.9	
	SS	134	73.2		SS	72	15.3		SS	91.4	
	氨氮	17.3	11.3		氨氮	6.3	53.7		氨氮	70	
	色度/倍	310	36.7		色度/倍	70	21.8		色度/倍	91	

（5）技术经济指标

废水处理系统正常运行后，处理量 $1.2\times10^3m^3/d$，日耗电量约 1800kW·h，电费以 0.68 元/(kW·h) 计，因此废水处理电费约为 1.02 元/m^3（电费＝日耗电量×电费单价/处理量）；药剂包括混凝剂聚合氯化铝（PAC，2500 元/t）、助凝剂聚丙烯酰胺（PAM，20000 元/t）以及脱色剂（10% NaClO），费用分别约为 0.36 元/m^3、0.51 元/m^3 和 0.38 元/m^3，折合药剂费总计 1.25 元/m^3。在不计设备折旧成本及人工费情况下，直接运行费用约为 2.27 元/m^3。

13.3 高盐有机工业废水处理

（1）项目名称：江西省某制药公司的西他沙星制药废水处理项目

该制药公司需要新建一套设计量为 $300m^3/d$ 左右的废水处理设施，其中高浓度有机废水包括高盐有机废水 $10m^3/d$，难降解有机废水 $260m^3/d$，生活污水 $30m^3/d$。废水排入园区污水处理厂，执行该厂接管标准。废水水质、水量及排放标准见表 13-3。

表 13-3 废水水质、水量及排放标准

项目	水量/m^3	COD/(mg/L)	NH_3-N/(mg/L)	Cl^-/(mg/L)	SS/(mg/L)
高盐有机废水	10	8865	646	12325	1200
难降解有机废水	260	5357	261	—	700
生活污水	30	250	200	120	200
排放标准	6～9	350	150	50	100

（2）设计要点

废水主要来自以苯系物、原甲酸三乙酯、盐酸和氯化钠等为原料的合成、过滤、提炼、精制等工艺过程，以及残液回收、清洗设备和提取纯水等产生的排水，这些废水中含有高浓度、难降解、毒性大的苯系有机物，且盐分高，含有大量 Cl^-。为降低成本，在使用生化技术处理废水前，采用物化预处理工艺去除盐分和毒性有机物，再与企业的生活污水混合处理，最终确定了 MVR（机械蒸汽再压缩）＋Fe/C 微电解＋Fenton 法＋UASB＋A/O＋BAF 组合工艺。

（3）工艺流程与说明

西他沙星制药废水处理工艺流程见图 13-3。

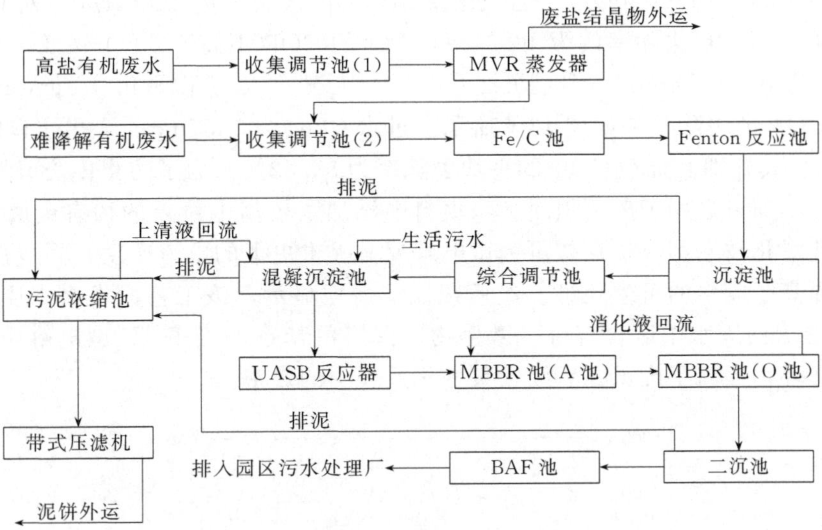

图 13-3　西他沙星制药废水处理工艺流程

① MVR 蒸发阶段　将企业产生的高盐有机废水与难降解有机废水分别处理。高盐有机废水进入收集调节池（1），经过酸碱中和后进入 MVR 蒸发器，得到废盐结晶物，作为危险固废送至有资质的企业处置。蒸发脱盐后的冷凝液还含有部分有机物，由泵打入收集调节池（2），再进入难降解有机废水处理系统。由于高浓度 Cl^- 会严重腐蚀蒸发器，因此 MVR 蒸发设备采用了钛合金材料。

② Fe/C 微电解＋Fenton 法＋混凝沉淀处理阶段　难降解有机废水从收集调节池（2）出水，由泵进入 pH 值调节池，投加一定浓度的稀硫酸调节 pH 值至 3.5 左右；再经 Fe/C 微电解、Fenton 高级氧化进行预处理。在 Fe/C 微电解反应池中，铁（Fe）/碳（C）构成微电解体系，进而发生微电解反应，产生羟基自由基等活性基团。这些活性基团将废水中复杂的难降解的杂环类、苯系物等氧化成单链有机物，有效降低了废水的生物毒性，提升了废水的可生化性。处理完的废水自流到综合调节池，在综合调节池内加入园区生活污水，一起流入混凝沉淀池；在混凝沉淀池中加入混凝药剂 PAC 和助凝剂 PAM，去除废水中的 SS 和少部分不溶解有机物。混凝沉淀后出水进入 UASB 反应器。

③ UASB＋A/O＋BAF 生化处理阶段　在进入 UASB 反应器前，利用厂区生产工艺的锅炉蒸汽余热对废水进行预热，使得废水温度保持稳定（不低于 28℃）。在 UASB 反应器中，废水与厌氧污泥充分混合，在厌氧微生物的作用下，高浓度有机废水得到有效处理。随后，废水进入 A/O 池处理。A/O 池中有填料，采用生物接触氧化法，填料上长有生物膜，可提高池内的微生物浓度，有利于有机物降解和脱氮。处理后出水先进入二沉池沉淀，再进入曝气生物滤池（BAF）池，以去除微小悬浮物，保证出水水质达到标准。

将上述工艺中的沉淀池、混凝沉淀池以及二沉池所产生的剩余污泥送至污泥浓缩池，污泥浓缩后经带式压滤机脱水，产生的泥饼外运处置。

（4）运行效果分析

该制药废水厂的处理设施建成后经过近5个月的调试，待系统稳定后，对各处理单元进水、出水水质进行了为期两个月的监测。

① MVR蒸发器运行工况　通过对Cl^-和COD去除效果的监测可知，MVR蒸发器进水Cl^-浓度为11000～13000mg/L，经处理后出水Cl^-均值约为428mg/L，对Cl^-的平均去除率达96.94%，COD去除率约为40.51%，出水的COD不高于6000mg/L。

② Fe/C微电解＋Fenton＋混凝沉淀系统运行工况　Fe/C微电解＋Fenton反应阶段对工艺废水中COD的去除效果如图13-4所示。进水COD为5357mg/L，出水口的COD均值为3423mg/L，其处理系统对COD的平均去除率为38.82%。为了防止传统填料发生板结和钝化等现象，本项目选用了新型填料。该填料中添加了较高电位差的稀有金属合金催化剂，并采用了微孔活化技术制成，这样可为微电解反应提供更大的电流密度，同步强化了苯环的开环反应，提高了废水的可生化性。经后期监测数据显示，该工艺段出水水质的B/C值不低于0.45，这表明废水中所含有毒、微生物难降解的苯系物经Fe/C微电解＋Fenton工艺可得到有效开环，提高了废水在后续厌氧生化处理中的效率。

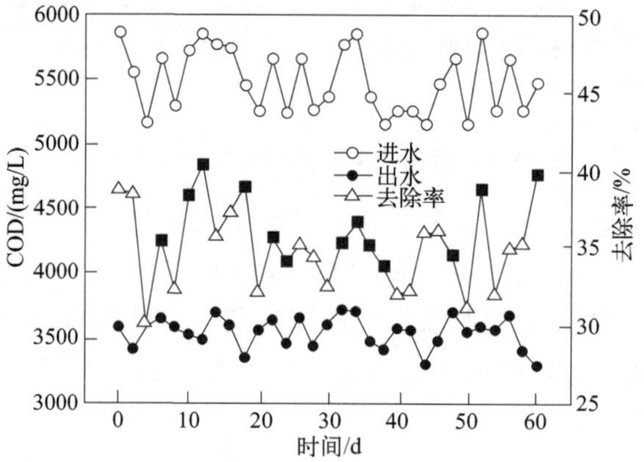

图13-4　Fe/C微电解＋Fenton反应阶段对工艺废水中COD的去除效果

③ UASB池＋A/O＋BAF生化工艺运行工况　物化预处理结束后的高盐有机废水和低盐难降解有机废水与生活污水均质混合后，进水COD均值为3345mg/L，处理后出水COD均值为305.5mg/L。整个生化处理系统对COD的去除率不低于90%，这表明经过物化预处理后的高盐有机废水和难降解有机废水有良好的可生化性。

由于经预处理后的废水仍含有一定量的硫酸盐，故在实际反应过程中会影响反应池中COD的降解效果。而pH值会影响UASB池中硫在液相中的状态，当pH为弱碱性时，在厌氧条件下，硫酸盐被还原为HS^-或S^{2-}存在于废水中。因此，为保证厌氧池的处理效果，降低硫酸盐对降解反应的抑制作用，在混凝沉淀池后段投加NaOH，以保证废水进入UASB池的pH值不小于8。由于A/O池都分别投加了一定比例的改性生物悬浮填料，为了防止池子末端填料随水流冲走，在O池的出水口采用格栅拦截，再随着回流液回流到A池前端，可减少填料的损失，更经济实用。UASB池和A/O池接种的污泥来源于该工业园区污水处理厂的二沉池，这些污泥具有较强的耐盐性和耐毒性，能够适应高盐度和含有难降解有机物的废水环境。

西他沙星生产废水处理系统经过三个月的专业调试后达到稳定运行的状态。对比园区污水处理厂接纳标准，系统末端出水水质优于该标准，可排入园区污水处理厂进一步深化处理。虽然废水中有机物浓度数值波动较大，但通过本工艺处理后，水中的 COD 值降解到 340mg/L 以下，表明该套处理工艺耐冲击负荷能力较强，具有良好的 COD 去除效果。

（5）技术经济指标

本工程总投资为 719.4 万元，其中包括设备、材料及安装调试费用 451.3 万元，土建工程费用 268.1 万元。总运行功率为 1408.5kW，考虑电价为 0.6 元/(kW・h)，基于特定的运行时间和处理水量，电费成本约为 2.82 元/m^3。人员编制 2 人，基于每人每月的工资和总处理水量，人工费用约为 0.56 元/m^3。药剂费为 2.46 元/m^3，填料耗损费为 0.40 元/m^3。运行费用合计为 6.24 元/m^3（不含设备折旧费用）。

13.4　化工废水处理

（1）工程名称：精细化工废水处理工程

江苏省某精细化学公司是一家生产电子用高科技化学品及精细化工助剂的企业，占地面积约 1000m^2，日处理能力 80m^3/d。出水水质要求达到《污水综合排放标准》（GB 8978—1996）中的三级排放标准。

（2）工程概况

该企业原采用水解酸化和好氧串联工艺，原处理量为 60m^3/d，COD 平均为 3000mg/L。但随着公司生产规模的扩大，废水量增加，水质波动变大，有机物浓度增高，导致处理难度加大。需要对原有工艺进行改造，以确保出水水质达到《污水综合排放标准》（GB 8978—1996）中的三级排放标准，然后进入园区污水处理厂进一步处理。

（3）设计要点

设计水量确定为 80m^3/d。废水特点是水质波动大（2000～30000mg/L）、pH 值波动大（4～12）且盐分多，需要先预处理再进入生化系统。设计的进水、出水水质见表 13-4。

表 13-4　设计的进水、出水水质

污染物	COD_{Cr}/(mg/L)	BOD_5/(mg/L)	pH 值	SS/(mg/L)	色度/倍
进水浓度(平均值)	≤6000	≤2000	7～9	≤500	≤300
排放要求	≤500	≤300	6～9	≤400	≤100

（4）工艺流程与说明

精细化工废水处理工艺流程如图 13-5 所示。该企业原来工艺为接触氧化池＋好氧池。随着废水量增加，同时 COD 增加、水质波动加剧，需要对原有工艺进行改造。改造后的工艺流程如图中虚框所示。

综合废水先进入调节池和混凝气浮池进行预处理。进入调节池后，对 COD 和 pH 值进行调配，实现水质、水量的均质均量，再进入混凝气浮池。先投加 PAC 和 PAM 药剂进行混凝反应后，废水进入气浮池去除悬浮颗粒，可去除部分有毒有害有机物，减少对生化系统的冲击。气浮池出水进入生化系统，包括水解酸化池和好氧池。在水解酸化池中，经过厌氧菌的水解作用，废水的可生化性得到提高。出水再进入好氧池，进一步去除有机物。经二沉池沉降后，出水达标排放。

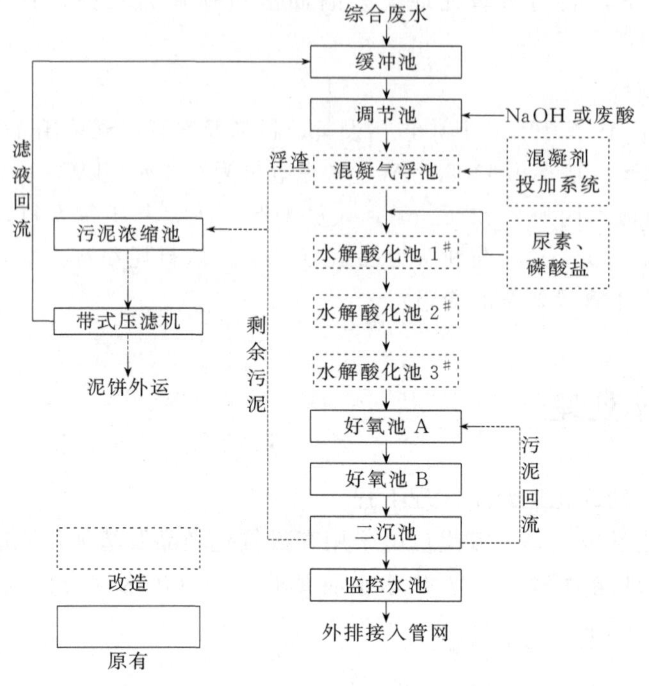

图 13-5 精细化工废水处理工艺流程

在二沉池中，除一部分剩余污泥回流至好氧池外，另一部分剩余污泥排入污泥浓缩池和带式压滤机。经浓缩、脱水后形成的泥饼外运。浓缩池上清液和压滤水回流至缓冲池继续处理。

(5) 运行效果

工艺改造后，对其处理效果进行了跟踪监测，出水水质达到《污水综合排放标准》(GB 8978—1996) 中的三级排放标准。废水处理效果见表 13-5。

表 13-5 废水处理效果

序号	项目	进水 COD_{Cr} 平均浓度/(mg/L)	COD_{Cr} 累计去除率/%
1	原水	5578	
2	混凝气浮池	5273	5.47
3	水解酸化池 1#	4663	16.40
4	水解酸化池 2#	3798	31.91
5	水解酸化池 3#	2898	48.05
6	好氧池 A	1141	79.54
7	好氧池 B	158	97.15
8	出水	142	97.45

对混凝气浮池、水解酸化池的出水 B/C 值进行考察，发现 B/C 值提高了 48%，这说明改造后的工艺能有效提升废水的可生化性，有利于后续好氧工艺的处理。

(6) 技术经济指标

技术经济指标由以下几项组成。

① 电费　总耗电量 703.20kW·h/d。按照电费 0.80 元/(kW·h) 计算，折算的单位水处理费用为 7.03 元/m^3。

② 人工费　兼职管理员 1 名，折算的单位水处理费用为 1.00 元/m^3。

③ 药剂费　改造前约为 0.30 元/m^3，改造后新增费用估算为 0.50 元/m^3，改造前后共计约 0.80 元/m^3。

④ 设备维护费　改造前设备维护费用为 2.80 万元/a，新增设备维护费用估算为 2.0 万元/a，折算的单位水处理费用为 1.64 元/m^3。

由上述费用可知，直接运行总费用约为 10.47 元/m^3。

13.5　含重金属工业废水处理

(1) 工程名称：含重金属的电镀废水处理工程

(2) 工程概况

某大型军工厂内设有电镀车间，主要镀种包括镀铜、镀铬、镀镍、镀金和镀银等。电镀过程中产生含铬废水、含氰废水和酸碱重金属废水。其中，含铬废水来自镀铬、钝化等工序清洗水，排放量为7t/h；主要污染物为Cr^{6+}，浓度为10～40mg/L，pH 值为 4～6。含氰废水来自氰化镀银、氰化镀铜等镀后清洗工序，排放量为 4t/h，主要污染物为 CN^-，浓度为20～30mg/L，pH 值为 7～9。酸碱重金属废水来自生产线的镀件酸碱前处理、清洗工序及清槽排水，主要污染物为酸、碱、金属离子（如 10～20mg/L Cu^{2+}、10～20mg/L Zn^{2+}、10～20mg/L Ni^{2+}）及悬浮有机物和油等，排放量为 20t/h，pH 值为 3～6。

(3) 设计要点

设计废水进水水质指标为：含铬废水 Cr^{6+} 浓度为 30mg/L，pH 值为 4；含氰废水 CN^- 浓度为 30mg/L，pH 值为 9；酸碱重金属废水指标为 Cu^{2+} 20mg/L、Zn^{2+} 20mg/L，Ni^{2+} 20mg/L，pH 值为 3。处理后出水应满足《污水综合排放标准》(GB 8978—1996) 中第一、二类污染物一级标准的最高允许排放浓度要求。

含铬废水、含氰废水和酸碱重金属废水的处理工艺有多种，通常对这几种废水分别进行处理，工艺复杂，工程造价高；也有将含铬废水、含氰废水和酸碱重金属废水先混合再进行处理的，但工艺控制较难，目前应用很少。

(4) 工艺流程与说明

含铬、含氰废水分别自流进入含铬、含氰废水调节池，调节水量、均衡水质后，分别用提升泵提升送入还原反应器和破氰反应器中。经还原反应器和破氰反应器处理后的水都排入混合废水调节池中，与酸碱重金属废水进行混合。将混合废水提升送至碱化反应器，随后流至絮凝反应器进行絮凝反应。反应完后，废水排至沉淀器（斜管沉淀池）中进行沉淀。沉淀池出水进入高效过滤器进行过滤，过滤器出水用 H_2SO_4 调节至 pH 值 <9 后排放。沉泥经污泥提升泵送入板框压滤机脱水，滤饼外运，滤液返回混合废水调节池。

电镀废水处理工艺流程见图 13-6。

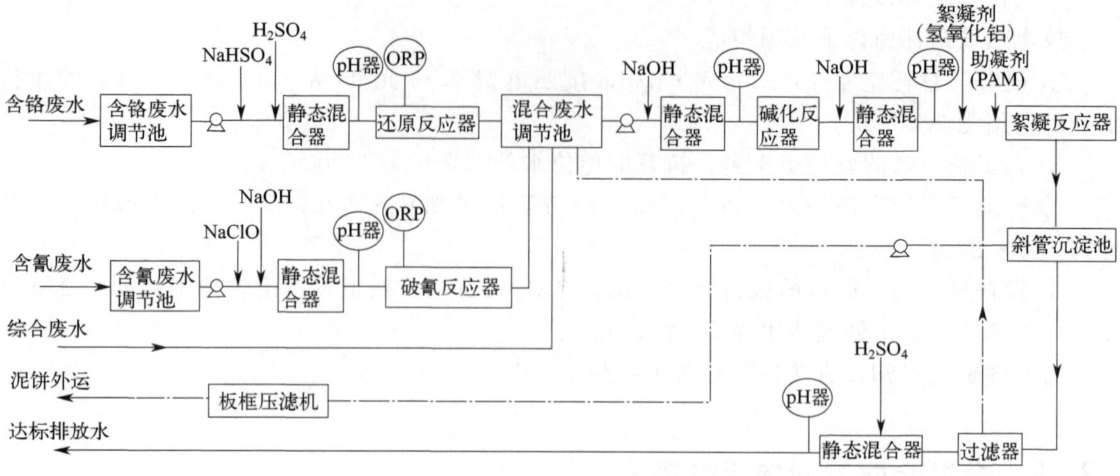

图 13-6 电镀废水处理工艺流程

含铬废水进入含铬废水调节池，然后送至还原反应器中。还原反应器中需要先加 H_2SO_4 调 pH 值至 2～3，再加 $NaHSO_3$ 还原剂将 Cr^{6+} 还原成 Cr^{3+}，两种药剂分别通过静态混合器混合后进入还原反应器，最后加 NaOH 调 pH 值至 8～9 使之形成沉淀。化学反应式如下：

$$2H_2Cr_2O_7+3H_2SO_4+6NaHSO_3 = 2Cr_2(SO_4)_3+3Na_2SO_4+8H_2O \tag{13-1}$$

$$Cr_2(SO_4)_3+6NaOH = 2Cr(OH)_3\downarrow+3Na_2SO_4 \tag{13-2}$$

当含氰废水进入含氰废水调节池，均衡水质后，先加 NaOH 将 pH 值调至 10～11，再加 NaClO 将 CN^- 氧化生成碳酸盐和氮气。化学反应式为：

$$2NaCN+4NaClO+2NaOH = 2Na_2CO_3+H_2\uparrow+N_2\uparrow+4NaCl \tag{13-3}$$

酸碱重金属废水采用碱性沉淀法：先加 NaOH 将 pH 值调至 8.5～9.5，反应 10min，沉淀 30min，生成重金属的氢氧化物沉淀；在沉淀后的出水中加 H_2SO_4 调 pH 值至满足排放要求。化学反应式为：

$$Cu^{2+}+2OH^- = Cu(OH)_2 \tag{13-4}$$

$$Ni^{2+}+2OH^- = Ni(OH)_2 \tag{13-5}$$

$$Zn^{2+}+2OH^- = Zn(OH)_2 \tag{13-6}$$

（5）主要构筑物及设备

处理工艺构筑物主要参数见表 13-6。

表 13-6 处理工艺构筑物主要参数

设备	数量	尺寸/m	控制条件
含铬废水调节池	1 座	4.60×2.98×3.00	—
含氰废水调节池	1 座	2.70×2.98×3.00	—
混合废水调节池	1 座	6.00×4.00×3.00	—
破氰反应器	2 套	1.00×0.70×3.00	pH 值 10～11；反应时间 1h；氧化还原电势 400～700mV
还原反应器	2 套	1.00×1.20×3.00	pH 值 2～3；反应时间 30min；氧化还原电势 500mV
碱化反应器、沉淀池、过滤器	2 套	3.20×2.00×3.00	碱化反应器中 pH=9，反应时间 10min；沉淀器（斜管沉淀池）中沉淀 30～40min

（6）运行效果

该工艺采用的是传统的化学法，技术成熟、操作简单、效果稳定可靠，能承受大水量和高浓度负荷的冲击，综合考虑了含氰废水、含铬废水以及酸碱重金属废水的性质，简化了处理工艺。整个处理过程所用设备较少、造价低。同时，将氧化反应器和还原反应器建在一起，并将碱化反应器、絮凝反应器和沉淀池合建在一起，使整个处理工艺更加紧凑，施工及操作管理方便，占地面积小。pH 值和氧化还原电位（ORP）自动控制仪表通过传感器对各个处理环节实现自动控制，确保废水治理能够稳定进行。

根据现场结果，处理后出水中 Cr^{6+}、Ni^{2+} 浓度分别为 0.41mg/L 和 0.60mg/L，CN^{-}、Cu^{2+}、Zn^{2+} 浓度分别为 0.35mg/L、0.44mg/L、1.00mg/L 等，可以满足《污水综合排放标准》（GB 8978—1996）中所规定的第一类和第二类污染物一级标准的排放要求。

第 14 章

城镇污水处理厂的运行管理

能够达标排放，除了需要合适的技术工艺和先进的设备外，还需要合理的运行管理。目前我国城镇污水处理厂普遍存在污水处理能耗高，导致实际的污水处理成本较高，污水再生利用率较低，造成我国水资源大量浪费等问题。这些问题的出现都与污水厂的运行管理有关。除了缺乏专业技术人员外，缺乏专业的运行管理指导也是重要原因。面对日趋完善的国家和地方监管机制以及不断提高的水质排放标准，提升运行管理水平已成为污水处理厂未来发展的大趋势。

污水厂的运行管理，除了建立标准、规范运行体系外，还需要对工艺的精细运行和设备的精细维护，即目前提出的精细化管理概念，将精细化管理贯穿于污水处理厂运行管理的各个环节。即必须以专业化为前提、技术化为保证、数据化为标准、信息化为手段，努力达到零浪费（严格控制成本）、零超标（工艺稳定运行）、零故障（设备维护保养）、零事故（安全健康环境）、零异味（现场整洁有序）。

要实现精细化管理，除了制定一些相关的规章制度、提高基层员工的工作积极性、定期组织老员工开展专业技术培训外，从技术角度看，污水厂精细化管理的实操主要体现在污水处理工艺系统技术运行管理、关键水质指标及处理构筑物的运行管理、进水异常的运行管理、水质指标化验管理、运行成本管理和成本控制等方面。

14.1 污水处理工艺系统技术运行管理

2007 年，太湖蓝藻暴发事件促使全国城镇污水处理厂普遍执行《城镇污水处理厂污染物排放标准》（GB 18918—2002）中的一级 A 类水质标准（简称一级 A 标准）。据不完全统计，截至 2019 年底，全国共有 2913 座城镇污水处理厂执行一级 A 标准，约占全国城镇污水处理厂总数的 53.2%，一级 A 标准已成为国内城镇污水处理厂执行更广泛的排放标准。

根据污水厂的运行工艺，主要应管理好预处理系统、生化处理系统和深度处理系统。预处理系统指的是生化处理系统前的处理工艺，包括进水泵房、沉砂池、初沉池。生化处理系统是整个污水厂处理工艺的核心，是采用活性污泥法或生物膜法的工艺系统。深度处理系统则是生化处理系统后的过滤、沉淀、消毒等处理单元或工艺。

对于预处理系统，需要重点管理和关注以下内容：

① 进水泵是否有提升效能，大小泵匹配情况和自控水平，以及应对水量波动的能力；

② 格栅级配是否合理，细格栅及超细格栅的拦截效能，是否返混回渣；

③ 沉砂池的实际水力停留时间或表面水力负荷是否合适，能否有效出砂，以及砂水分离器的运行效果；

④ 初沉池/初沉发酵池/厌氧水解池的运行状态是否正常，泥龄/排泥时间的控制是否合

理，以及进水、出水水质的改善情况；

⑤ 进水泵出口、沉砂池跌水区、初沉池的出水堰等区域是否存在跌水复氧现象。

对于生化处理系统，需要重点管理和关注以下内容：

① 对功能区布局管理　关注水力停留时间、进水点及内外回流点的布置、设备仪表点位及运行现状，确保工艺流程顺畅；

② 对功能区的可调节能力管理　根据处理需求，灵活调整好氧区供气量、内外回流泵流量、分点进水及流量等；

③ 对活性污泥的性能管理　定期检测厌氧释磷、反硝化、硝化和耗氧速率、反硝化除磷能力、MLVSS/MLSS、污泥容积指数（SVI）等指标，确保活性污泥处于最佳状态；

④ 对氮、磷去除效能管理　通过进水水质检测数据及分析，掌握进水水质特性、功能区工艺参数、活性污泥能力情况，有效管理生物系统的氮、磷去除效果及优化潜力；

⑤ 完成模拟实验，定期进行碳源投加强化反硝化、化学除磷药剂投加等模拟实验，验证并优化处理效果。

对于深度处理系统，需要重点管理和关注以下内容：

① 根据各功能区的布局及其污染物去除目标，分析各功能区运行效果，确保达标排放；

② 开展主要功能区生产性测试与监督，根据功能区污染物去除目标对水质指标进行分析检测和监督，一旦发现异常，立即启动相应措施或应急预案；

③ 开展模拟实验，针对溶解性 COD、色度、TP、SS 等关键指标，开展高级氧化、活性炭等深度处理技术的模拟实验验证。

目前我国城镇污水厂的处理工艺多数采用 AAO 工艺。为了达到一级 A 类水质标准，污水厂在运行过程中需要特别关注 COD、TN、NH_3-N、TP 这些关键水质指标的数值。

城镇污水中的 COD 主要包括溶解性快速生物降解有机物、溶解性难生物降解有机物、悬浮性可生物降解有机物，以及悬浮性难生物降解有机物等类型。其中，溶解性难生物降解有机物是影响出水稳定达标的主要因素。下面简要介绍这些成分及其影响。

14.1.1　溶解性快速生物降解有机物指标管理

对于溶解性快速生物降解有机物的 COD 指标管理，主要体现在以下方面。

（1）降低预处理系统碳源损耗

① 减少水力停留时间，降低碳源损耗。

② 提高初沉池泥位，强化水解发酵，保留碳源。

③ 减少跌水复氧，降低 DO 值对碳源的损耗。

（2）提高生物处理系统碳源利用效率

① 优先满足厌氧池生物释磷的碳源需求。

② 碳源不足时，需权衡其对释磷和脱氮过程的影响。

14.1.2　溶解性难生物降解有机物指标管理

对于溶解性难生物降解有机物的 COD 指标管理，主要体现在如下方面。

（1）强化源头控制

控制好进水，尽量避免难降解的有机物通过排水管道系统进入城镇污水厂。对于一些难降解的工业废水，应通过专门的工业废水处理工艺进行处理，达到接管标准后再进入城镇污水厂进行处理。

(2) 强化生物处理系统去除效果

① 对于活性污泥系统，通过控制排泥量、提高污泥浓度和增大泥龄来优化处理效果。

② 对于生物膜系统，通过投加生物填料并利用生物膜法来延长生物泥龄，从而提高处理效率。

(3) 强化深度处理系统去除效果

① 采用混凝、沉淀、过滤等工艺。

② 采用活性炭等物理截留吸附工艺。

③ 采用（催化）臭氧氧化、Fenton 等高级氧化工艺。

④ 采用高级氧化＋物理吸附等工艺组合。

14.1.3 悬浮性可生物降解有机物指标管理

对于悬浮性可生物降解有机物的 COD 指标管理，主要体现在如下方面。

(1) 降低预处理系统碳源损耗

① 减小水力停留时间，降低碳源损耗。

② 提高初沉池泥位，强化水解发酵，保留碳源。

③ 减少跌水复氧，降低 DO 值对碳源的损耗。

(2) 提高生物处理系统碳源利用效率

保障缺氧区容积占比，充分利用慢速碳源。

(3) 强化深度处理系统去除效果

通过采用混凝、沉淀、过滤等工艺实现。

此外，针对悬浮性难生物降解有机物，可采用厌氧水解、初沉或初沉发酵等方法，进一步强化预处理系统的截留和水解过程，以提高其去除能力。

14.1.4 降低出水 TN 与 TP 含量以实现达标排放

目前我国城镇污水厂的处理工艺运行过程中遇到的主要问题是出水 TN 和 TP 含量偏高，这两项指标是最难达到排放标准的，因此在运行过程中需要特别关注这两项指标。

14.1.4.1 降低出水 TN 含量以实现达标排放

城镇污水中的 TN 主要包括有机氮、氨氮和硝态氮。其中，氨氮和硝态氮的运行管理最为关键，且处理难度最大，相比之下，有机氮的去除较为容易。通常，需要控制好预处理系统中的沉砂池、初沉池等主要构筑物的去除效率，这些构筑物可通过沉淀方法去除部分有机氮。此外，有机氮能在活性污泥系统中被转化为氨氮，并通过生物除氮方法去除；在深度处理系统中，还可通过吸附、混凝沉淀或高级氧化等方法进一步去除有机氮。

氨氮的去除，主要是提高硝化阶段的效率，通过硝化菌将氨氮最终转化为硝态氮，为后续反硝化做好准备，通过生物脱氮使出水 TN 指标达到一级 A 类水质标准。氨氮去除的运行管理主要体现在以下方面。

① 优化运行技术

a. 可通过增大好氧区活性污泥浓度，提高生物系统的好氧泥龄，有效增加硝化菌总量；

b. 可通过提高 DO 值，提升系统硝化能力；

c. 有过渡区时，按照好氧区运行，并延长好氧区水力停留时间。

② 投加生物填料，如在好氧区中投加悬浮填料，以增加硝化菌总量，从而提高系统硝化能力及稳定性。

③ 通过制定应急预案或应急措施，以应对可能出现的异常情况，必要时在好氧区投加硝化菌种或进行污泥接种，或在出水中投加次氯酸钠（注意防范生态风险）。

硝态氮的运行管理难度也较大，只有提高硝态氮的去除效率，才能确保出水 TN 达标。硝态氮的运行管理主要体现在以下方面。

（1）强化生物系统脱氮

① 保证缺氧区容积足够大，因缺氧区水力停留时间不宜低于 4h。若缺氧区容积不够，可考虑取消初沉池并改为预缺氧池。若缺氧区碳源不足，可投加外部碳源，如乙酸、乙酸钠等。

② 控制内回流混合液的 DO 值，可在好氧区内回流点前设置消氧区，以降低内回流 DO 值对缺氧区反硝化脱氮的影响。

③ 若进水中 BOD_5/TN 值偏低，则可增加外部碳源投加量，或增加内回流比以提升脱氮效能。

④ 设置后缺氧区，可通过投加适量外碳源提高脱氮能力。

（2）深度处理工艺系统中的脱氮

① 当生物系统脱氮无法稳定达标时，可控制深度处理系统的反硝化滤池，提高反硝化脱氮效率；

② 应结合生物系统脱氮效果和二沉池出水硝态氮浓度，动态调整反硝化滤池的碳源投加量，防止因过量投加而导致出水 COD_{Cr}、BOD_5 浓度上升或超标。

14.1.4.2　降低出水 TP 含量以实现达标排放

城镇污水中的 TP 也是大多数城镇污水厂难达标的指标之一。城镇污水中的 TP 主要为磷酸盐，部分污水厂进水中有少量有机磷。TP 的运行管理主要是针对无机的磷酸盐。TP 的去除主要是生物除磷和辅助的化学沉淀，主要有以下方面。

（1）生物除磷

① 通过设置预缺氧区和分点进水，降低进入厌氧区的硝态氮浓度和 DO 值，保证厌氧环境，提高厌氧释磷能力；

② 合理控制好氧区 DO 值，保证好氧吸磷效果。

（2）化学协同除磷

① 除磷药剂一般投加在生物系统末端或二沉池配水井；

② 根据出水磷酸盐和 TP 浓度，调控除磷药剂投加量，从而避免长期过量投加影响生物除磷能力。

（3）后置化学除磷

① 当出水 TP 小于 0.2mg/L 时，需要提高后置化学除磷效率，在混凝沉淀工艺中增加化学沉淀药剂的投加量。若有气浮工艺，则需要增加投药量和气固比。

② 可改进混凝沉淀工艺，如选用磁絮凝等具有强化絮凝沉淀效果的工艺。

14.2 关键水质指标及处理构筑物的运行管理

14.2.1 根据出水关键水质指标的要求进行的运行管理

上述已提及，城镇污水厂处理城市污水的水质指标中，难度最大的是 TN 和 TP 两项指标，TN 指标还包括氨氮和硝态氮。与这些关键水质指标有关的运行管理如下。

(1) 氨氮指标的运行管理

① 检查生物池溶解氧是否存在明显异常情况，可通过在线仪表监测，同时使用便携式溶氧仪进行测定。如果溶解氧偏低，应通过增加曝气量来提高其浓度。

② 检查生物池污泥浓度是否明显下降，如有下降，应减少剩余污泥排放量，以维持生物池中的活性污泥量。此外，还可以通过增加外回流量来适当提高污泥浓度。

③ 检查进水、出水的 pH 值和碱度，以判断碱度是否满足硝化反应的要求。

④ 如果进水异常导致生物池的硝化作用受到抑制，此时应增加外回流量，减少进水量，并在必要时增加内回流量，以降低进水中有毒物质对生物系统的冲击。

⑤ 在冬季，如果气温下降导致出水氨氮浓度上升，应将生物池的溶解氧浓度控制在较高水平。

⑥ 检查进水情况，如果发现进水氨氮浓度超过设计值，应予以关注，并在必要时启动相应的预警措施或应急处理方案。

(2) TN 指标的运行管理

① 日常运行过程中，应定期检查缺氧段的反硝化环境是否合理，主要检查指标包括 ORP（氧化还原电位）、DO 值、硝态氮浓度以及 pH 值等。影响出水 TN 浓度的因素包括进水 TN 浓度以及生物系统反硝化作用的充分发挥程度等。当出水 TN 浓度持续超过设定限值时，应立即采取措施进行处理，并持续跟踪监测。

② 应定期检查出水氨氮浓度，一旦发现出水氨氮浓度偏高，应立即采取措施，将其降低到规定的合格水平。

③ 应检查缺氧段的 ORP 和 DO 值，若发现其值偏高，应适当降低或调整内回流比或生物池末端的溶解氧水平。

④ 应检查缺氧段出口的硝氮浓度。若其浓度过低，则表明内回流比可能偏小，此时可以逐步增大内回流比，并持续监测缺氧段出口的硝氮浓度；若其浓度过高，则表明内回流比可能偏大，导致带入过多的溶解氧，进而消耗了碳源，降低了反硝化效果，此时应适当降低内回流比。

(3) TP 指标的运行管理

① 检查出水情况，观察是否存在较多的悬浮物。若存在，应判断是否为二沉池泥位过高或除磷药剂投加量不足所导致，并检查沉淀池（包括排泥系统、斜管等）的运行情况，根据检查结果采取相应的处理措施。若二沉池出现翻泥现象，应根据实际情况减少该池的进水量，并适当增大外回流量。

② 检查生物池上清液的 TP 浓度是否偏高。若偏高，需检查生物除磷效果，主要关注厌氧段的 ORP、DO 值、pH 值等指标，以及 BOD/TP 比值是否在合理范围内，并通过工

艺调整来尽量确保生物除磷效果。

③ 检查生物系统的污泥龄情况。若污泥龄偏高，应适当增大排泥量，以降低污泥龄。

14.2.2 根据处理构筑物的要求进行的运行管理

为了达到一级 A 类水质标准，城镇污水厂一般采用三级处理工艺系统，与主要构筑物有关的运行管理内容如下。

（1）格栅

① 加强对格栅的维护管理，减少压滤液和污泥浓缩池上清液进入格栅的情况，降低堵塞及频繁反洗概率；

② 检查喷嘴及冲洗水压，确保冲洗效果，并适当提高冲洗频率；

③ 人工用高压水枪清扫鼓面，必要时手工清除堵塞物。

（2）沉砂池

① 曝气式沉砂池水力停留时间宜不低于 9min，曝气系统宜单独控制，以优化和调节曝气量；

② 应重点关注吸砂机和砂水分离器的运行维护；

③ 旋流式沉砂池设计表面水力负荷宜为 $100\sim150m^2/(m^2\cdot h)$，尽量选择搅拌转速可调节的旋流式沉砂池，并结合出砂情况进行合理调控；

④ 根据进水水量调节沉砂池的运行数量，并优化曝气方式和曝气管角度。

（3）初沉池

① 应适当提高初沉池表面负荷，缩短水力停留时间，降低碳源损耗。以生活污水为主的污水处理厂，水力停留时间宜不超过 1h，必要时可缩短至 0.5h；

② 检查冲洗管路，停水维护时可进行排泥管冲洗，防止污泥板结；

③ 实际进水 SS 较低（小于 150mg/L）或初沉池出水 BOD_5（或 COD_{Cr}）出现较大幅度降低时，在特定条件下，可部分或全部绕过初沉池的处理步骤。

（4）生物处理系统构筑物

生物处理系统常见的有 AAO 系列、氧化沟系列、SBR 系列等。生物处理系统一般具备独立的空间或时间功能分区（预缺氧、厌氧、缺氧、好氧）。预缺氧区的主要功能是去除回流污泥中的硝态氮，消除硝态氮对厌氧释磷的不利影响，一般设置在厌氧区前；厌氧区的主要功能是厌氧释磷，保障生物除磷效果；缺氧区的主要功能是反硝化脱氮；好氧区的主要功能是生物合成、有机物去除、硝化反应和好氧吸磷。生物处理系统的运行模式可调控，运行参数和效果可监控，便于运行管理，具体要求如下。

① 预缺氧区

a. 管理和控制预缺氧区的水力停留时间为 0.5～1.5h，进水比例为 0～30%，DO 值小于 0.2mg/L；

b. 控制预缺氧区末端硝态氮不超过 1.5mg/L，以保障厌氧区生物释磷环境；

c. 预缺氧区的进水和污泥回流点应避免出现跌水现象，以防止复氧情况的发生，从而降低碳源的损耗；

d. 定期检测预缺氧区的硝态氮浓度，以评估其运行效果。

② 厌氧区

a. 管理和控制厌氧区设计水力停留时间为1～1.5h，停留时间不宜过长，以避免无效释磷；

b. 控制厌氧区DO值小于0.2mg/L，硝态氮小于1.5mg/L，以降低DO值和硝态氮对厌氧释磷的不利影响；

c. 对于厌氧区配置的氧化还原电位（ORP）在线仪表，应控制ORP值小于－250mV；

d. 确保厌氧区的混合搅拌环境良好，搅拌功率密度宜为2～5W/m^3；

e. 定期检测厌氧区的硝态氮和磷酸盐浓度，跟踪分析ORP值，评估厌氧环境和释磷效果。

③ 缺氧区

a. 管理和控制缺氧区的水力停留时间不低于4h，且不超过生物系统停留时间的40%。采用悬浮填料强化硝化或MBR工艺时，缺氧区的水力停留时间应适当延长。控制内回流比为100%～300%。

b. 降低进水和内回流混合液DO值。

c. 控制碳源的投加，优先利用进水中的碳源，必要时投加外加碳源。需要加碳源时按照所需去除硝态氮量的4～5倍（以有效COD_{Cr}计）投加。管理中需要优化控制碳源投加量。

d. 进水碳源充足且缺氧区水力停留时间（HRT）足够时，可调节增加内回流比提高系统脱氮效果；进水碳源不足时，仅增加内回流比无法提高脱氮效率，应投加外碳源。

e. 在缺氧区设置ORP与硝酸盐氮在线仪表，对缺氧区的运行环境进行实时监控。

f. 控制缺氧区的混合搅拌功率密度为2～5W/m^3。

g. 定期检测缺氧区硝态氮浓度，跟踪分析ORP值，评估缺氧区反硝化效果。

④ 好氧区

a. 管理和控制好氧区水力停留时间不低于生物段的50%，DO值在2 mg/L以上；低水温时，通过提高DO值和污泥浓度来增强系统的硝化能力。

b. 实时监控好氧区硝化效果，必要时投加填料以提高硝化效果。

c. 结合进水氨氮浓度变化、水温变化情况等参数动态调整好氧区曝气量。在好氧区后段安装氨氮在线仪表，有效监测硝化效果，指导曝气系统的运行。

d. 定期分析好氧区DO值、氨氮及其他工艺控制指标，评估好氧区效果。

（5）反硝化滤池

① 对工艺的管理和监控　可通过反冲洗污泥的生物镜检，了解生物膜的老化情况，做到尽早发现问题和及时处理；定期检查滤池过水性，定期进行数据对比，定期进行滤头清洗，确保滤池的过水性及反冲洗均匀性，根据季节温度调整反冲洗强度。

② 合理控制反冲洗强度，或在反冲洗过程外加拦截设施。

③ 根据实际二级出水水质进行适当碳源补充，但要注意出水BOD_5的变化。

（6）活性砂滤池

① 定期检查曝气系统，保障气量分配均匀。

② 检查空压机、供气管、控制柜供气是否正常，检查并疏通提砂管。

③ 减少进水量，通过工艺调控降低进水SS；检查滤砂沉降速度是否正常，提砂是否正常；若需要对二级出水投加混凝剂，则尽量减少混凝剂投加量。

14.3 进水异常的运行管理

进水水质和水量的稳定是运行好城镇污水厂、提高处理效率、确保达标排放的关键。根据太湖流域 80 多家城镇污水厂的运行调研数据，绝大多数污水厂都面临进水水质和水量波动大，且与设计值不符的问题。因此，若进水水质和水量与设计值相差较大，需要有相应的管理措施来应对。

14.3.1 进水水质超标的现场处置措施

① 若进水在线监控系统显示进水超标或进水颜色及气味出现异常，应取瞬时水样，对水中 COD、SS、氨氮、TP、pH 值进行监测；核实进水异常情况，确定进水水质是否超标及超标程度。

② 监控进水水质，一旦发现进水中某些指标异常，及时诊断原因；若上游企业污水处理出现异常，立即让上游企业启动企业内部应急预案，禁止上游企业超标废水的外排。

③ COD、SS、氨氮、TP、TN 等指标超出进水设计标准时，需要调整污水处理厂工艺参数，相关应急措施如下。

a. 进水水质轻微超标

ⅰ. COD 超标的措施：提高生物池对有机负荷的去除率，加强溶解氧的监测力度，增加供气量；提高生物池污泥浓度，以提高单位生物池容积的污染物处理能力。

ⅱ. 氨氮超标的措施：调整生物池运行参数，加大曝气量；提高生物池污泥浓度，减少剩余污泥排放量。

ⅲ. TP 超标的措施：调整生物池运行参数，尽量通过生物除磷方式除磷；不达标的磷通过化学除磷措施去除。

ⅳ. SS 超标的措施：加大沉淀池排泥量，加大生物系统外回流比；调整深度处理单元药剂投加量，如高效沉淀池的 PAC、PAM 的加药量；加大高效沉淀池的内循环；水量少时，轮换对高效沉淀池的斜管进行冲洗。

ⅴ. TN 超标的措施：增加碳源投加量。

b. 进水水质严重超标。当进水水质严重超标或 pH 值>10或 pH 值<6或遇到其他严重恶化水质时，可能会导致污水处理系统崩溃，此时可启动应急预案，采用应急溢流方式。

14.3.2 进水水量超标的现场处置措施

进水水量超标现象多出现在暴雨期，或因突发暴雨所致。在收到气象台发布的洪汛内涝灾害预警信号后，应对露天的泵、闸门等设备及时检查，做好设备遮雨措施，确保设备完好无损并正常运转。若已发生暴雨，或当进厂水量突然超出设计处理能力时，应及时汇报、组织救援队伍，条件具备时应启动相应的应急预案或采取应急措施。其他主要措施如下。

① 及时检查各工艺单元的水位，进水量超过设计规模时，应增加泵的开启台数，降低集水井水位，直到所有水泵满负荷运行，加大各处理构筑物进水量，减少工艺停留时间，加大处理 量。

② 当进水量超过污水处理系统的最大处理能力时，向相关管理部门汇报水量超标情况，申请多余水量应急溢流。

③ 在发生暴雨初期时，减少处理水量，加强预处理与一级处理运行设施，提高一级排泥量和排泥频率，适量投加混凝剂。在暴雨后期，雨量大会导致处理构筑物中污水被稀释，COD 下降；应减小曝气量，减少剩余污泥量，降低回流比。

在暴雨季节，雨水冲刷导致大量泥沙进入厂区内，此时应减少处理水量；同时，加强预处理与一级处理设施的运行力度，提高一级排泥量和排泥频率，适量投加混凝剂。

④ 若偷排导致有毒工业废水非法进入，应减少或停止进水抽升；轻度影响时，由于有毒有害物质的抑制首先导致硝化功能异常，氨氮的去除效率下降，从而导致出水氨氮上升，此时需要密切关注生化池溶解氧及出水氨氮情况。

如果生化池溶解氧无下降趋势，说明进水有毒物质在持续影响，此时需要适当减少水量。如果生化池溶解氧有下降趋势，说明进水中有毒物质浓度已经下降，微生物的活性正在逐步恢复，此时需要适当加大曝气量，为微生物恢复提供较好的环境，直到出水氨氮恢复到正常水平。严重影响时生物系统会崩溃，需要在进水恢复正常后重新培养生物系统。

⑤ 若有印染废水排入，因印染废水偏碱性，氨氮较高，因此应减少或停止进水；如有调节池或水解酸化池，可调节 pH 至中性；增加生物系统曝气量；深度处理单元适当投加次氯酸钠。

⑥ 若有油污排入，在沉砂池入水端设置临时隔油装置（吸油毡）；生物处理系统加大曝气量；设法去除二沉池表面浮油。

⑦ 检查生化池、二沉池是否出现浮泥；及时分析化验数据是否超标，检查仪表数据在短时间内是否出现 pH 值突然上升或下降、ORP 突然上升或下降、好氧段 DO 值突然下降或上升、出水氨氮快速上升的情况，或出现其他指标突然上升等异常情况。

14.4 水质指标化验管理

14.4.1 化验内容和频次管理

污水处理厂内污水、污泥和主要运行参数的检测化验工作非常重要，帮助人们实时监管整个污水厂的正常运行。因此，必须规范污水厂日常化验项目。通过这些化验项目，可以及时掌握进水、出水水质和各工艺环节的运行参数，为工艺调整和生产质量控制提供准确的检测数据，保证出水稳定达标。以下是基本化验工作内容，还可根据污水厂处理工艺和规模，增加样品数量和化验频次。

污水厂化验室的基本检测项目和检测方法见表 14-1。

表 14-1 污水厂化验室的基本检测项目和检测方法

序号	检测项目	检测方法
1	化学需氧量	《水质 化学需氧量的测定 重铬酸盐法》(HJ 828—2017)
2	五日生化需氧量	《水质 五日生化需氧量(BOD_5)的测定 稀释与接种法》(HJ 505—2009)

续表

序号	检测项目	检测方法
3	悬浮物(SS)	《水质 悬浮物的测定 重量法》(GB 11901—1989)
4	氨氮	《水质 氨氮的测定 纳氏试剂分光光度法》(HJ 535—2009)
5	总磷	《水质 总磷的测定 钼酸铵分光光度法》(GB 11893—1989)
6	pH 值	《水质 pH 值的测定 电极法》(HJ 1147—2020)
7	总氮	《水质 总氮的测定 碱性过硫酸钾消解紫外分光光度法》(HJ 636—2012)
8	硝酸盐氮	《水质 硝酸盐氮的测定 酚二磺酸分光光度法》(GB 7480—1987)
9	氯化物	《水质 氯化物的测定 硝酸银滴定法》(GB 11896—1989)
10	亚硝酸盐氮	《水质 亚硝酸盐氮的测定 分光光度法》(GB 7493—1987)
11	凯氏氮	《水质 凯氏氮的测定》(GB 11891—1989)
12	碱度	酸碱指示剂滴定法
13	色度	《水质 色度的测定》(GB 11903—1989)
14	粪大肠杆菌	《水质 粪大肠菌群的测定 滤膜法》(HJ 347.1—2018)
15	30min 污泥沉降比(SV_{30})	
16	混合液悬浮固体浓度(MLSS)	《城镇污泥标准检验方法》(CJ/T 221—2023),重量法
17	混合液挥发性悬浮固体浓度(MLVSS)	《城镇污泥标准检验方法》(CJ/T 221—2023),重量法
18	脱水污泥含水率	《城镇污泥标准检验方法》(CJ/T 221—2023),重量法
19	脱色污泥有机组分	《城镇污泥标准检验方法》(CJ/T 221—2023),重量法
20	生物镜检	

污水厂的采样频次和采样点见表 14-2。

表 14-2　污水厂的采样频次和采样点

样品名称	采样点	样品数量	取样容器	采用方法	总量	采样频次
总进水	与出水在线监测取样点一致	≥0.25L/次	具塞硬质玻璃瓶或具塞聚乙烯瓶	水面 1m 以下	≥3L	与进水在线取样点一致,2h/次
总出水	曝气池末端	≥0.25L/次		出水口汇水处	≥3L	与进水在线取样点一致,2h/次
曝气池混合液	污泥回流渠	1L		水面 1m 以下	1L	每日一次
回流污泥	脱水前储泥池	0.5L		水面 0.5m 以下	0.5L	每日一次
脱水前污泥	污泥堆棚间	0.5L		水面 1m 以下	0.5L	每日一次
脱水后污泥		10～50g	自封袋		50g	每日一次

注：1. 除进水、出水为混合均匀样外，其他均为瞬时样品；若有自动采样器，则使用采样器采集进水、出水样。

2. 若储泥池无法取到混合均匀的样品，建议在进泥泵后端管道上加装专门的取样装置。

与表 14-2 有关的标准和文献有：《城镇污水水质标准检验方法》(CJ/T 51—2018)；《城镇污水处理厂污染物排放标准》(GB 18918—2002)；《城镇污泥标准检验方法》(CJ/T 221—2023)；中国标准出版社出版的《中国环境保护标准汇编 水质分析方法》；中国环境出版集团出版的《水和废水监测分析方法（第四版）增补版》。

14.4.2 检测项目

(1) 进水

进水的检测非常重要。采样位置应与进水在线监测取样点一致。采样频次及采样量为每日 12 次，每次至少 0.25L。12 个水样混合为 1 个水样。进水检测项目及检测方法见表 14-3。

表 14-3 进水检测项目及检测方法

检测周期	序号	检测项目	检测方法
每日	1	化学需氧量	《水质 化学需氧量的测定 重铬酸盐法》(HJ 828—2017)
	2	五日生化需氧量	《水质 五日生化需氧量(BOD_5)的测定 稀释与接种法》(HJ 505—2009)
	3	悬浮物	《水质 悬浮物的测定 重量法》(GB 11901—1989)
	4	氨氮	《水质 氨氮的测定 纳氏试剂分光光度法》(HJ 535—2009)
	5	总磷	《水质 总磷的测定 钼酸铵分光光度法》(GB 11893—1989)
	6	pH 值	《水质 pH 值的测定 电极法》(HJ 1147—2020)
	7	总氮	《水质 总氮的测定 碱性过硫酸钾消解紫外分光光度法》(HJ 636—2012)
每周	1	硝酸盐氮	《水质 硝酸盐氮的测定 酚二磺酸分光光度法》(GB 7480—1987)
	2	氯化物	《水质 氯化物的测定 硝酸银滴定法》(GB 11896—1989)
	3	碱度	酸碱指示剂滴定法
每月	1	阴离子表面活性剂	《水质 阴离子表面活性剂的测定 亚甲蓝分光光度法》(GB 7494—1987)
	2	动植物油	《水质 石油类和动植物油类的测定 红外分光光度法》(HJ 637—2018)
	3	石油类	《水质 石油类的测定 紫外分光光度法(试行)》(HJ 970—2018)、《水质 石油类和动植物油类的测定 红外分光光度法》(HJ 637—2018)

将检测结果与运营要求的设计进水水质相比，进行分析后确定是否超标。

(2) 曝气池

曝气池的取样点在曝气池（好氧池）末端，各池轮流采样。采样频次及采样量为每日取样一次，每次 1L。可根据污水厂情况适当增加数量。

曝气池水样检测项目、检测频次及检测方法见表 14-4。

表 14-4　曝气池水样检测项目、检测频次及检测方法

采样点	检测项目	检测频次	检测方法
曝气池	30min 沉降比(SV_{30})	每日一次	《城镇污泥标准检验方法》(CJ/T 221—2023)，重量法
	混合液悬浮固体浓度(MLSS)		
	混合液容积指数(SVI)		
	混合液挥发性悬浮固体浓度(MLVSS)	每周两次	
生物镜检	原生动物：钟虫、褶累枝虫、漫游虫、循纤虫。 后生动物：轮虫。 菌胶团状况：颜色、状态。 上清液状况：清澈度。 丝状菌丰度：a、b、c、d、e、f、g 级	每日一次	《生物镜检法》

根据化验结果，结合运行数据，判定曝气池工况指标是否合格。

(3) 回流污泥

采样点为回流污泥渠，采样频次及采样量为每日一次，每次 0.5L。回流污泥检测项目、检测频次及检测方法如表 14-5 所示。

表 14-5　回流污泥检测项目、检测频次及检测方法

样品	检测项目	检测频次	检测方法
回流污泥	混合液悬浮固体浓度(MLSS)	每日一次	《城镇污泥标准检验方法》(CJ/T 221—2023)，重量法
	30min 沉降比 SV_{30}	每日一次	
	混合液容积指数(SVI)	每周一次	
	混合液挥发性悬浮固体浓度(MLVSS)	每周一次	

(4) 出水

采样点与出水在线监测取样点一致。采样频次及采样量为每日 12 次，每次至少 0.25L，12 个水样混合为一个水样。出水检测项目、检测周期及检测方法见表 14-6。

表 14-6　出水检测项目、检测周期及检测方法

检测周期	序号	检测项目	检测方法
每日	1	化学需氧量	《水质 化学需氧量的测定 重铬酸盐法》(HJ 828—2017)
	2	五日生化需氧量	《水质 五日生化需氧量(BOD_5)的测定 稀释与接种法》(HJ 505—2009)
	3	悬浮物	《水质 悬浮物的测定 重量法》(GB 11901—1989)
	4	氨氮	《水质 氨氮的测定 纳氏试剂分光光度法》(HJ 535—2009)
	5	总磷	《水质 总磷的测定 钼酸铵分光光度法》(GB 11893—1989)
	6	pH 值	《水质 pH 值的测定 电极法》(HJ 1147—2020)
	7	总氮	《水质 总氮的测定 碱性过硫酸钾消解紫外分光光度法》(HJ 636—2012)
	8	硝酸盐氮	《水质 硝酸盐氮的测定 酚二磺酸分光光度法》(GB 7480—1987)
	9	亚硝酸盐氮	《水质 亚硝酸盐氮的测定 分光光度法》(GB 7493—1987)
	10	凯氏氮	《水质 凯氏氮的测定》(GB 11891—1989)
	11	粪大肠杆菌数	《水质 粪大肠菌群的测定 多管发酵法》(HJ 347.2—2018)、《水质 总大肠菌群、粪大肠菌群和大肠埃希氏菌的测定 酶底物法》(HJ 1001—2018)

续表

检测周期	序号	检测项目	检测方法
每周	1	氯化物	《水质 氯化物的测定 硝酸银滴定法》(GB 11896—1989)
	2	碱度	酸碱指示剂滴定法
每月	1	色度	《水质 色度的测定》(GB 11903—1989)
	2	阴离子表面活性剂	《水质 阴离子表面活性剂的测定 亚甲蓝分光光度法》(GB 7494—1987)
	3	动植物油	《水质 石油类和动植物油类的测定 红外分光光度法》(HJ 637—2018)
	4	石油类	《水质 石油类的测定 紫外分光光度法(试行)》(HJ 970—2018)、《水质 石油类和动植物油类的测定 红外分光光度法》(HJ 637—2018)
	5	硫化物	《水质 硫化物的测定 碘量法》(HJ/T 60—2000)
	6	氟化物	《水质 氟化物的测定 离子选择电极法》(GB 7484—1987)、《水质 氟化物的测定 氟试剂分光光度法》(HJ 488—2009)
	7	挥发酚	《水质 挥发酚的测定 溴化容量法》(HJ 502—2009)、《水质 挥发酚的测定 4-氨基安替比林分光光度法》(HJ 503—2009)
每半年	1	总汞	《水质 总汞的测定 冷原子吸收分光光度法》(HJ 597—2011)、《水质 汞的测定 冷原子荧光法(试行)》(HJ/T 341—2007)
	2	烷基汞	《水质 烷基汞的测定 气相色谱法》(GB/T 14204—1993)
	3	总镉	《水质 镉的测定 双硫腙分光光度法》(GB 7471—1987)
	4	总铬	《水质 总铬的测定》(GB 7466—1987)
	5	六价铬	《水质 六价铬的测定 二苯碳酰二肼分光光度法》(GB 7467—1987)
	6	总砷	《砷水质自动在线监测仪技术要求及检测方法》(HJ 764—2015)
	7	总铅	《水质 铅的测定 双硫腙分光光度法》(GB 7470—1987)
	8	总镍	《水质 镍的测定 火焰原子吸收分光光度法》(GB 11912—1989)
	9	总铜	《水质 铜的测定 二乙基二硫代氨基甲酸钠分光光度法》(HJ 485—2009)
	10	总锌	《水质 锌的测定 双硫腙分光光度法》(GB 7472—1987)
	11	总锰	《水质 铁、锰的测定 火焰原子吸收分光光度法》(GB 11911—1989)

根据化验结果，与排放标准的出水水质对比，判定出水是否达标。

(5) 脱水污泥

脱水污泥采样点在污泥脱水车间。采样频次为每日一次。脱水污泥检测项目、检测频次和检测方法见表 14-7。

表 14-7　脱水污泥检测项目、检测频次和检测方法

样品	检测项目	检测频次	检测方法
脱水前污泥	混合液悬浮固体浓度(MLSS)	每日一次	《城镇污泥标准检验方法》(CJ/T 221—2023),重量法
脱水后污泥	含水率		《城镇污泥标准检验方法》(CJ/T 221—2023),重量法
	pH 值	每周一次	《城镇污泥标准检验方法》(CJ/T 221—2023),电极法
	有机组分		《城镇污泥标准检验方法》(CJ/T 221—2023),重量法
	脂肪酸		《城镇污泥标准检验方法》(CJ/T 221—2023),蒸馏后滴定法
	粪大肠杆菌数	每月一次	《城镇污泥标准检验方法》(CJ/T 221—2023),多管发酵法、滤膜法
	蠕虫卵死亡率		《城镇污泥标准检验方法》(CJ/T 221—2023),集卵法

检测后的结果与标准进行对比判断是否达标，一般污水厂要求脱水后污泥含水率≤80%，或根据后续处置要求进行判定。

14.4.3　化验质量控制管理

化验室应采取适当措施进行质量控制，可采用平行样分析、加标回收分析、标准物质对比分析、室内互检、室间互检、方法比较分析以及质量控制图的绘制等方式。具体应按照下列规定执行水质检验的质量控制。

① 平行样测定　实验室平行样是评估检测结果精度的重要依据。每个水样都需要同时进行平行样测定，其允许差应满足相关标准规范，如《固定污染源监测质量保证与质量控制技术规范（试行）》（HJ/T 373—2007）和《生活饮用水标准检验方法 第 3 部分：水质分析质量控制》（GB/T 5750.3—2023）。

② 质控样/标样检测　每日实验检测项目中，每个水样样品需要附带质控样或标样。质控样用于检查实验的准确性，标样用于校准和比对。根据检测水样的性质和类型，选择合适的质控样或标样。其中，标样的相对误差应控制在 5%以内。注意，不能使用用于绘制标准曲线的标液作为质控样，而应重新配制新的标液作为质控标样，并记录于《检测分析质控结果统计表》中。

（1）滴定法检测

滴定用标准溶液至少每两个月重新标定一次，并可重新配制，用质控溶液进行比对。

（2）分光光度法、原子吸收分光光度法及荧光光度法

至少每三个月用加标法或质控溶液进行比对，加标回收率应为 80%～120%，质控结果应控制在质控范围内。如有偏差，应检查原因。

当怀疑数据出现较大误差时，应加强质控检验，例如进行加标回收测试。

14.4.4　废弃物的处理处置方法

化验室在分析检测过程中不可避免地会产生液体或固体废弃物，这些废弃物有的是危险废弃物，必须按照相关规范进行妥善处置。

（1）化学废液

对于酸、碱废液，分别加碱、酸进行中和，调节 pH 值至 6～8 后可排放。COD、氨氮

（纳氏试剂法）测定废液应单独进行收集，存放在废液桶中，定期由第三方废液处置公司运走处理，并做好记录。

浓度高但无危害的溶液（如硝酸钾、磷酸二氢钠等），可稀释后排放。废液桶应明确标注废液种类和危险性。

（2）固体废弃物

硫酸、盐酸、氢氧化钠等药剂瓶需要用清水冲洗，确保无腐蚀性后再进行处置。有毒药剂容器需要用清水冲洗干净，冲洗液同样作为危险废液由第三方废液处置公司运走处理。容器本身冲洗干净后可作为普通废物处理。

微生物检测接种培养过的琼脂平板应压力灭菌 30min，趁热将琼脂倒弃。破碎玻璃器皿需要用不易破损的容器收集，处置时应小心，避免划伤。

14.5 运行成本管理和成本控制

由于城镇污水源源不断地产生，城镇污水处理厂需要全天候长期运营。因此，降低运营成本、提高经营效益成为城镇污水处理厂运营管理的首要任务。除人员工资、设备维护折旧和耗材外，污水厂的主要支出还包括能源消耗和药剂费用。从各城镇污水处理厂的运营报表来看，电能成本普遍较高。节能降耗措施，特别是针对电能消耗的降低，能够显著减少直接处理成本中的电能部分。

（1）优化工艺设备，实现节能降耗目标

从各城镇污水处理厂的运行过程来看，曝气系统是电能消耗的主要部分，但其电能成本通常不会超过总直接运营成本的一半。曝气设备对全厂的运行至关重要。由于好氧池前段需氧量大而末端需氧量小，恒定流量的供氧会导致电能浪费。因此，采用变频调速的曝气设备，通过实时溶氧仪自行调整供氧总量，可有效减少不必要的能量消耗。另外，采用新型设备如磁悬浮鼓风机，也能显著降低电耗，节约成本。此外，进水水泵、回流污水泵等的电能消耗同样不容忽视，采用变频技术的水泵也能有效降低电耗。

（2）加强设备的运行管理

污水处理厂可以从以下四个方面减少设备维护费用：一是及时进行设备巡检工作，对设备、设施的运行状况定时检查，实现故障早发现早修理，避免造成不必要的经济损失；二是加强设备的日常维修和养护，降低设备的事故发生率，延长设备的使用寿命；三是有效管理维修和改建费用，综合评估维修和改建的可能性、工程技术含量、维修质量以及工程经济性，制定施工方法，并进行规范的质量管理、严格的检验和费用审核；四是定期开展设备使用和维护相关技术人员的培训和考核，保证设备的正常运转。

（3）合理选择药剂并控制投加量

药剂的管理主要分为以下四点。一是根据水质情况和市场药剂供需、药剂的运输和储存等情况，合理选择性价比高、运输和储存费用低且安全的药剂。例如，在反硝化工序中，选择乙酸钠作为外加碳源而非甲醇。尽管甲醇具有投加量少、反硝化速率高、容易被反硝化菌利用且污泥产量小的优势，但因其易燃易爆、不利于储运和使用安全且具有一定毒性而使用不便。二是药剂的投加量应根据污水水质和去除效率要求确定，不能按照设计值一成不变，而应根据具体情况对药剂投加量进行优化。三是监控好污水处理流程中的泥龄和生物活性度等参数，通过提高生化系统运行效率完成脱氮除磷任务，进而减少相应药物的投入量，如减少或不用化学除磷工艺可节约除磷的化学药剂成本。四是选择合适的投药点并优化运行工况和设备运行以降低药剂投加量，从而降低生产成本。例如，污泥脱水处理前用的调理剂若能不断调整并优化污泥脱水设备的运行工况，可以获得最佳污水投药比进而降低药剂投加量。

（4）建立目标成本管理体系

在成本控制方面，应实行目标成本管理，将降低成本作为加强管理的切入点。科学制定成本定额，并分解到班组。同时，建立一套目标管理体系，明确目标成本，细化成本指标。此外，建立必要的核算制度，使核算制度实现规范化、标准化、制度化。

从城镇污水厂的运行来看，要降低运营成本，需要从多个方面入手。具体包括：合理选择设备类型，优化工艺参数和工艺流程，提高人员专业素质，提高设备使用效率，以及进行工艺改造等。通过这些措施，才能有效降低运营成本，减少支出。

参考文献

[1] 李激，罗国兵，等．城镇污水处理厂一级 A 类水质标准运行评估与再提标重难点分析［J］．环境工程，2020，38（7）：1-12.

[2] 李家驹，郑兴灿，李鹏峰，等．基于新地方标准的城镇污水处理厂提标调研方案［J］．环境工程，2020，38（7）：13-19.

[3] 史策文，刘科军．太湖流域 2 种城镇污水处理工艺的对比与思考［J］．中国市政工程，2019，207（6）：46-52.

[4] 蒋展鹏，杨宏伟．环境工程学［M］．4 版．北京：高等教育出版社，2020.

[5] 中华人民共和国国家环境保护局科技标准司．污水综合排放标准：GB 8978—1996［S］．北京：中国标准出版社，1996.

[6] 史政达，陈俊，郑璐．常州市污泥处理处置现状及规划策略［J］．中国给水排水，2015，31（24）：30-33.

[7] 程洁红．自热式高温（微）好氧消化对城市污水污泥处理研究［D］．上海：同济大学，2006.

[8] 戴晓虎．城镇污水处理厂污泥生物处理及稳定化［M］．北京：化学工业出版社，2018.

[9] 程洁红，孔峰．环境污染治理技术与实训［M］．2 版．北京：化学工业出版社，2018.

[10] 叶人恺，经雪，耿子韬，等．复合铁添加物对混合有机固废厌氧产氢的影响［J］．环境工程学报，2023，15（12）：4001-4008.

[11] 张自杰．排水工程［M］．5 版．北京：中国建筑工业出版社，2015.

[12] Metcalf & Eddy，Inc. Wastewater Engineering Treatment and Reuse（Fourth Edition，Ⅲ）［M］．New York：McGraw-Hill Company，2003.

[13] 唐悦，程洁红．过渡金属催化剂的制备及在过硫酸盐高级氧化中的应用研究［J］．江苏理工学院学报，2023，29（6）：114-121.

[14] 戴罗平，张丹，耿锋，等．常州市江边污水厂三期工程的设计与运行［J］．中国给水排水，2012，28（22）：62-67.

[15] 张尊举，伦海波，张仁志．水污染控制案例教程［M］．北京：化学工业出版社，2014.

[16] 高洋，程洁红，戴界红．城镇污水处理厂 AAO 工艺脱氮除磷潜力的研究［J］．中国给水排水，2017，33（7）：89-94.

[17] 李华，张尊举，王秀丽，等．UBAF-CMF 用于生活污水的处理和回用［J］．环境科学与管理，2007，32（3）：124-128.

[18] 杨红梅，黄文凤，刘泉，等．间歇式运行一体化设备处理高氨氮小流量农村污水案例［J］．水处理技术，2023，49（7）：152-157.

[19] 周正兵，张骏，甘雁飞．两级 A-O-BAF 组合工艺处理农村生活污水工程实例［J］．水处理技术，2023，49（8）：149-153.

[20] 熊鸿斌，谷良平，张正．UASB-FEO-氨吹脱-CASS 工艺在垃圾渗滤液处理中的应用［J］．

环境工程学报，2010，4（1）：39-43.

[21] 周文龙，汪晓军．两级 A/O-Fenton-BAF 工艺处理垃圾渗滤液［J］. 中国给水排水，2011，27（10）：40-44.

[22] 孟祥岩，周继勇，魏基业．水解酸化-多级接触氧化-过滤工艺处理高浓度餐饮废水工程［J］. 给水排水，2012，38（2）：61-65.

[23] 陈民东，邓浩，王宝娟，等．污水厂更严格排放标准设计案例分析——以青岛市某工业园污水厂为例［J］. 净水技术，2024，43（3）：174-180.

[24] 吴永明，沈紫飞，金刚，等．混凝-水解酸化-接触氧化工艺处理印染废水工程实例［J］. 水处理技术，2022，48（10）：145-148.

[25] 徐知雄，王东田，彭淑香，等．某精细化工废水处理工艺升级改造案例［J］. 给水排水，2014，40（7）：54-59.

[26] 熊家晴，李玉梅，杜立群．电镀废水处理工程设计实例［J］. 材料保护，2005，38（2）：64-68.

[27] 肖旭．我国城镇污水处理厂运行成本控制评价［J］. 现代盐化工，2022（5）：111-114.